21世纪高等教育计算机规划教材

计算机操作系统

冯裕忠　方　智　周　舸　主编

人民邮电出版社

北京

图书在版编目（CIP）数据

计算机操作系统 / 冯裕忠，方智，周舸主编. -- 北
京：人民邮电出版社，2013.9（2023.8重印）
21世纪高等教育计算机规划教材
ISBN 978-7-115-32712-3

Ⅰ．①计… Ⅱ．①冯… ②方… ③周… Ⅲ．①操作系
统－高等学校－教材 Ⅳ．①TP316

中国版本图书馆CIP数据核字(2013)第185532号

内 容 提 要

本书详细介绍了计算机系统的重要组成部分——操作系统。全书共分 10 章。第 1 章介绍操作系统的发展过程、基本特征、功能、结构和分类。第 2 章和第 3 章阐述进程和线程的同步、通信、调度和死锁等基本概念。第 4 章讲解存储管理方式和虚拟存储器的概念。第 5 章到第 7 章讲述设备和文件的管理及用户接口。第 8 章详细讲述 UNIX 操作系统的基本组成、特点和常用命令等。第 9 章介绍计算机安全方面的内容。第 10 章介绍云计算的有关知识。本书在附录中还为读者提供了详实的参考内容。

本书可作为高等学校计算机工程和应用专业的教材，也非常适合用作 IT 类相关专业的教材或参考书。

♦ 主　　编　冯裕忠　方　智　周　舸
　　责任编辑　刘　博
　　责任印制　彭志环

♦ 人民邮电出版社出版发行　　北京市丰台区成寿寺路 11 号
　　邮编　100164　　电子邮件　315@ptpress.com.cn
　　网址　http://www.ptpress.com.cn
　　北京天宇星印刷厂印刷

♦ 开本：787×1092　1/16
　　印张：16.75　　　　　　　　2013 年 9 月第 1 版
　　字数：406 千字　　　　　　2023 年 8 月北京第 10 次印刷

定价：39.00 元

读者服务热线：(010)81055256　印装质量热线：(010)81055316
反盗版热线：(010)81055315
广告经营许可证：京东市监广登字 20170147 号

前言

在计算机系统中，操作系统是最核心、最基础的计算机系统软件，也是计算机系统资源的管理者。计算机操作系统的设计原理与实现技术是计算机专业人员有必要掌握的基本知识。当前最为流行、应用最为广泛的计算机操作系统是 Windows 和 UNIX 及各兼容版本（如 Linux）。前者是单用户/多任务/分时操作系统，主要用于个人计算机；后者是多用户/多任务/分时操作系统，主要运行在大、中、小型计算机的硬件环境中，为银行、证券、票务和统计等业务的提供处理平台。

本书共分 10 章。第 1 章旨在让读者全面了解计算机操作系统的发展过程、基本特征、功能、结构和分类等基本知识，为此结合具体的操作系统进行了介绍。第 2 章~第 6 章是本书的重中之重，讲述了应用程序是怎样在操作系统的控制和管理下完成运行的。第 7 章阐述了用户多种接口的应用方式。第 8 章介绍了 UNIX 操作系统的基本组成、特点和系统调用等内容。第 9 介绍了涉及计算机系统安全方面的内容，读者可以根据自己的情况选择第 7 章~第 9 章中的有关内容。第 10 章对云计算作了介绍，读者可以从中了解到云计算与操作系统相关的内容。

为了让读者能对操作系统的主要内容有一个从理性到感性的认识，本教材在附录中给出了进程和存储管理的实验内容，通过实验来加深对操作系统中重要内容的理解和掌握。

本书课堂授课建议为 64 学时，实验 8 学时（课外 16 学时）。读者可以根据授课对象来选择、安排所需的内容和课时。

冯裕忠提出了本书的编写大纲，编写了第 1 章~第 3 章、第 7 章~第 10 章和附录 1~附录 4 的内容；方智编写了第 4 章和附录 5（实验内容并上机验证）；周舸编写了第 5 章和第 6 章。

在本教材的编写过程中，得到了本校计算机系的同事和同行的大力支持，在此我们表示真诚的感谢。

由于时间较紧，作者水平有限，书中难免出现错误和疏漏，敬请广大读者批评指正。

作　者

2013 年 6 月

目　录

第1章
操作系统概述

在当今信息社会时代，计算机的发展和应用给人们的生活、学习和工作带来了举足轻重的作用。人们平常所说的计算机，严格地讲应该是指计算机系统。它包含两部分：一部分指计算机硬件（摸得着、看得见的物理部件，例如主板、CPU、内存、显示器、打印机和各种接口等）；另一部分指计算机软件（就是在硬件中运行的各种程序），又分为系统软件和应用软件。系统软件是管理和控制计算机系统运行的核心，通常把这部分称为计算机操作系统，例如我们平时所用到的Windows、UNIX/Linux 系统软件等。Windows 通常是运行在个人计算机上的单用户、多任务、分时操作系统；而 UNIX 是在大中型计算机（由于现在个人计算机的硬件环境非常完善且功能强大，也可以在个人计算机上安装 UNIX 操作系统）系统中使用的多用户、多任务、分时操作系统。通常，系统软件都是由专业的软件开发公司研发的。

应用软件就是人们平时用于管理和完成各种业务的程序（如办公软件 Office、银行业务管理程序和各种游戏程序等）。用户可以自己开发应用软件，也可以从软件市场上购买所需的软件。

用专业术语讲，通常把没有配置系统软件的计算机（即硬件）称为裸机（这个时间段基本上指计算机问世以来到 20 世纪 50 年代），它的功能非常弱，仅能完成简单的运算（只能进行 0和 1 的二进制运算，计算机所运行的程序是用 0 和 1 编写的，这些程序非常繁杂，不容易看懂又容易出错，只有编写人员和运行此程序的计算机可以识别，故将这种编写程序的语言称为低级语言或机器语言）。把计算机操作系统加载到计算机的硬件上（这个时间段是指 20 世纪 70 年代到现在），就可以使计算机硬件的功能变得强大、服务质量高、使用方便，为使用计算机的人们提供一个非常安全可靠的应用环境来满足各类用户的应用需求。同时，操作系统可以有效而合理地组织和安排多个用户共享计算机系统的各类设施（通常把这些设施称为资源），最大限度地提高资源的利用率。

本章将分别介绍计算机的发展过程，操作系统在计算机系统中的地位与作用，让读者对计算机操作系统有一个总的认识和了解。图 1.1 给出了操作系统课程在计算机专业中的位置。

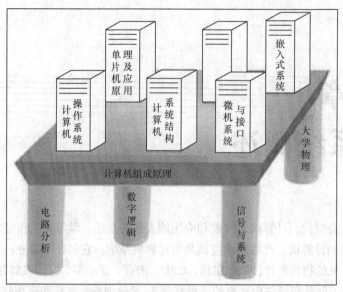

图 1.1　计算机操作系统课程在计算机专业中的位置

1.1　操作系统的定义

众所周知，根据冯·诺依曼的指导思想，计算机硬件系统是由运算器、控制器、存储器、输入/输出等安装在计算机主板上的部件，通过逻辑连接而构成的，如图 1.2 所示。随着计算机技术的应用和发展，在运算器部分又增加了若干用于存放临时信息的寄存器等部件，即 CPU。

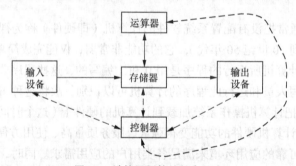

图 1.2　计算机硬件的基本组成

图 1.2 给出了数据的处理过程。当信息经过输入设备到达存储器中后，再送到运算器运算，并将运算结果返回存储器，再由存储器经输出设备输出。图中的"→"代表所传输的是数据；"----▶"代表传输的是控制信号。控制器将控制信号送到被控设备，而被控设备又将其状态信息反馈给控制器。

要使这些部件能够充分发挥其效能，尽可能地按人们预期的目的和要求来运行各类程序，就需要有一套管理（控制、分配）硬件和组织程序有序运行的程序。这套程序就是人们通常所称的操作系统。这非常类似于人们修高速公路，为了提高运输和通行能力，就必须有一套管理高速公路的规章制度，在高速公路行驶的车辆必须严格执行规章制度，只有这样才能充分发挥高速公路的作用。当然计算机操作系统要比一套高速公路的管理制度复杂得多。操作系统是建立在计算机硬件的基础上的。

有的书是这样描述：操作系统是一个用来和硬件打交道并为用户程序提供一个有限服务集的低级支撑软件。一个计算机系统是一个硬件和软件的共生体，它们互相依赖，不可分割。计算机的硬件，包括外围设备、处理器、内存、硬盘和其他电子设备，这些组成了计算机的发动机。但是没有软件来操作和控制它，硬件自身是不能工作的，完成这个控制工作的软件就称为操作系统，在 Linux 的术语中被称为"内核"，也可以称为"核心"。Linux 内核的主要模块（或组件）分为以下几个部分：存储管理、CPU 和进程管理、文件系统、设备管理和驱动、网络通信以及系统的初始化（引导）、系统调用等。

通常，操作系统是由许多可供用户调用的程序（也称为系统调用、命令）组成的。这些程序可分为三类。

1. 信息管理

信息管理（Information Management，IM），主要提供对信息的存储、检索、修改和删除等功能，通常涉及以下几个方面：

（1）创建文件；

（2）创建目录；

（3）操作文件（打开/关闭、读/写文件）；

（4）创建链表/管道。

2. 进程管理

进程管理（Process Management，PM），主要为程序的执行而创建进程、调度进程、挂起进程、终止进程和重启进程等。

进程通常是指在计算机系统中正在运行或欲运行的某一程序的一部分。

3. 内存管理

内存管理（Memory Management，MM），主要为进程分配所需的内存和回收进程运行结束后所释放的内存。

1.2　操作系统的功能及服务对象

在计算机系统上配置操作系统，就是让硬件的功能得到成百上千倍的提升。配置（安装）什么样的操作系统，与计算机硬件的规模、用户使用计算机的环境和用途密不可分。平时人们在办公室或家中单独使用的是个人计算机系统，安装小规模、单用户、多任务的分时操作系统即可，如 DOS、Windows、Mac 等操作系统；通常银行、证卷、交通运输行业中的信息处理对系统要求较高，就需要安装大规模、多用户、多任务的分时操作系统，如 UNIX/Linux 操作系统。

1.2.1　操作系统的主要功能

操作系统的主要功能包括：处理机管理、存储器管理、输入/输出设备管理和文件管理。

1. 处理机管理

在传统的多程序系统中，处理机的分配和执行都以进程为基本单位，所以对处理机的管理可视为对进程的管理；在引入了线程的操作系统中，除包括了对线程的管理外，还实现对存储器、I/O 设备及文件的管理。

处理机管理的主要功能包括：创建和撤销进程（线程），对诸进程（线程）的运行进行控制，实现进程（线程）之间的信息交换，按照一定的算法条件把处理机分配给进程（线程）。当进程（线程）使用完 CPU 后，操作系统又要将 CPU 回收（也称为资源回收），再按照分配策略将 CPU 分配给需要使用 CPU 的用户（有的书中把进程（线程）称为用户）。这样，周而复始地进行下去，直至整个系统中的各类用户任务得以完成。

处理机管理主要涉及如下四个方面。

（1）进程控制。在传统的多道程序环境下，要使作业（程序）能够运行，就必须先为作业创建一个或数个进程，并为该进程分配必要的资源。多进程运行结束时，系统会立即撤销该进程，以便能及时回收该进程所占用的各类资源。进程控制的主要功能就是为作业创建进程、撤销已经结束的进程和控制进程在运行过程中的状态转换。在现代的操作系统中，进程控制还应该具有为一个进程创建若干个线程的功能和撤销（终止）已经完成任务的线程的功能。

（2）进程同步。进程是以异步方式运行的，并以人们不可想象的速度向前推进。为了使多个进程能有条不紊地运行，操作系统必须设置进程同步机制。进程同步的主要任务是为多个进程（含线程）的运行进行协调，通常有两种协调方式：①进程互斥方式，就是诸进程（线程）在对临界资源进行访问时所采用的互斥方式；②进程同步方式，就是在相互合作完成共同任务的诸进程（线程）之间，由同步机制对各进程（线程）的执行顺序进行协调的方式。

在进程同步机制中，通过对临界资源设置一个控制变量 W（锁），当 $W=1$ 时，即认为锁打开，进程就可以访问该临界资源；当 $W=0$ 时，即认为锁关上，则禁止进程（线程）对该临界资源的访问。通常把这种控制方式称为"信号量"机制，这种控制方式就是通过信号量机制实现的。

（3）进程通信。在传统的多道程序系统中，为了加速应用程序的执行，不仅应该在系统中建立多个进程，还应该为每个进程建立若干个线程，由这些进程（线程）相互合作去完成一个共同的任务。当然，在这些进程（线程）之间还需要交换信息，例如，当一个有输入进程、计算进程和打印进程的程序在系统中运行时，输入进程把输入的数据传给计算进程，计算进程运行后把结果传给打印进程，打印进程再把计算结果输出给用户。这种信息传递方式就是所谓的进程通信。

（4）进程调度。在后备队列上等待的每个作业都需要经过调度才能运行。在传统的操作系统中，调度分为作业调度和进程调度两步：①作业调度的主要任务是从后备队列中按照一定的算法，选择若干作业，为这些被选择的作业分配必要的资源（首先分配一定内存空间），再将这些被选作业调入内存、为创建进程，并按照一定的算法把这些进程放入就绪队列；②进程调度的主要任务是按照一定的算法从就绪队列中选择一个满足运行条件的进程，把处理机（CPU）分配给该进程让其执行。

在多线程的操作系统中，通常是把线程作为一个独立运行和分配处理机的基本单位，这样，就需要把就绪线程排成一个队列，每次调度时，就从就绪线程队列中选择一个线程，把处理机（CPU）分配给它，让它执行。

2. 存储器管理

存储器管理（包括内存和外存，这里主要是指内存），为需要运行的程序（任务）按照一定的分配算法为其分配所需的存储空间。当使用完后，操作系统又负责将这部分存储空间回收。

存储器管理通常有以下主要功能。

（1）内存分配。主要是为每个要运行的程序分配必要的内存空间，可采取静态分配、动态分配两种方式。静态分配就是在作业装入内存时就决定其所需内存空间的大小，在整个运行过程中不再允许该作业申请新的内存空间，也不允许其在内存中"移动"。动态分配就是在作业装入内存后，允许该作业在运行时可以根据需要申请新的内存空间，并允许该作业在内存中"移动"。

要实现内存的分配，操作系统的内存管理机制中应该有这样的结构和功能：①内存分配数据结构（表格），该表格记录内存空间的使用情况（包括内存的剩余空间容量、地址等），作为内存分配的依据；②内存分配功能，操作系统按照一定的内存分配算法，为需要内存空间的用户分配必要容量的内存空间；③内存回收功能，即当用户不需要内存时，操作系统的内存管理把此部分内存容量回收，并修改内存分配数据结构中的相关信息。

（2）内存保护。就是确保每个用户程序仅在属于自己的内存空间中运行，彼此互不干扰。为了实现这一功能，操作系统的内存管理模块中必须设置内存保护机制。通常，一种简单而实用的内存保护机制就是设置两个界限寄存器，分别用于存放正在执行的程序的上界地址和下界地址。当 CPU 从内存取指令时，首先对要取的指令的地址进行上、下界地址检查，看是否有地址越界，如有地址越界，系统则发出地址越界中断请求，以停止该指令（程序）的执行。

（3）地址映射。在计算机系统中，一个应用程序（通常是源程序）经过编译后，会形成若干个目标地址（这时的程序就称为目标程序），再经过链接后就形成了可装入程序（也称为可执行程序）。而这些程序的地址都是从"0"开始的，程序中的其他地址都是相对于起始地址计算的；由这些地址所形成的空间称为"地址空间"，其中的地址称为"逻辑地址"或"相对地址"。将地址空间的逻辑地址转换为内存空间中与之对应的地址，则该地址称为物理地址（有的书把物理地址称为实地地址、有效地址）。

计算机系统中往往运行着多道程序，而每个程序不可能都从内存的"0"地址开始存储（装入），由于程序的逻辑地址与其物理地址不一致，为了克服这个问题，操作系统的内存管理模块被赋予了可将程序的逻辑地址转换为物理地址的功能。通常把地址转换称为地址映射。

（4）内存扩充。这里讲的内存扩充不是通过物理方法扩大计算机的内存容量，而是通过虚拟存储技术，从逻辑上扩充内存容量，让用户所感觉到的内存容量比计算机系统的实际内存容量要大若干倍。这样可以改善系统的性能，满足用户的需要，减少内存容量的投资。

为了实现内存扩充这一目标，要求系统应该具有：①请求调入功能，就是当程序要运行时，只装入其中的一部分，便开始执行，在运行过程中，若发现要继续运行的程序尚未到达内存，便向操作系统的管理程序发出请求，再由操作系统把所需的部分程序从外存（通常是硬盘）中调入内存；②置换功能，如果已经装入内存的程序无需现在运行，别的程序又急需运行却没有内存空间，操作系统的管理程序就应该把内存中暂时不能运行的程序调出到外存中，而把急需运行的程序从外存调入到内存。

由于计算机系统的运行速度非常高，程序的换进/换出基本上是在用户没有感觉的情况下完成的。

3. 输入/输出（I/O）设备管理

按照一定的分配策略，如 FCFS（先来先服务策略），将计算机系统中有限的可用设备（资源）分配给需要 I/O 设备的用户，满足用户的要求。

操作系统需要对系统中各类信息（通常也称为文件）进行管理。计算机系统中的信息是五花八门的，有文字、图形、音乐等，怎样才能按照用户的要求对信息分门别类加以管理和控制、按照用户的需要检索文件、提供操作文件的各种命令，都是操作系统中完成这部分功能的软件（程序）应该具备的。

通常，I/O 管理涉及三方面。

（1）缓冲区管理。CPU 的高速运行和 I/O 设备的低速工作之间的矛盾是自计算机问世以来就已经存在了。随着 CPU 的运行速度成数十倍的提高，两者之间速度不匹配的矛盾就更突出了。为了解决此矛盾，引入了缓冲技术。也就是在主机与外部设备之间配置一定容量的数据存储空间，当主机要与外部设备交换信息时，主机先将要输出的信息传到缓冲存储空间，使得主机可以去执行别的程序，而外部设备就从缓冲区中读取信息，如果输入设备要输入信息到 CPU 进行处理，首先输入设备将信息送到输入缓冲区，当该缓冲区满后给 CPU 一个信号，CPU 就暂停其他工作，把输入缓冲区的信息取走。这样基本上做到了主机与外部设备并行工作，提高了主机的利用率。

（2）设备分配。根据用户进程的 I/O 请求、系统现有的资源情况等，按照一定的设备分配算法为用户分配所需设备。

为了实现设备的分配，系统中还需设置设备控制表、控制器控制表等数据表格，用于登记设备、控制器的标识符和状态等（例如某设备现在是否被占用）。

（3）设备处理。设备处理就是指设备驱动程序，用于实现主机与外部设备之间的通信，即由主机向设备控制器（俗称为"卡"，例如网卡、声卡）发出 I/O 命令，要求其完成指定的 I/O 操作；反之由主机接收从设备控制器发来的中断请求，并给予迅速的响应和相应的处理。

处理过程是：设备驱动程序首先检查 I/O 请求的合法性，了解设备状态是否为"忙"、了解有关的传递参数（例如输入/输出的格式）和设备的工作方式（例如是串行还是并行），然后向设备控制器发出 I/O 命令，启动具体的 I/O 设备去完成指定的 I/O 操作。设备驱动程序能够及时响应由控制器发来的中断请求，并根据请求的类型，调用相应的中断处理程序进行处理。

4. 文件管理

在现代计算机系统中，大量的程序和数据都是以文件的形式存储在磁盘上（绝大多数是指硬盘）供用户需要时调用的。为此，操作系统中就必须配置文件管理机制。文件管理的主要任务：对用户文件和系统文件进行管理，方便使用并保证文件的安全。

文件管理涉及对文件存储空间的管理、文件目录的管理、文件存取的管理和文件共享、保护等。

（1）文件存储空间的管理。为了方便用户，当前需要使用的系统文件和用户文件通常都存储在可随机存取的磁盘上。

在多用户（多任务）的环境中，需要由操作系统的文件系统来完成对诸多文件及文件存储空间的统一管理。管理的主要任务就是按照一定的分配算法为每个文件分配必须的外存空间，满足快速检索和读取的需要。

为了实现存储空间的管理，系统应该具有相应的数据结构，用于记录文件存储空间的使用情况。

（2）文件目录管理。为了便于用户方便快速地查找自己所需的文件，系统为每个文件建立一个目录项。目录项包括文件名、文件属性、文件在磁盘上的物理地址等。由若干个文件目录项组成一个目录文件。

文件目录管理的主要任务就是为每个文件建立其目录项，同时对众多的目录进行组织，以实现快速按名存取。

文件目录管理的另一个任务就是实现主目录可以嵌套子目录。

（3）文件的存取管理和保护。根据用户的请求，系统可以从外存储器中读取信息或将信息存储在外存储器中。

① 在进行文件的读（写）时，系统先根据用户给出的文件名去检索文件目录，从中获取文件在外存储器上的地址，然后利用文件的读（写）指针对文件进行读（写）。读（写）完成便修改文件读（写）指针，为下次读（写）做好准备。

②文件保护。文件系统应该提供文件保护功能，以防止未经核准的用户存取文件，防止冒名顶替存取文件或以不正确的方式使用文件。

（4）文件共享。计算机中都存储器大量的文件。其中有许多文件诸如编辑程序、数据库等是可供多用户共享的。这里就涉及为共享文件提供运行的环境、共享用户的管理、共享文件的访问等。

上述功能的完成，例如何时分配 CPU、怎样在用户的指示下一步一步地完成程序的运行，是靠控制器与操作系统的配合而实现的。

这些内容将在后面的章节中分别加以阐述。

综上所述，计算机硬件安装了操作系统，就可使计算机系统具有如下特征。

1. 方便性

计算机硬件配置了操作系统后，人们使用计算机系统就更方便。如果计算机硬件不配置（安装）系统软件，计算机就会非常难以使用（例如现在的个人计算机如果不安装操作系统，恐怕连启动机器都是不可能的），这是由于计算机硬件只能识别 0 和 1 二进制代码（也称为机器代码），人们要在计算机上运行所编写的程序，该程序就必须是用机器语言编写的，这也给用户编写程序带来极大的麻烦和困难。如果计算机硬件配置了操作系统，人们就可以用操作系统所提供的各类命令来操作计算机，也可以用计算机高级语言来编写所需的各种程序，然后将所编写的源程序交给操作系统提供的编译程序编译成计算机硬件能识别的代码。这样，用户使用计算机系统就非常方便了。

2. 有效性

在没有配置操作系统或者说操作系统的功能很弱的情况下，计算机硬件中的 CPU、内存和 I/O 设备经常会处于空闲状态而得不到充分利用，造成计算机硬件大量浪费。在配置了操作系统后，CPU、I/O 设备等在操作系统的控制下得到了充分利用，有序地完成单（多）个用户多个任务的运行。在大型机上，有效性就比方便性更显突出。

3. 可扩充性

随着超大规模集成电路（VLSI）和计算机技术的应用和发展，计算机硬件和计算机的体系结构（例如原来在一台计算机中采用单 CPU，而现在的计算机中可以采用多 CPU 结构）发生了非常大的变化。配置了操作系统的计算机，可以根据用户的需要来增加硬件（如多媒体、网络等）或扩充系统的某一部分软件（游戏、数据库等）。

4. 兼容性和开放性

随着计算机系统应用环境的变化（如从单机环境到多机的网络环境），各种不同结构体系的计算机相互传递信息，这就需要计算机系统（包括硬件和操作系统）具有兼容性和开放性。

综合上述，操作系统的主要功能表现在以下几方面。

（1）管理 CPU，就是为要运行的诸多程序创建和撤销进程（线程），对诸进程（线程）的运行进行协调，实现进程（线程）间的切换，并按一定的算法把 CPU 分配给具备条件的进程（线程）。也就是实现：进程控制、进程同步、进程通信和进程调度。有关进程的概念将在第 2 章介绍。

（2）管理内存。为用户程序分配内存，实现内存保护、地址映像和内存扩充。

（3）管理 I/O 设备，实现对缓冲的管理、设备分配和设备处理等的管理。

（4）管理文件，对用户文件和系统文件进行管理，就是对文件的存储空间、目录、文件读/写和文件的共享/保护的管理。

（5）操作系统为用户使用计算机系统提供软接口，即相关命令、系统调用等，人们通过操作系统提供的命令和系统调用来完成所需要的各种控制和计算。

1.2.2　操作系统的服务对象

操作系统用于完成计算机系统硬件的管理和控制，对各类信息的编辑、运行、输入/输出等实行控制。由于计算机系统中，有多个程序（作业）并发执行，竞相使用资源，操作系统需根据资源的状态和程序运行的优先级等条件按一定的算法将资源分配给具备的程序（进程或线程）。例如在单 CPU 系统中，一个 CPU 要满足众多用户，而任何时刻仅有一个用户可以占用 CPU 时间。究竟是哪一个用户占用 CPU 时间，是由操作系统根据用户现场情况和采用的调度算法等多方面条件而定。所以，有的书中把操作系统称为计算机系统资源的管理者。

在计算机系统中，人们是通过操作系统或者说是通过操作系统提供的各种相关命令来使用计算机的，所以说，操作系统是用户与计算机硬件的接口。

1.3　操作系统的结构

操作系统是一个十分复杂而庞大的系统软件。为了控制该软件的复杂性，可以用软件工程的概念、原理、规范，来开发、运行和维护软件，以杜绝开发软件的随意性、编程冗余和维护困难等问题。为此，人们经过长期的探索，把做工程的思路和方法等应用到了软件（尤其是系统软件）的开发过程中。下面展示较为普遍的系统层次结构和模块结构。

1.3.1　操作系统的层次结构

在层次结构中，整个操作系统的构成通常以分层的结构来实现，各个部分关系非常清晰，一目了然。通常用图 1.3 和图 1.4 来划分计算机系统的结构，按照层次结构可以非常清楚地知道操作系统在整个计算机系统中的位置。

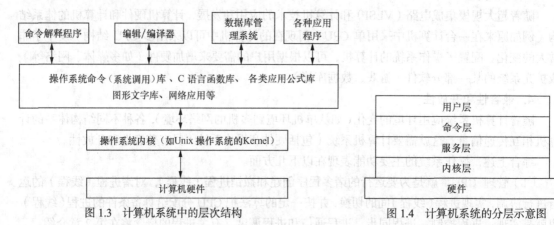

图 1.3　计算机系统中的层次结构　　　　　图 1.4　计算机系统的分层示意图

内核层：它是操作系统的最里层，是唯一直接与计算机硬件打交道的层。它使得操作系统和计算机硬件相互独立。也就是说，只要改变操作系统的内核层就可以使同一操作系统运行于不同的计算机硬件环境下。内核层提供了操作系统中最基本的功能，包括了装入、执行程序以及为程序分配各种硬件资源的子系统。软件与硬件所传递的各类信息在内核层进行处理，这样，对普通用户来讲，复杂的计算机系统便变得简单易操作了。

图 1.4 中间的命令层、服务层和内核层实际上就是操作系统部分。

服务层：服务层接受来自应用程序或命令层的服务请求，并将这些请求译码为传送给内核执行的指令，然后再将处理结果回送到请求服务的程序。通常，服务层是由众多程序组成，可以提供如下的服务。

（1）访问 I/O 设备：将数据进行输入/输出。

（2）访问存储设备（内存或外存）：从磁盘读或将处理后的数据写入磁盘。

（3）文件操作：通常指打开（关闭）文件、读写文件。

（4）特殊服务：窗口管理、网络通信和数据库访问等。

命令层：提供用户接口，是操作系统中唯一直接与用户（应用程序）打交道的部分（如 UNIX 操作系统的 shell）。

用户层：这里通常是指应用程序。

1.3.2 操作系统的模块结构

模块结构是指在开发软件（尤其是像计算机操作系统这样的大型软件）时，由于其功能复杂、参加开发工作的人员众多，要使每个人都能各负其责、各尽所能，有序地完成开发任务，通常会根据软件的大小、功能的强弱和参与人员等具体情况，把开发工作按功能（任务）划分若干模块，分散开发，集中组合、调式，使所开发的软件功能完善、结构优化。图 1.5 给出了操作系统的模块结构示意图。

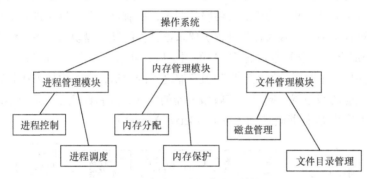

图 1.5　操作系统的模块化结构

不管是层次机构还是模块化结构的操作系统，都可以用图 1.5 来说明其构造体系。

从图 1.5 中可以看到，操作系统一般由"进程管理、内存管理、文件管理"三个子模块组成。这些子模块分别又由若干子模块组成。这样的结构类似一个倒树型，较为清晰，非常利于操作系统的修改、扩充和维护。例如，现在要增加一个 I/O 子模块，只要把 I/O 子模块连接在操作系统的主模块上就可以了，不需要修改系统的其他模块。

从图 1.6 可以看出，最底层实际上是操作系统控制和管理的计算机硬件、各类信息（文件）和需要运行的程序等部分。

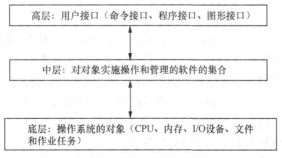

图 1.6　整个计算机系统的结构体系

中间部分（中层），是完成底层任务所需的各类程序，是一个庞大的软件体。

上述两部分，按理就应该是用户的各类应用程序了，这些应用程序怎样与操作系统的管理程序实现调用呢？这需要一个切入点，即常所说的接口。在计算机系统中，接口包括命令接口、程序接口和图形接口。也就是说，应用程序是通过这些接口渗透到计算机系统的核心。

1.3.3　操作系统的微内核结构

微内核（MicroKernel）操作系统结构是 20 世纪后期发展起来的，由于其支持多处理机运行，故非常适用于分布式系统环境。当前所使用的多数操作系统都采用了微内核结构。例如：Windows、UNIX/Linux 等。

与微内核技术同时发展运用的还有客户/服务器技术、面向对象技术，这样在软件中就形成了以微内核为操作系统核心，以客户/服务器为基础，采用以面向对象为程序设计方法的特征。

1. 客户/服务器模式

（1）基本概念

为了提高操作系统的灵活性和可扩展性可将操作系统划分为两部分。

一部分是用于提供各种服务的一组服务器（进程），主要用于提供进程管理的进程服务器、存储器管理的存储器服务器、文件管理的文件服务器等，所有这些服务器（进程）都运行在用户方式。当有一用户进程（现在称其为客户进程）要求读文件的某一盘块时，该进程便向文件服务器（进程）发出一个请求，当服务器完成了客户的请求后，便给该客户一个响应。

另一部分是内核，主要用于处理客户和服务器之间的通信，即由内核来接收客户的请求，再将该请求发送到相应的服务器，同时也接收服务器的应答，并将此应答回送给请求客户。图 1.7 给出了单机系统的客户/服务器模式。（Client—Server Model）

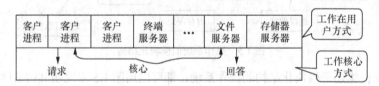

图 1.7　单机环境下的客户/服务器模式

（2）客户/服务器模式的优点

在客户/服务器模式的结构中，操作系统的大部分功能是由相对独立的服务器来完成的，用户可根据需要选择操作系统的一部分或全部。该模式提高了系统的灵活性和可扩展性，同时提高了系统的可靠性。这种结构的操作系统可以运行于分布式系统。

2. 面向对象程序设计技术

（1）基本概念

面向对象的程序设计技术（Object–Orientated Programming）是 20 世纪 80 年代提出并快速推广的。该技术基于"抽象"和"隐蔽"原则来控制大型软件的复杂程度。所谓对象，就是指在现实世界中具有相同属性、服从相同规则的一系列事物的抽象，其中的具体事物称为对象的实例。操作系统中的各类实体如进程、线程、消息、存储器等都使用了对象这一概念，相应地就有了进程对象、线程对象、存储器对象等。

数据结构
过程 1
过程 2
过程 3
过程 4

图 1.8　一个对象的示意图

面向对象程序设计技术，是利用被封装的数据结构和一组对其进行操作的过程来表示系统中的某个对象的。图 1.8 给出了一个对象的示意图。

数据结构中的数据对外是隐蔽的，外界不能直接访问这些数据，必须通过该对象中的一组操作函数（过程）才能对这些数据进行访问。这一组操作的实现细节也是隐蔽的。

（2）面向对象程序设计技术的优点

该技术将计算机中的实体作为对象来处理，提高了程序的可修改性和可扩展性，同时也提高了正确性和可靠性。

3. 微内核技术

由于计算机技术的飞速发展，VLSI（超大规模集成电路）的广泛应用，CPU 的运行速度和功能几乎呈几何级的增长。为了让操作系统更好地管理 CPU，操作系统的研发人员不断地增加 OS（操作系统的英文缩写）的新功能，从而使得 OS 的规模迅速膨胀，从早期的几十 KB 到几百 KB 甚至更大，这也给 OS 的维护、移植和运行带来了很大困难。

为了减少 OS 的复杂性，增加 OS 的可扩展性和可维护性，微内核技术应运而生。

什么是微内核技术？微内核就是指精心设计、短小、能实现现代 OS 核心功能的小型内核，运行在核心态，常驻内存而不被虚拟存储管理（换进/换出）。微内核（例如 Windows 中的 BIOS、UNIX 的 Kernel）并不是一个完整的 OS。

通常，由于在微内核 OS 的结构中，采用了客户/服务器模式，因此 OS 的大部分功能和服务，都是由若干服务器来提供的，如文件服务器、网络服务器等。

微内核的基本功能包括进程管理、存储器管理、进程通信和低级的 I/O 操作等。

① 进程管理。具有微内核的 OS 把进程作为分配资源的基本单位，允许一个进程拥有若干个线程，再把线程作为独立运行和调度的基本单位，在同一进程中的各线程可以共享进程所拥有的资源，允许这些线程并发执行。进程管理也包括实现进程间和线程间的同步。

② 存储器管理。微内核都提供了虚拟存储器管理功能，用于为进程分配必要的运行空间，并从逻辑上扩充内存的容量。通常，内存分配和回收以页为单位，每页的大小为 1～8KB。当进程要访问的页面不在内存时，便通过缺页中断请求进入微内核，由微内核将所缺页面从外存上调入内存。

③ 进程通信管理。为了实现进程间的通信，微内核采用了消息传递机制，即进程之间的信息传递以消息（Message）为交换单位。客户进程利用发送命令将一份消息发送到一个指定的服务进程的消息队列上，服务进程利用接收命令从消息队列上取出消息。

④ I/O 设备管理。微内核为每一个连接到主机上的 I/O 设备配置一个设备驱动程序，用以实现设备的 I/O 处理，因此微内核都具有若干个设备驱动程序来满足各种 I/O 设备的工作需求。

由于微内核 OS 结构建立在模块化、层次化结构的基础上，并采用了客户/服务器模式和面向对象的程序设计技术，所以，微内核结构在 20 世纪八九十年代是操作系统发展的主流技术。

1.4 操作系统的发展过程

计算机硬件不断发展，功能越来越复杂。计算机硬件的构成部件已经经历了电子管、晶体管、小规模集成电路（SIC）、中大规模集成电路（MIC、LIC）时代，现在已经进入超大规模集成电路（VLSI）时代。管理计算机硬件的操作系统同样经历了近 50 年的发展，从 20 世纪 50 年代的单批处理操作系统，到 20 世纪 60 年代的多道程序批处理操作系统，到 20 世纪 80 年代～90 年代有了用于个人计算机、多处理机和计算机网络的单用户/多任务/分时操作系统、多用户/

多任务/分时操作系统（最为典型的有 Windows、UNIX 系统）。图 1.9 给出了构成计算机硬件系统的元器件的变迁。

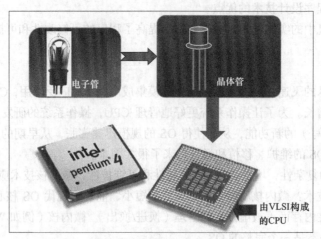

图 1.9　计算机元器件的变迁

下面对操作系统中几个常用的专业术语进行解释。

（1）单道批处理：单道批处理是计算机的一种运行方式，是指用户将需要运行的程序交给操作计算机的工作人员后，工作人员每次仅将其中一道程序输入计算机运行，得到结果再交给用户。如果程序运行中出错，由于计算机系统没有交互功能，用户不能在现场纠错，只好将出错的程序带回去修改后再交给计算机运行。这样不仅程序执行的周期长，设备利用率也非常低。

（2）多道批处理：随着计算机处理能力的增强，用户可以将多道程序交由计算机运行，得到结果再交给用户。如果程序运行中出错，计算机工作人员就调用另一程序来运行。但是，由于多道批处理系统也没有交互功能，出错的程序不能及时得到处理，计算机系统利用率还是很低，用户程序运行周期仍较长。

（3）集成电路：1958 年，美国德州仪器公司利用照相技术把多个晶体管和电路蚀刻在一块硅片上，这种半导体集合体就是集成电路（Integrated Circuit，IC）。

（4）单用户：是指在计算机系统中，某一时间仅能供一个用户独占整个计算机系统资源。如果其他用户需要使用计算机系统，则只能待占用计算机系统资源的用户退出后方可使用。这里的关键问题是计算机操作系统不支持多个用户同时使用计算机系统。

（5）多任务：多任务（也称为多程序、多道作业）操作系统一次并发执行一个用户的多个程序。

（6）多用户：在多用户环境中，多个用户使用同一台计算机。多用户操作系统（如 UNIX）是一个非常复杂而庞大的软件，能同时为当前的所有用户提供所需的服务。多个用户的程序都存放在内存中，好像这些程序在同时执行。但是，由于 CPU 只有一个或少于内存中的程序个数，这样在某一时刻只有一个或少数的程序得到执行。在开发操作系统时，考虑到 CPU 和外部设备速度的差异，当一个程序在运行中需要请求使用 I/O 设备时，就让此程序等待 I/O 的操作，由操作系统把 CPU 分配给内存中的另一程序并让其执行。从一个程序转到另一程序的过程称为程序切换。由于计算机系统的运行速度非常快，用户根本感觉不到系统中程序的切换，往往认为自己就是系统中唯一的用户。

（7）分时：分时操作系统是为解决人机"交互"而设计的，主要涉及多个用户共享同一台主机的 CPU 处理时间。分时系统给每个用户任务（程序的进程或线程）分配占用一定的 CPU 时间，通常把这个时间称为时间片，系统以时间片为单位在多个任务之间快速切换，而时间片只是一个任务所需执行时间的一小部分（时间片的单位有 ms、μs 或更小）。

1.5　操作系统的分类

根据操作系统的功能来划分，有如下类别。

1.5.1　单道批处理系统

在 20 世纪 50 年代，计算机硬件还没有配置操作系统，计算机本身的功能非常弱，加之计算机系统价钱非常昂贵，为了能充分利用计算机，尽量减少计算机系统的空闲时间，人们就把一批要运行的程序事先存放在外存（磁带）上，由系统中的监督程序（操作系统的雏形）控制外存上的程序一个接一个连续运行。其处理过程：首先，由监督程序把磁带上的第一个程序装入内存，并把运行控制权交给该程序，直到该程序运行完成或出错时，又把运行控制权交回监督程序，再由监督程序把第二个程序装入内存进行运行……这样，计算机系统就自动地完成程序的运行，直至外存上的程序处理完为止。由于系统对程序的处理是成批的进行的，而内存又仅有一道作业（程序），早期就将此系统称为单道批处理系统（Simpleprogrammed Batch Processing System）。当然，这时的计算机内存容量也非常小。

从上面的内容不难得出单道批处理系统具有的特征。

1. 自动性。外存中的一批作业自动地逐个运行，无需操作人员干预。
2. 顺序性。外存上的程序是按先后顺序装入和运行的。
3. 单道性。内存中仅有一道程序在运行。

图 1.10 和图 1.11 分别从时间和处理流程角度给出了单道批处理系统的工作流程。

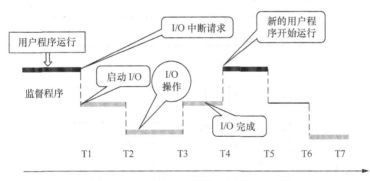

图 1.10　单道批处理系统工作流程示意图

1. 在图 1.10 中，当用户程序在系统中运行一段时间后，需要把所运行的信息输出，就会产生 I/O 中断请求，这时系统的"监督程序"（即后来操作系统的雏形）就调用 I/O 程序来执行（启动 I/O 设备、进行 I/O 操作等）一直到 I/O 完成，新的用户程序又开始运行。

2. 在图 1.10 中，T2—T3.T6—T7 的时间段中，CPU 是空闲的。

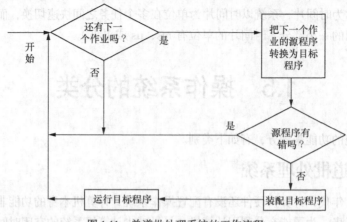

图 1.11　单道批处理系统的工作流程

1.5.2　多道批处理系统

为了克服单道批处理系统所存在的缺点，提高计算机系统资源的利用率和系统的吞吐量，随着计算机技术和应用的发展，20 世纪 60 年代中期人们引入了多道程序设计技术，从而形成了多道批处理系统（Multiprogrammed Batch Processing System）。

在此系统中，用户提交的作业先存放在外存并排成一个队列，该队列被称为"后备队列"；然后，作业的调度程序按一定算法从此队列中选择若干个作业调入内存，让这些作业共享 CPU 和其他资源。这样一来提高了 CPU、内存和 I/O 设备的利用率；二来提高了整个计算机系统的吞吐量。

"吞吐量"就是指计算机系统在单位时间内所能接纳的作业数。

多道程序的运行情况如图 1.12 所示。

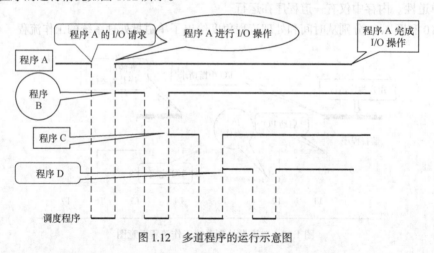

图 1.12　多道程序的运行示意图

1. 假设系统现在有四个程序（A~D），程序 A 最先运行，当程序 A 运行一段时间后，提出 I/O 请求，操作系统的调度程序（在单道批处理的监督程序基础上发展起来的）就把 CPU 等资源给程序 B，让其运行，同时把程序 A 所需要的 I/O 资源等给予分配，让程序 A 进行 I/O 操作直到完成。其他程序的运行情况与程序 A 类似。

2. 当程序 A 完成了 I/O 操作后，操作系统的调度程序又可能将 CPU 分配给程序 A 使其执行。

这里假设在图 1.12 中，系统的调度算法是 FCFS。

通过前面的内容和图 1.12 可以得出多道批处理系统具有如下的特征。

（1）多道性。在内存中同时驻留多道程序，并允许这些程序并发执行，从而有效地提高资源利用率和系统的吞吐量。

（2）无序性。作业的完成时间与其本身在内存存放的顺序和时间没有严格的对应关系。

（3）调度性。作业从提交给系统开始到运行完成，通常需要两次调度：首先是按一定算法从后备队列选择若干作业调入内存；其次是按程序（进程）调度算法，从内存选择一个具有运行条件的程序，将 CPU 分配给它，让其执行。

要协调好多道程序的运行，就必须解决如下问题。

（1）CPU 管理。在分配某一程序运行后，何时回收 CPU 更为合适，再怎样将 CPU 分配给满足运行条件的程序才最有效。

（2）内存管理。由于多道程序都存放在内存，怎样分配内存而不引起程序的相互重迭和数据的窜扰是内存管理首先要解决的问题。操作系统内存管理可分为两大类：单道程序、多道程序，如图 1.13 和图 1.14 所示。

图 1.13　单道程序

图 1.14　多道程序

（3）I/O 设备管理。由于多个程序共同使用 I/O 设备，怎样在资源有限的情况下满足用户的需要？

（4）文件管理。多个程序就会产生多个信息（文件），这些信息归属哪个用户，怎样区分、查找（检索），以保证信息的完整性。

（5）作业管理。作业管理要解决的问题是：多个作业间的衔接；怎样区分作业的"轻重缓急"；让某些急需运行的程序尽快得到运行。

多道批处理系统还是没有人机交互能力。如果在此基础上增加相关的软件就可以解决多道程序批处理系统所存在的问题。这些软件应该包括：管理和控制 CPU、内存、I/O 设备和文件以及调度作业运行等软件，也就形成了后面介绍的分时系统。

1.5.3　分时操作系统

1. 分时操作系统的产生

提高资源利用率和系统吞吐量是推动多道批处理系统产生和发展的主要动力；而用户的如下需求则促进了分时操作系统（Time Sharing Operating System）的形成和发展。

（1）人机交互。通常，用户希望自己的程序能直接上机运行，如果运行中出错，可以通过输入接口（指用户的输入设备，如键盘）对运行的程序边修改边运行，实现人机直接对话（交互）。

（2）共享主机。在大型计算机系统的应用中，多个用户通过自己的终端同时共用一台主机。例如银行的业务处理系统是由多个部门的众多人员同时进行操作而完成的，如果一个用户独占一台计算机既浪费也是不可能的。

从上面可以看出，分时操作系统必须解决好这两个问题。因此，分时操作系统实现的关键是：及时接收各并处理所接收的命令或数据。

2. 分时操作系统的特征

（1）多路性。允许一台主机上同时连接若干台终端，系统按照分时原则为每个用户提供服务。分时的长短以系统的时间片为单位（ms 或 μs）。宏观上表现为多个用户同时工作，共享系统资源；而微观上，则按照一定算法让具备运行条件的用户（进程）运行一个时间片（现在广泛使用的Windows 和 UNIX 操作系统都采用了分时技术）。

（2）独立性。每个用户独占一个终端设备执行自己的程序，彼此互不干预。由于大型系统的处理机运行速度非常高，用户输入的命令能及时得到处理，感觉好像是自己独占一台计算机。

（3）交互性。用户可以通过输入设备（通常是指键盘和鼠标）直接与计算机系统对话。分时操作系统最为典型的应用就是网络游戏、银行客户终端。每个用户通过输入设备将所需信息输入到计算机系统中，计算机系统处理后再将结果返回给用户，像对话一样，这就是所谓的"交互"。

1.5.4 实时操作系统

实时操作系统（Real Time Operating System）是指专门应用于诸如导弹控制、卫星发射、钢铁冶炼等行业的计算机控制系统。当然，现在支持计算机网络工作环境的操作系统也具有"实时系统"的部分特征，只不过其实时性不是那么突出。实时操作系统比常用的普通计算机操作系统要短小而精干，它最重要的特征就是"及时"。

实时操作系统贵在实时，要求在规定的时间内完成某种操作。该系统主要用于工业控制中的实时操作系统，一般任务数是固定的。实时操作系统通常有硬实时和软实时之分，硬实时要求在规定的时间内必须完成所规定的操作，这是在操作系统设计时要保证的；软实时则没有那么严，只要按照任务的优先级，尽可能快地完成操作即可。通常使用的操作系统在经过一定修改之后就可以变成实时操作系统。

实时操作系统是保证在一定时间限制内完成特定功能的操作系统。例如，可以为确保生产在线的机器人能获取某个物体而设计一个操作系统。在"硬"实时操作系统中，如果不能在允许时间内完成使物体到达的计算，操作系统将因出错而结束。在"软"实时操作系统中，生产线仍然能继续工作，但产品的输出会因产品不能在允许时间内到达而减慢，这使机器人有短暂的不生产现象。一些实时操作系统是为特定的应用而设计的，另一些则是通用的。但某种程度上，大部分通用目的的操作系统，如微软的 Windows NT 或 IBM 的 OS/390 有实时系统的特征。这就是说，即使一个操作系统不是严格的实时系统，也能解决一部分实时应用问题。

通常，实时操作系统必须具有以下特征：

1. 多任务；
2. 有线程优先级；
3. 多种中断级别。

较小的嵌入式操作系统就是常见的实时操作系统。内核要满足实时操作系统的要求，但其他部件（如设备驱动程序）也是需要的，因此，一个实时操作系统常比内核大。

实时系统对逻辑和时序的要求非常严格，如果逻辑和时序出现偏差将会引起严重后果。

软实时系统仅要求事件响应是实时的，并不限定某一任务必须在多长时间内完成；而在硬实时系统中，不仅要求任务响应要实时，而且要求在规定的时间内完成事件的处理。通常，大多数实时系统是两者的结合。

事实上，没有一个绝对的数字可以说明什么是硬实时，什么是软实时，它们之间的界限是十分模糊的。这与选择什么样的 CPU，它的主频、内存等参数有一定的关系。另外，应用场合对系统实时性能要求的不同也会导致有不同的定义。因此，在现有的固定的软、硬件平台上，如何测试并找出决定系统实时性能的关键参数，并给出优化的措施和试验数据则是构成实时系统的关键。因为采用实时操作系统的意义就在于能够及时处理各种突发的事件，即处理各种中断，因而衡量实时操作系统的最主要、最具有代表性的性能指标参数无疑应该是中断响应时间。中断响应时间通常被定义为：

中断响应时间 = 中断延迟时间 + 保存 CPU 状态的时间 + 该内核的执行时间。

中断延迟时间 = MAX（关中断的最长时间，最长指令时间）+ 开始执行内核的第一条指令的时间。

1.5.5 网络操作系统

网络操作系统（Network Operating System）服务于计算机网络，按照网络体系结构的各种协议来完成网络的通信、资源共享、网络管理和安全管理的系统软件，有人也将网络操作系统称为网络管理系统。与传统的单机操作系统有所不同，网络操作系统是建立在单机操作系统之上的一个开放式的软件系统，面对的是各种不同的计算机系统的互联操作，不同的单机操作系统之间的资源共享、用户操作协调和与单机操作系统的交互，从而使多个网络用户都可以获得极高的运算能力和广泛的数据共享。

将地理位置不同、功能独立的多个计算机系统，通过通信设备和线路互相连接起来，使用功能完整的网络软件来实现网络资源共享的大系统，称为计算机网络。换句话说，计算机网络既可以用通信线路将本地的若干台计算机系统连成简单的网络，实现信息的收集、分配、传输和处理，也可以将成千上万的计算机系统，通过数千公里乃至数万公里的通信线路联成全国或全球的计算机网络。按照网络覆盖的地区不同，可把计算机网络分成局域网（LAN）、广域网（WAN）、都市网（MAN）以及网间网（Internet）等。

1. 网络操作系统的功能

随着计算机网络的广泛应用，网络操作系统的功能也不断增强，除了必须具备的数据通信和资源共享基本功能外，又有了网络管理、应用互操作和实现网络开放性等功能。

（1）数据通信功能

在现代网络系统中，实现对等实体的通信，网络操作系统就应该具备如下的几个基本功能。

● 建立和拆除连接。在计算机网络中，为了使源主机与目标主机进行通信，通常应首先在两主机之间建立连接，以便通信双方能利用该连接进行数据传输。在通信结束或发生异常情况时，拆除已建立的连接。这种连接是根据用户的路由信息等临时进行的，具有逻辑性，故有的书中称为全链接。

● 控制数据的传输。为了使用户数据能在网络中正常地传输，必须为数据添加如目标主机地址、源主机地址等路由信息，这些信息称为报文头。网络根据报文头中的信息来控制报文的传输。对传输数据的控制功能还应包括对传输过程中所出现的各种异常情况的及时处理。

● 检测差错。数据在传输中会出现差错，因而网络中就必须有差错检测控制设施：一来检测差错，即发现数据在传输过程中出现的差错；二来纠正错误，即对已经发现的错误进行纠正。

● 控制流量。控制源主机发送数据（报文）的速度，使之与目标主机接收数据的速度相匹配，以保证目标主机能及时地接收和处理所到达的报文；否则，可能使接收方缓冲区空间全部用完，造成所接收的数据丢失。

● 路由选择。在公用数据网络中，由源站到目标站之间，通常有许多条路由。报文（或是报文的一部分，称为分组）在网络中传输时，每到一个分组交换设备（PSE），该结点中的路由控制机制就按照一定算法（如传输路径最短、传输延迟时间最短或费用最低等），为被传输的信息提供一条最佳的传输路由。

● 多任务。为了提高传输线路的利用率，通信系统都采用了多任务技术。通信中的多任务就是将一条物理链路虚拟为多条虚电路，把每一条虚电路提供给一个"用户对"进行通信，这样就可允许多个"用户对"共用一条物理链路来进行数据的传输。

（2）资源共享功能

在计算机网络中，最为重要的就是资源的共享。可供用户共享的资源有很多，如文件、数据和各类硬件资源。当前可采用数据迁移和计算迁移两种方式实现对文件和数据的共享。

● 数据迁移（Data Migration）方式。假如系统甲中的用户希望访问系统乙中的数据，可以采用两种方法来实现数据的传递。

第一种方法是将系统乙中的指定文件送到系统甲中。这样，以后只要是系统甲中的用户要访问该文件，都可以实现本地访问。当用户不再需要此文件时，如果该文件已经被修改，则需要将已经被修改过的文件拷贝，并送回到系统乙。如果是该文件在系统甲中没有被修改，则不必将此文件送回系统乙。如果系统甲中的用户仅须对系统乙中某一大文件进行很少部分的修改，采用这种方法时，仍须来回传送整个文件，这显然是非常低效的。

第二种方法是把文件中用户需要的那一部分从系统乙传送到系统甲，如果以后用户又需要该文件的另一部分，仍可继续将另一部分从系统乙传到系统甲。当系统甲用户不需要该文件时，只需把已经修改的部分内容回传给系统乙即可。这种方法类似于内存管理中的请求调段方式。SUN Micro System 的网络文件系统（NFS）协议就采用了此方法。

上述两种方法各有利弊。对于用户只访问一个大文件的很小一部分时，采用第二种方法较为有效。如果是要访问一个大文件中的大部分内容，则第一种方法更有效。

● 计算迁移（Computation Migration）方式。在某些情况下，传送计算要比传送数据更有效。例如，有一个程序，它需要访问多个驻留在不同系统中的大文件，以获得这些文件的内容，此时若采用数据迁移的方式，则需要将驻留在不同系统中的所需文件传送到驻留程序的系统中，要传送的数据量相当大。如果采用计算迁移方式，则只需分别向各个驻留了所需大文件的系统发送一条远程命令，然后，待各个系统返回文件处理结果即可，这样经过网络传送的数据量非常小。

一般情况下，如果传输数据所需的时间大于远程命令的执行时间，则采用计算迁移的方式；反之，则数据迁移方式更有效。

2. 网络管理的目标和功能

当网络用户达到一定的规模时，如何管好和用好网络则显得尤为重要。为此，在网络中引入了网络管理功能，其目的在于最大限度地增加网络的可用时间，提高网络设备的利用率，改善网络的服务质量和保障网络的安全性。

（1）网络管理的目标。目标之一是增强网络的可用性。通过预测手段，及时检测出网络设备和线路的故障，并迅速采取修复措施，减少网络中断时间；还可采取冗余措施，为关键设备和线路配置冗余的设备/线路，一旦网络发生故障，冗余的设备/线路可及时工作。目标之二是提高网络的运行质量。网络规模的扩大和用户的不断增多很容易造成网络中计算机系统负荷不均和线路上信息流量不均的状况，使整个网络的吞吐量大为降低。为了提高网络的运行质量，应该随时监控网络设备的运行情况和各线路上的信息流量，以便及时发现问题并进行调整。目标之三是提高网络资源的利用率，通过加强对网络系统的监控，及时而准确地掌握网络设备和线路的利用情况，为调整和扩建网络系统做到"有的放矢"。目标之四是保障网络数据的安全性，采用严格的用户管理（如用户登录、口令）制度和数据加密措施，为网络系统和用户提供安全、可靠和保密的运行环境。目标之五是提高网络的社会效益和经济效益。

（2）网络管理的功能。网络管理功能涉及网络资源和运行的规划、组织监控等。国际标准化组织（ISO）为网络的管理定义了配置、故障、性能、安全和计费五大管理功能。

配置管理主要涉及定义、收集、监视和控制以及使用配置数据。配置数据包括网络中重要资源的静态和动态信息，这些数据被广泛应用。网络管理应该允许网络管理人员生成、查询和修改软硬件的运行参数和条件，以保证网络的正常运行。

故障管理是通过故障检测手段，及时发现故障并通过其现象进行跟踪、诊断和测试来维护网络，同时做好网络运行日志的登记。

性能管理是收集网络运行方面的数据来分析诸如网络的响应时间、吞吐量、阻塞情况和运行趋势，从而把网络的性能控制在用户能接受的范围。

安全管理即根据安全运行策略来实现对受限资源的访问。安全管理中涉及的技术和方法有：认证技术、访问控制技术、数据加密技术、密钥分配和管理、安全日志的维护和检查、审计和跟踪及防火墙技术等。

计费管理是记录用户使用网络资源的种类、数量和时间，合理地计算用户的上网费用。具体功能有：搜集计费记录、计算用户账单、网络经济预算、检查资费变更情况和分配网络运行成本等。

（3）应用互操作功能。为了实现更大范围的数据通信和资源共享，可以将若干个不同的网络互联成一个覆盖面非常宽的互联网络。由于各个网络所采用的网络通信协议不同，所以需要解决网络的互通问题，主要涉及信息的"互通性"和"互用性"。所谓信息"互通性"就是指不同的网络结点之间可以实现通信，例如当今在网络中利用 TCP/IP 协议来实现网络信息的互通。所谓"互用性"就是指一个网络的用户可以去访问另一个网络中文件系统的文件，例如 TCP/IP 协议和 SUN 公司的网络文件协议 NFS（Network File System）。信息的"互用性"还应该在不同的网络数据库中实现数据的共享。

除了上述的内容外，网络操作系统为用户提供的服务应该包括：电子邮件服务、文件传输服务和目录服务等。

1.5.6　分布式操作系统

分布式操作系统（Distributed Operating System）是建立在网络操作系统之上，对用户屏蔽了系统资源的分布而形成的一个逻辑整体的操作系统。分布式操作系统是分布式软件系统（Distributed Software Systems）的重要组成部分。分布式软件系统是支持分布式处理的软件系统，包括分布式操作系统、分布式程序设计语言及其编译（解释）系统、分布式文件系统和分布式数据库系统等。分布式软件系统是在由通信网络互联的多处理机体系结构上执行任务的系统。分布式操作系统负责管理分布式系统资源和控制分布式程序运行，其和集中式操作系统的区别在于资源管理、进程通信和系统结构等方面。

1. 分布式程序设计语言

分布式程序设计语言用于编写运行于分布式计算机系统上的分布式程序。一个分布式程序由若干个可以独立执行的程序模块组成，它们分布于一个分布式处理系统的多台计算机上，被同时执行。与集中式程序设计语言相比，分布式程序设计语言有三个特点：分布性、通信性和稳健性。分布式文件系统具有执行远程文件存取的能力，并以透明方式对分布在网络上的文件进行管理和存取。

2. 分布式数据库

分布式数据库系统运行在分布式操作系统的环境中，它由分布于多个计算机结点上的若干个数据库系统组成。提供有效的存取手段来操纵这些结点上的子数据库。分布式数据库在使用上可视为一个完整的数据库。而实际上它分布在地理分散的各个结点上。当然，分布在各个结点上的子数据库在逻辑上是相关的。

分布式数据库系统由若干个站集合而成，这些站又称为节点，每个节点都是一个独立的数据库系统，它们在通信网络中连接在一起，都拥有各自的数据库、中央处理机、终端以及各自的局部数据库管理系统。因此分布式数据库系统可以看作是一系列集中式数据库系统的联合，它们在逻辑上属于同一系统，但在物理结构上是分布式的。

分布式数据库系统已经成为信息处理学科的重要领域，正在迅速发展之中，其优点有以下几点。

（1）分布式数据库可以解决组织机构分散而数据需要相互联系的问题。比如银行系统，总行与各分行处于不同的城市或城市中的各个地区，在业务上它们需要处理各自的数据，也需要彼此之间的交换和信息处理，这就需要分布式的系统。

（2）如果一个组织机构需要增加新的相对自主的组织单位来扩充机构，则分布式数据库系统可以在对当前机构影响最小的情况下进行扩充。

（3）分布式数据库可以均衡负载。数据的分解采用使局部应用最大化，这使得各处理机之间的相互干扰降到最低。负载分担在各处理机之间，可以避免临界瓶颈。

（4）当现有机构中已存在几个数据库系统，而且实现全局应用的必要性增加时，就可以由这些数据库自下而上构成分布式数据库系统。

（5）相等规模的分布式数据库系统在出现故障的概率上不会比集中式数据库系统低，但由于其故障的影响仅限于局部数据应用，因此就整个系统来讲，分布式数据库系统的可靠性是比较高的。

3. 分布式操作系统的特点

分布式操作系统具有分布性、透明性、并行性、共享性和稳健性等特点。

（1）分布性。分布式数据库系统不强调集中控制概念，它具有一个以全局数据库管理为基础的分层控制结构，但是每个局部数据库管理都具有高度的自主权。所以分布式操作系统的处理和控制功能均为分布式的。

（2）透明性。在分布式数据库系统中，除了数据独立性这一重要概念外，还增加了一个新的概念——分布式透明性。所谓分布式透明性就是在编写程序时，数据好象没有被分布一样，因此把数据进行转移不会影响程序的正确性，但程序的执行速度会有所降低。

（3）并行性。分布式操作系统具有任务分配功能，可以将多个任务分配到多个处理机上，使这些任务并行运行，从而加速任务的执行。

（4）共享性。分布式操作系统支持系统中所有用户对分布在各个点上的软硬件资源的共享和以透明方式进行访问。

（5）稳健性。与集中式数据库系统不同，数据冗余在分布式系统中被看作是所需要的特性，其原因在于：首先，如果在需要的节点复制资料，则可以提高局部的应用性；其次，当某节点发生故障时，可以操作其他节点上的复制资料，可以增加系统的有效性。当然，分布式系统对最佳冗余度的评价是很复杂的。

4. 分布式操作系统的分类

分布式系统的类型大致可以归为如下三类。

（1）分布式数据，有且只有一个总的数据库，没有局部数据库。

（2）分层式处理，每一层都有自己的数据库。

（3）充分分散的分布式网络，没有中央控制部分，各节点之间的连接方式又可以有多种，如松散的连接，紧密的连接，动态的连接，广播通知式连接等。

分布式系统实际上是一种计算机硬件和相应的功能配置方式。它是一种多处理器的计算机系统，各处理器通过互连网构成统一的系统。系统采用分布式计算结构，即把原来系统内中央处理器处理的任务分散给相应的处理器，实现不同功能的各个处理器相互协调，共享系统的外设与软件资源，这样就加快了系统的处理速度，简化了主机的逻辑结构。云计算平台就是典型的分布式应用。

1.5.7　嵌入式操作系统

嵌入式操作系统（Embedded Operating System，EOS）是一种用途广泛的系统软件。过去该类系统主要应用于工业控制和国防系统。EOS 负责嵌入系统的全部软、硬件资源的分配、调度工作，控制协调并发活动；它必须体现其所在系统的特征，能够通过装卸某些模块来达到系统所要求的功能。目前，已推出一些应用比较成功的 EOS 产品系列。随着 Internet 技术的发展、信息家电的普及应用及 EOS 的微型化和专业化，EOS 开始从单一的弱功能向高专业化的强功能方向发展。嵌入式操作系统在系统实时高效性、硬件的相关依赖性、软件固态化以及应用的专用性等方面具有较为突出的特点。

EOS 是相对于一般操作系统而言的，它除具备了一般操作系统最基本的功能，如任务调度、同步机制、中断处理、文件功能等外，还有以下特点。

（1）可装卸性。EOS 具有开放性、可伸缩性的体系结构。

（2）强实时性。EOS 实时性一般较强，可用于各种设备控制当中。

（3）统一的接口。提供各种设备驱动接口。

（4）操作方便、简单、提供友好的图形接口（GUI），追求易学易用。

（5）提供强大的网络功能，支持 TCP/IP 协议及其他协议，提供 TCP/UDP/IP/PPP 协议支持及统一的 MAC 访问层接口，为各种移动计算设备预留接口。

（6）强稳定性，弱交互性。嵌入式系统一旦开始运行就不需要用户过多的干预，这要求负责系统管理的 EOS 具有较强的稳定性。嵌入式操作系统的用户接口一般不提供操作命令，它通过系统调用命令向用户程序提供服务。

（7）固化代码。在嵌入系统中，嵌入式操作系统和应用软件被固化在嵌入式系统计算机的 ROM 中。辅助内存在嵌入式系统中很少使用，因此，嵌入式操作系统的文件管理功能应该能够很容易地拆卸，并方便地应用各种内存文件系统。

（8）更好的硬件适应性。也就是说，EOS 具有良好的移植性。

目前，国际上用于信息电器的嵌入式操作系统有 40 种左右。现在，市场上非常流行的 EOS

产品包括 3Corn 公司下属子公司的 Palm OS，全球占有份额达 50%，MicroSoft 公司的 Windows CE 全球市场份额不超过 29%。在美国市场，Palm OS 更以 80%的占有率远超 Windows CE。开放源代码的 Linux 很适于信息家电的开发。

常见的嵌入式系统有：Linux、uClinux、WinCE、PalmOS、Symbian、eCos、uCOS-II、VxWorks、pSOS、Nucleus、ThreadX、Rtems、QNX、INTEGRITY、OSE、C Executive。

嵌入式操作系统与嵌入式系统密不可分。嵌入式系统主要由嵌入式微处理器、外围硬设备、嵌入式操作系统以及用户的应用程序等四个部分组成，它是集软硬件于一体的可独立工作的"器件"。

嵌入式技术的发展，大致经历了四个阶段。

第一阶段是以单芯片为核心的可编程控制器形式的系统，同时具有与监测、伺服、指示设备相匹配的功能。这种系统大部分应用于一些专业性极强的工业控制系统中，一般没有操作系统的支持，通过汇编语言对系统进行直接控制，运行结束后清除内存。

第二阶段是以嵌入式 CPU 为基础、以简单操作系统为核心的嵌入式系统。这一阶段的操作系统具有一定的兼容性和扩展性，但用户接口不够友好。

第三阶段是以嵌入式操作系统为标志的嵌入式系统。这一阶段系统的主要特点是：嵌入式操作系统能运行于各种不同类型的微处理器上，兼容性好；操作系统内核精小、效率高，并且具有高度的模块化和扩展性；具备文件和目录管理、设备支持、多任务、网络支持、图形窗口以及用户接口等功能；具有大量的应用程序接口（API），开发应用程序简单；嵌入式应用软件丰富。

第四阶段是以 Internet 为标志的嵌入式系统，这是一个正在迅速发展的阶段。目前大多数嵌入式系统还孤立于 Internet 之外，但随着 Internet 的发展以及 Internet 技术与信息家电、工业控制技术等结合日益密切，嵌入式设备与 Internet 的结合将代表着嵌入式技术的真正未来。

1.5.8　操作系统的基本特性

前面介绍了批处理操作系统、分时操作系统和实时操作系统等的基本情况，它们虽然都具有独特的特征，如批处理操作系统具有成批处理作业的特征，分时操作系统则具有人机交互特征，而实时操作系统具有实时特征，但也都具有并发、共享、虚拟和异步的基本特征。其中，并发特征是最重要的特征，其余三个特征是以并发为前提而体现的。

1.　并发（Concurrence）

平时，我们在讲某一问题时可能会提到"并发性"和"并行性"，它们有什么意思？又有什么不同？

"并发性"和"并行性"的含义有相似之处而又有所区别。

"并发性"是指两个或多个事件在同一时间间隔内发生。"并行性"是指两个或多个事件在同一时刻发生。

在多道程序环境下，并发性是指在一段时间内，宏观上有多个程序在同时运行，在单 CPU 的运行环境中，每一时刻仅有一个程序在执行。因此，微观上来讲内存的各个程序是分时交替执行的。如果计算机系统中有多个 CPU，这些存放在内存中的可以并发执行的程序则分配到多个 CPU 上实现并行运行，原则上讲有多少个 CPU 就有多少个程序在同时执行。

由于程序可以打印在纸上、也可以存储在磁介质上，所以它是静态实体，是不可以并发执行的。怎样才能使多道程序并发执行?

简单地说,就是操作系统必须分别为每个程序建立进程(Process)。也就是说:操作系统的调度程序把要运行的程序的一部分装入内存,就要为这一部分程序分配必要的系统资源(诸如内存、记录这一部分程序的相关信息),那这一部分程序就应该有一个名称,人们把它称为"进程"。这里讲的进程是一个实体。有关进程的详细内容,在第 2 章阐述。

在现代计算机系统中,程序是以进程为单位在 CPU 中运行的,系统也以进程为单位为其分配所需资源。进程是由一组机器指令、数据、堆栈和数据结构(表格)等组成,是一活动实体。也就是说:进程是某一正在执行程序(作业)的一部分,甚至可能是极小一部分。

那么,操作系统为什么要采用"进程"?答案是为了使多个程序能并发执行。并发执行使操作系统变得非常复杂,因为操作系统需要增加多个完成控制和管理的功能模块,分别用于 CPU、内存、I/O 设备和文件系统等资源的管理,并控制系统中各个程序的运行。

到了 20 世纪 80 年代,计算机专家又提出了比进程更小的运行单位"线程"。通常,一个进程可以包含多个线程。在引入线程的系统中,进程是分配资源的基本单位,而线程则是独立运行的基本单位。由于线程比进程小,基本上不拥有系统资源,所以线程运行起来比进程更轻松(切换迅速更快)。现在应用的操作系统都引入了线程。

2. 共享(Sharing)

所谓共享是指内存的多个并发执行的进程(线程)可以共同使用计算机系统的资源。由于资源属性的不同,进程对资源的共享方式也不同,通常有两种资源共享方式。

(1)互斥共享方式

计算机系统中的诸如打印机、磁盘等资源,虽然可以提供给多个进程(线程)共享,由于该设备的属性决定(对其调度和使用只能是排队等方式),在一段时间内只允许一个进程(线程)使用该资源。例如,当进程 A 要访问某资源时,它必须先提出请求,如果此时该资源空闲,操作系统便将此资源分配给进程 A 使用,此时如果再有别的进程需要访问该资源(只要进程 A 还占用该资源)就必须等待。只有当进程 A 释放该资源后,才允许另一进程对该资源进行访问。这种访问方式就是排他性的,所以称为互斥共享方式。在计算机系统中,把诸如打印机、磁盘在进行写操作时,都是一个进程独占,我们把独占的资源称为临界资源。

(2)同时访问方式

计算机系统中磁盘等设备允许在同一时间内由多个进程"同时"对其进行读操作。当然,这里所讲的"同时"是从宏观上讲,而微观(实际)上这些进程的操作是交替进行的。

并发和共享是操作系统最为重要的两个特征,是互为存在的条件。一方面,资源共享以程序并发为条件,若系统不允许程序并发执行,就不会有资源共享的问题;另一方面,如果系统不能对资源共享实施有效的控制和管理,将直接影响程序并发执行的程度,甚至根本无法执行。

3. 虚拟(Virtual)

计算机系统中的"虚拟"可以通过某种技术把一个物理实体变为若干个逻辑上的对应物。物理实体是实际存在的,而逻辑对应物则是虚的,是用户感觉上的东西。通常这种用于实现虚拟功能的技术称为虚拟技术。现代计算机系统使用了多种虚拟技术,分别用来实现虚拟处理机、虚拟内存、虚拟外部设备和虚拟通道等。

虚拟处理机技术就是通过多道程序设计技术,让多道程序并发执行来分时使用一台(物理)处理机。当然,这台处理机的处理速度应该是非常高的,其功能特别强,各用户终端在执行自己的程序（进程）时，总感觉自己独占计算机系统一样。

虚拟内存就是通过某种技术，把有限的内存容量变得无限大，用户在运行远大于实际内存容量的程序时，不会发生"内存不够"的错误。也就是说，用户所运行的程序大小与实际内存容量无关。

虚拟外部设备就是通过虚拟技术把一台物理 I/O 设备虚拟为多台逻辑上的 I/O 设备供多个用户使用，每个用户可以占用一台逻辑上的 I/O 设备，实现 I/O 设备的共享。例如 4 位同学各有一台计算机，但没有打印机，为了应用的方便，4 位同学共同出资购买了一台打印机。打印机是 4 位同学的共有财产，使用打印机则有两种方式：一是把打印机连接在一位同学的计算机上，其他同学要用打印机时，可以通过发文件或用 U 盘拷贝的方式；再就是把 4 位同学的计算机联网，通过联网技术使一台打印机虚拟为 4 台，这样各位同学都可以在自己的机器上发命令使用打印机。这种使用打印机的方法让每个同学感觉到自己是独占打印机。通常系统采用排队（FCFS）的方式为用户提供服务。

4. 异步性

现代的操作系统按照一定的规则（算法）把 CPU 分配给具备运行条件的进程，也就是进程的执行时间和执行的速度是各自不同的。进程是以人们不可预知的速度向前推进的，这就是进程的异步性。

上面的阐述说明了操作系统在计算机系统中的重要位置，也就是说，没有操作系统，计算机硬件就不能充分发挥作用，用户也不能按自己的欲望来随心所欲地操作计算机。图 1.15 形象地说明了用户、操作系统与计算机硬件系统之间的关系。

从图 1.15 中可以看出操作系统是裸机上的第一层软件，它是对硬件系统功能的首次扩充，填补了人与机器之间的鸿沟。

通过前面的内容，我们可以得出这样的结论：任何用户（人或应用程序）都需要利用操作系统所提供的环境（命令或系统调用）才能操作计算机（如上网、打游戏、办公等）。三者之间的关系如图 1.15 所示。

图 1.15　用户与操作系统和计算机硬件的关系示意图

习　题

1. 现代操作系统的主要目标是什么？
2. 现代操作系统的作用表现在哪几方面？
3. 操作系统经历了哪几个发展过程？
4. 现代操作系统可以分为哪几类？
5. 实现分时操作系统的关键是什么？

6. 现代操作系统在计算机系统中有几个主要的功能?

7. 现代操作系统的基本特征是什么?哪个特征最为关键?

8. 分时操作系统与网络操作系统有什么区别?

9. 熟悉 Linux 操作系统的结构体系,了解其内核的功能。

10. 了解进程和线程的区别和作用。

11. 单道批处理系统和多道批处理系统有何分别?

第2章

进程和线程

在传统的操作系统中，程序是不能独立运行的，只有进程才可以作为分配资源和独立运行的基本单位。第 1 章中所讲述的操作系统的四个特征都是基于进程而形成的。通常，在研究计算机系统的理论和结构时，都以进程为基础来研究操作系统。这样，人们就能更好理解和描述计算机的结构、工作流程等，所以进程是操作系统中一个非常重要的基本概念。讲解进程实际上就是阐述操作系统怎样对处理机进行管理（CPU 的分配、控制等）。本章主要讲述进程在计算机系统中的运行情况（包括进程定义、进程管理、进程调度、进程同步、进程通信等）。

2.1 进程的基本概念

众所周知，在没有配置操作系统的计算机系统中，程序只能顺序执行，即在一个程序执行完后，才允许另一个程序执行。而在多道程序环境下，允许多个程序并发执行。这两种执行方式是不同的。由于程序的并发执行的特征，才导致在操作系统中引入了进程的概念。

2.1.1 程序的顺序执行及其特征

1. 程序的顺序执行

我们先来看一看程序顺序执行的情况：通常把一个应用程序分为若干程序段，而各个程序段之间必须按照先后顺序执行。只有当前一段程序执行完成后，方可执行后一段程序。例如，在一个计算程序中，必须先输入程序和数据，接下来进行计算，然后输出计算结果。如图 2.1 所示，I 代表输入、C 代表计算、P 代表输出。这 3 个进程是相互制约的，也就是说，如果没有输入进程 I，就没有计算进程 C；当输入进程 I 没有结束，计算进程 C 必定不能开始工作。

如果一个程序段有多条语句，也会有顺序执行的问题。例如：

S1:a: = x + y;

S2:b: = a–b;

S3:c: = b + 1;

在这 3 条语句中，S2 必须在 S1 执行完成后才能执行，S3 只能在 S2 执行后才能执行，如图 2.2 所示。

图 2.1　程序顺序执行的示意图　　　　图 2.2　具有 3 条语句的程序段执行顺序

2. 程序顺序执行时的基本特征

（1）顺序性

就是说，程序是按先输入先执行的顺序完成运行的。当前一个程序没有运行结束时，后一个程序必须等待。

（2）封闭性

程序是在封闭的环境下运行的，即程序运行时独占整个计算机资源，资源的状态（初始化状态除外）只有本程序才能改变。程序一旦开始执行，其结果不受外界因素影响。

（3）可再现性

只要程序的运行环境和初始条件不变，当程序重复执行时，应该得到相同的结果。

2.1.2　前趋图

通常利用前趋图来描述程序的执行。前趋图（Procedence Graph）是一个有向无循环图（Directed Acyclic Graph，DAG）。图中的每个结点可用于表示一条语句、一个程序段或进程；结点间的有向边 "→" 则表示在两个结点间存在的偏序或前趋关系。

在前趋图中，没有前趋的结点称为初始结点；没有后续的结点称为终止结点。

图 2.1 和图 2.2 就分别存在这样的前趋关系：

$Ii \to Ci \to Pi$ 和 S1→S2→S3

图 2.3 中存在如下的前趋关系：

$P_1 \to P_2$，$P_1 \to P_3$，$P_1 \to P_4$，$P_2 \to P_5$，$P_3 \to P_5$，$P_4 \to P_6$，$P_4 \to P_7$，$P_5 \to P_8$，$P_6 \to P_8$，$P_7 \to P_9$，$P_8 \to P_9$

也可以表示为：

$P = \{P_1, P_2, P_3, P_4, P_5, P_6, P_7, P_8, P_9\} \to = \{(P_1, P_2), (P_1, P_3), (P_1, P_4), (P_2, P_5), (P_3, P_5), (P_4, P_6), (P_4, P_7), (P_5, P_8), (P_6, P_8), (P_7, P_9), (P_8, P_9)\}$

图 2.3 的前趋关系也可以写为：

$P = \{P_1(P_2, P_3, P_4), P_2(P_5), P_3(P_5), P_4(P_6, P_7), P_5(P_8), P_6(P_8), P_7(P_9), P_8(P_9)\}$

在前趋图中必定不存在循环，但在图 2.4 中具有如下的前趋关系：

$P_2 \to P_3$，$P_3 \to P_2$

这种前趋关系是与前趋图的定义相异的。

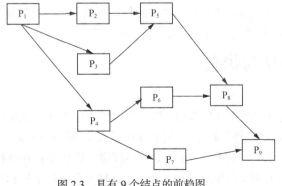

图 2.3　具有 9 个结点的前趋图

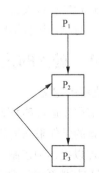

图 2.4　具有循环的图

2.1.3　程序并发执行和特征

1．程序的并发执行

图 2.5 中的多个程序可以并发执行。例如当输入程序在进行第一个程序的输入后，在计算的同时就可以输入第二个程序，从而可使第一个程序的计算与第二个程序的输入同时进行。这样，I_2、C_1 可以并发执行；I_3、C_2、P_1 可以并发执行。

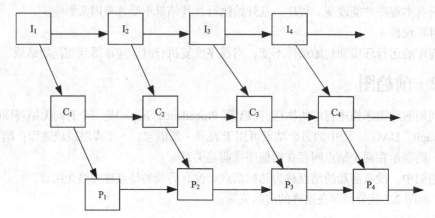

图 2.5　程序并发执行时的前趋图

2．程序并发执行的特征

程序并发执行可以提高整个系统的吞吐量（单位时间内的输入/输出），但也具有如下的特征。

（1）间断性

由于程序的并发执行需要共享系统资源，使得并发执行的各程序间形成了相互制约的关系，即当某一进程的输入未完成时，其计算进程就无法执行，也就是说：计算进程受其输入进程的制约。这种制约关系将使并发程序具有"执行——暂停——执行"的间断性。

（2）失去封闭性

由于程序在并发执行时需要共享系统的各类资源,因而系统资源的状态也由多个程序来改变,使程序运行失去了封闭性。这样，当某个程序在执行时，必然会受到其他程序的影响。例如，在单 CPU 中，当一个程序（进程）占用 CPU 时，另一个程序（进程）就必须等待。

（3）不可再现性

由于进程的执行失去了封闭性，其运算结果与并发执行的程序有关（即某一时刻的运行结果可能与另一时刻的运行结果不同），从而使程序的执行失去了可再现性。

2.1.4　进程的定义、特征与状态

1．进程的定义

在多道程序运行环境下，程序的执行属于并发执行（即多个程序争夺 CPU，系统就会根据每个程序具备的条件来满足其需要），也就是每个程序在获得 CPU 后只能执行某一部分，为了能对这一部分加以描述和控制，人们将其称为"进程"。也可以这样理解：进程是正在执行的、争夺 CPU 时间和其他系统资源的程序。在 UNIX（Cinux）操作系统中，把进程物理实体和支持进程运行的环境合称为进程上下文，由 3 部分组成。

- 用户级上下文：由用户数据段和用户堆栈组成的进程地址空间；
- 系统级上下文：包括静态部分（如进程控制块 PCB，其中记录了诸如调度等进程的相关信息、该进程要运行时所需的资源清单，也称为资源表格）和动态部分（如核心栈、现场信息、控制信息和进程环境块以及系统堆栈等组成的进程地址空间）；
- 寄存器上下文：由程序状态字寄存器、各类控制寄存器、地址寄存器、通用寄存器组成。

因此，在多道程序环境中，程序的执行实际上是"进程"在执行。进程有什么特征呢？

2. 进程的特征

- 结构性。独立运行的进程是程序在计算机系统中执行的那一部分，是一个进程实体。那么这个进程就应该包含相应的语句，数据以及能标识该进程诸如大小、是否正在执行等的相关信息。这些信息存放在什么地方？在操作系统中专门为此配置了一个进程控制块（Process Control Block，PCB），用于存放进程的相关信息。也就是说，进程实体是由相关的程序段、相关的数据或存放这些数据的地址和 PCB 三部分构成的。

一个进程实体（在早期的 Unix 操作系统中，把进程实体称为进程映像）是由 PCB、程序和数据或存放数据的地址组成的。PCB 是进程实体中最重要的部分，在后面的章节中将进行详细阐述。

- 动态性。进程的实质是进程实体的一次执行过程。也就是进程实体的内容（尤其是 PCB 中的内容）是变化的，其动态性是进程的最基本的特征，主要表现在程序要执行就必须首先建立"进程"，然后通过调度使进程执行，当进程执行完成后则撤销以便让新的进程执行。这说明进程的动态性表现在：由创建而产生、由调度而执行、由撤销而消亡。由此说明程序的执行实际上是进程的执行，进程是有一定生命期的，是动态的；而程序只是一组指令的集合，通常存放在某种介质（如硬盘）中，它本身没有运动的含义，是静态的。

- 并发性。这是指多个进程实体同时存放在内存中，并在一段时间内同时执行。并发性是进程的重要特征，也是现代操作系统所具有的重要特征。

在操作系统中引入进程的目的正是为了使进程实体间能并发执行，而程序由于没有建立 PCB 是不能并发执行的。

- 独立性。在操作系统中，进程实体是一个独立运行、独立分配系统资源和独立接受操作系统调度的基本单位。没有建立 PCB 的程序是不能作为一个独立的单位参与运行的。

- 异步性。这是指各个进程按各自独立的、不可预知的速度向前推进（因为各个进程具有不同的优先级别，操作系统的调度程序就是根据该进程的优先级别来确定是否为其分配 CPU 等资源）。在计算机系统中，各个进程实体是按异步方式运行的。

通过上面的论述，我们可以了解进程是什么：

① 进程就是进程实体（PCB、程序、数据等）在计算机系统中的一次执行；

② 进程是一个程序及其数据在 CPU 中执行时所发生的动作过程；

③ 进程就是为了使用户程序能在计算机系统中运行而分配系统资源和独立调度的基本单位。

3. 进程的状态

（1）进程的基本状态

计算机系统中各个进程的执行是交替进行的（主要原因是 CPU 的数目少于进程的数目），也就是说，有的进程正在执行，而有的进程则因多种原因在等待执行，这就决定了进程在系统中具有多种状态，但任一时刻一个进程仅处于某一状态。通常，人们在分析进程时，只对进程的三种基本状态（一般为就绪、执行、阻塞状态，而不同的操作系统对进程细分状态不同，如 Unix 操作系统把进程细分为九种状态）加以阐述。

● 就绪状态。此状态是指进程已经创建了 PCB、获得了除 CPU 外的所有必要资源并在就绪队列排队以等待系统调度时所具有的状态，如果该进程获得 CPU 就可以执行。一个系统中有若干个进程处于就绪状态，通常把这些进程按照某算法（条件）排成一个或多个队列，此队列称为就绪队列。

● 执行状态。当进程具备了运行的条件，分配到了 CPU，进程就能执行，这时进程就处于执行状态。在单 CPU 系统中，仅有一个进程处于执行状态，在多 CPU 系统中，可以有多个进程处于执行状态。

● 阻塞状态。当正在执行的进程发生了某种不能使其继续执行的事件时，系统便让其放弃 CPU 而暂停执行，这样进程的执行受到阻塞，人们把进程此时所处的状态称为阻塞状态（也称为等待状态）。发生阻塞的原因很多，例如，进程在执行中需要调用 I/O 设备，而 I/O 设备又被其他进程所占用，这时，进程就要等待。又例如，进程需要缓存空间而又不能满足时，也会处于阻塞状态。

通常，把处于阻塞状态的进程排成一个队列或按不同的阻塞原因排成多个队列，该队列就称为阻塞队列。

从上面的论述中可以看出，进程的状态是在不断转换的。图 2.6 给出了进程三种基本状态的转换示意。

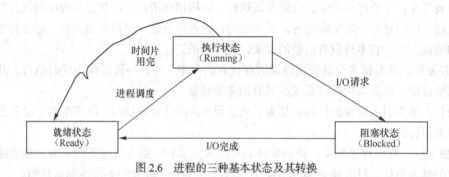

图 2.6　进程的三种基本状态及其转换

通常，系统中的进程还具有创建状态和结束状态。

创建状态是指进程已经创建了 PCB、获得了除 CPU 外的所有必要资源，但还没有安排在就绪队列排队时所具有的状态。通常，人们把此状态称为新状态。把进程送到就绪队列排队的过程称为接纳。

结束状态就是指进程已经完成了所有的操作，尚未全部归还系统资源时所处的状态。

一个进程从创建、执行、结束、退出，系统会经过如下的过程：

首先是创建进程（包括创建 PCB、分配所需资源、将进程的所有信息录入 PCB），然后安排在就绪队列中等待系统调度，如果该进程具备调度的条件，系统把 CPU 分配给该进程，系统调度程序将此进程实体调去执行。执行过程通常会产生 3 种情况：①如果进程在本次执行的时间片中能够执行完成所有操作，则结束；②如果进程在该时间片中未完成所要求的操作，也没有发生什么事件，待时间片所规定的时间一到，系统便收回分配给该进程的 CPU 控制权，将该进程调入就绪队列排队，并对该进程的状态进行修改（对该进程的 PCB 中的内容进行修改），从执行状态改变为就绪状态；③如果该进程在执行过程中发生了诸如需要调用 I/O 设备等事件，系统调度程序也将收回该进程的 CPU 控制权，将此进程的状态从执行状态改为阻塞状态并将其安排在阻塞队列排队。这三种情况发生后，系统都会进行进程切换，从就绪队列中凋一个符合运行条件的进程来运行。

从理论上讲，进程在整个运行过程中，几乎都是在三种基本状态（就绪、执行、阻塞）中相互转换。在具体的操作系统中，进程的状态划分各有区别，例如 Unix 操作系统中，把进程的整个运行过程分为九种状态。进程的状态划分越细，操作系统的管理就越复杂。

（2）挂起状态

在进程的运行过程中，除了进程自身原因而停止运行外，有时会因为需要将正在运行的进程停下来，也就是说，进程可能有新的暂停状态，这种状态就是"挂起"状态。通常，引起挂起的原因主要有 4 种。

● 终端用户的请求。当终端用户发现自己的程序在运行期间出现了可疑问题时，就希望该程序停下来（例如，在 DOS 系统中，用户通过 Ctrl + P 暂停正在执行的程序），这种使进程暂停运行的状态称为挂起状态。当然，也可以把处于就绪状态的进程挂起，这时进程暂不接受系统的调度，以便用户分析进程出现问题的原因。

● 父进程的请求。有时父进程希望把自己的某一子进程挂起，以便修改或协调各子进程间的活动。

● 负荷调节。在实时系统中，由于某些非紧急的进程占用了大量的运行时间和系统资源，从而影响了一些重要进程的执行，系统或用户就会把这些非紧急进程挂起，以便系统能正常运行。

● 操作系统的需要。有时操作系统希望把某些进程挂起，以便检查系统资源的使用情况。

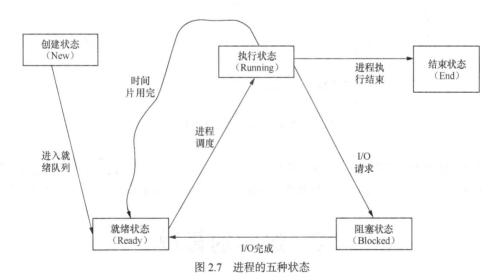

图 2.7　进程的五种状态

如果一个进程进入系统到退出系统，从理论上讲可以有五种状态，即创建、就绪、执行、阻塞和结束状态。通常，中间三种状态为进程运行的最基本状态，是在系统的核心中的状态。而创建和结束则是指进程尚未进入系统核心之前所处的状态。

4. 挂起状态与 3 种基本状态的转换

在引进挂起状态后，又产生了从挂起状态（也称为静止状态）到非挂起状态（也称为活动状态）或者从非挂起状态到挂起状态的转换。通常有以下的情况。

（1）活动就绪→静止就绪

当进程处于非挂起状态时，就称此为活动就绪状态，用 Readya 表示。当调用挂起原语 Suspend 将该进程挂起后，该进程就转为静止就绪状态，用 Readys 表示。处于 Readys 状态的进程将不再被调度执行。

（2）活动阻塞→静止阻塞

当进程处于未被挂起时，称其处于活动阻塞状态，用 Blockeda 表示。当调用原语 Suspend 将它挂起后，该进程就从活动阻塞状态转为静止阻塞状态，用 Blockeds 表示。处于静止阻塞的进程在其所期待的事件出现后，将从该状态转为静止就绪。

（3）静止就绪→活动就绪

处于 Readys 状态的进程，在调用启动原语 Active 启动后，就会转为 Readya 状态。

（4）静止阻塞→活动阻塞

处于 Blockeds 状态的进程，在调用启动原语 Active 语句后，就会转为活动阻塞 Blockeda 状态。

图 2.8 所示为具有挂起状态的进程状态转换示意图。

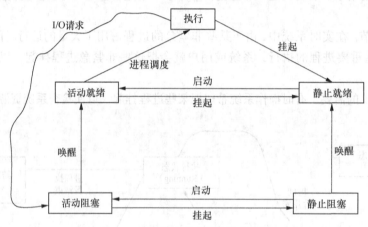

图 2.8　进程几种状态转换的示意图

图 2.8 中的唤醒，是指系统中某些进程被挂起或停止运行后可能因为没有再进入系统运行的能力，但它又具有运行的条件，这时，操作系统进程管理程序就会去唤醒被挂起的某个或某些进程。

2.2　进程的管理

因为在多道程序环境也就是现代的单用户/多任务/分时（如 Windows）或多用户/多任务/分时（如 Unix）操作系统环境下，程序的执行是以进程为单位而不是以程序为单位的。要研究程序在计算机系统中是怎样运行的，实际上就是对进程进行管理。进程的管理有的书中也称为进程控制，主要有进程的调度、进程的同步和进程的通信等内容。进程从出现到消亡的整个过程都是由操作系统中被称为系统调用或原语的程序来控制和管理的。什么是原语？原语是执行过程中不可中断的、能实现某种特定功能的、可被其他程序调用的系统子程序。

那么，操作系统是凭什么对进程实现管理的？是依靠存储着每个进程全部信息的被称为进程控制块（简称为 PCB）的数据结构来实现的。下面对进程控制块进行介绍。

2.2.1 进程控制块 PCB 简介

1. 进程控制块的作用

操作系统管理大量的进程，将描述和管理进程的相关信息存放在每个进程的进程控制块（PCB）中。也就是说，在进程的整个生命期中，操作系统是通过调用每个进程的 PCB 来实现对进程的管理。PCB 存在说明这个进程存在。创建进程就是创建进程的 PCB，撤销进程就是撤销进程 PCB 中的内容，所以说 PCB 是进程存在的唯一标志。

当系统要为某一程序建立进程时，就是为它建立一个 PCB；当进程运行结束时，系统回收该进程的 PCB，那么进程也就随之消亡。进程的 PCB 可以被操作系统中的多个程序模块读或写（例如，调度程序、分配资源、中断处理等），系统经常访问 PCB，为了调用方便，应该使进程的 PCB 常驻内存。

2. 进程控制块中的内容

进程控制块（PCB）中主要包括几个方面的内容，如图 2.9 所示。

进程标识符（pid）
进程状态
进程优先级
CPU 状态信息（PC、IR、SP...）和寄存器内容保护区
指向进程内存的指标
指向其他资源的指标
打开文件的列表
统计信息
所需的其他信息（例如当前目录等）
指向其他 PCB 的指标

图 2.9 PCB 中的相关内容

进程控制块（PCB）中的内容如图 2.9 所示。

（1）进程标识符

进程标识符是用于标识进程的唯一标志。在系统中，进程通常有两种标识符。

● 内部标识符。在所有的操作系统中，每个进程都被赋予唯一的数字标识符，它通常是一个进程的序号。设置内部标识符的主要目的是方便系统调用。

● 外部标识符。它由创建者提供，通常由字母、数字组成，供其他进程在访问该进程时使用。

通常，PCB 中的标识符主要有本进程的标识符、本进程的产生者的标识符（即父进程标识符）和进程所属的用户标识符。

进程标识符（pid）为一整数。通常，操作系统在创建进程时就从 0 开始给进程分配一数值。如果 pid 为 0，说明此进程已经终止运行（Unix 操作系统采用了此方案）。

（2）处理机状态信息

处理机状态信息主要是由处理机的各个寄存器（通用和专用寄存器）中的内容组成的。进程在运行时，许多信息是存放在这些寄存器中的。当进程运行被中断（实际上是处理机停止对该进程的执行）时，这些信息将被保存在 PCB 及相关等寄存器中，以便该进程在重新执行时，继续从被中断处开始。

通常，涉及存放处理机相关信息的寄存器主要有以下几种。

● 通用寄存器 R（如在"计算机组成原理"中介绍的通用寄存器，有的书中称为用户可视寄存器）。这是 CPU 通过用户程序可以访问的寄存器，计算机的指令系统为这组寄存器分别编号，用户程序通过其编号实现对该寄存器的访问，暂时存放程序执行中的信息。在大多数处理机中，这类寄存器有 8～32 个，在 RISC 结构的计算机中可超过 100 个。

● 程序计数器（也称为指令计数器或指令指针）PC。其中存放了即将要访问的下一条指令的地址，或者说此地址指明了下条指令在内存中的存储位置。当程序顺序执行时，每次从主存储器取出一条指令，PC 内容增量→PC，指向下一条指令的位址。增量值取决于现行指令所占的存储单元数，如果现行指令只占一个存储单元，就进行 PC + 1→PC；如果现行指令占用两个存储单元，PC + 2→PC。

当程序需要转移时，PC 中存放的则是该转移地址，使 PC 内容指向新的指令地址。因此，当现行指令执行完时，PC 中存放的总是后续指令的地址。将该地址送到主存储器的地址寄存器，便可以从内存中读取下一条指令。

● 程序状态字寄存器 PSW。其中有条件码（也称为特征位，常见的有：进位位 C、溢出位 V、零位 Z、负位 N 和奇偶位 P）、执行方式、程序优先级、工作方式（指明程序特权级：用户态、核心态）和中断屏蔽标志位等内容。不同计算机的 PSW 有较大的差别。

● 用户栈指针 PS。每个用户进程都有一个或多个与其相关的系统栈，用于存放过程和系统调用参数及调用地址等现场信息。通常，栈指针应指向该栈的栈顶。

除了前面所提的寄存器外，还有一些特殊功能的寄存器：基址指针寄存器（Base Pointer，BP），可用作 SS 的一个相对基址位置；源变址寄存器（Source Index，SI）可用来存放相对于 DS 段之源变址指针；目的变址寄存器（Destination Index，DI），可用来存放相对于 ES 段之目的变址指标。

SS：代码段，DS：数据段，ES：附加段。

（3）进程调度信息

在 PCB 中存放了一些与进程调度和进程对换有关的信息。

● 进程状态，该信息指明进程的当前状态，例如进程正在执行、就绪和阻塞等状态。系统以此信息作为进程调度和对换时的依据。

● 进程的优先级，此信息主要用于描述进程在获得系统资源时的优先级别，通常是一个整数。一般情况下，优先级高的进程应该优先获得处理机等资源。

在确定进程的优先级时，有的系统还把本进程已等待的时间、上次已执行的时间也作为进程分配资源的考虑条件。例如，某进程等待执行的时间已超过一定数值，则其优先级将获得提高，从而可以获得处理机进而开始执行。

● 事件，这是指进程由执行状态转变为阻塞状态时所发生的事件，即阻塞原因。

（4）进程控制信息

通常，进程控制信息有发下几种。

● 本进程包含程序和数据地址，地址指明程序和数据所在的内存或外存地址（一般情况下是指首地址）。该进程在执行时能从 PCB 中找到其程序和数据所需的相关信息。

● 进程同步和通信机制，指实现进程同步和通信时必需的机制，例如消息队列指针、信号量等。通常，这些信息全部或部分放在 PCB 中。

● 资源清单，通常是一张列出除 CPU 外进程所需的全部系统资源或已经分配给该进程的资源的清单。

● 链接指针，用于给出本进程（PCB）所在队列中的下一个进程的 PCB 的首地址。通常，进程可以链接到一个进程队列中或链接到相关的其他进程中。例如，同一优先级别的等待进程被链接成一个队列，一个进程可以链接它的父进程或子进程，PCB 需要这些信息（指针）来满足操作系统对同类、同族进程的访问控制。

● 统计信息，这是指进程对 CPU 时间、连接时间、磁盘 I/O 等资源的使用说明。系统依据这些信息对进程的 PCB 内容进行更新。

● 其他信息，例如进程所在的目录。在登录系统时，系统文件（例如 Unix 操作系统中的 /etc/passwd 文件）中的主目录会成为当前目录。因此，在系统登录时，首先将该主目录送入该字段，作为 PCB 中的当前目录。随后，当用户更改自己的目录时，该字段也随之更新。

（5）存储管理信息

这里指进程映像类的地址，在页式存储管理系统中就是指向本进程页表结构的指针。

3. Windows 和 Linux 操作系统中 PCB 的相关内容

① 在 Windows XP 系统中，可以通过任务管理器了解进程的 PCB 所包含的参数。通常，这些参数有：映射名称、用户名、CPU、内存。用户还可以了解到进程、线程等实时参数。

Windows XP 操作系统有如下的主要参数。

● 进程 ID：用作每一个进程的唯一标识。

● 进程优先级：处于就绪队列中的进程被选为运行进程的优先等级。

● 用户名：要求建立该进程的用户。

● 设备名：建立该用户进程的终端进程所在的位置。

● 进程状态：列出该进程所处的状态。

● 程序指针：进程所对应的程序在内存的地址。

● 程序大小：完成该进程功能的程序需要的存储空间。

● 数据区指针：进程要处理的数据所在的内存地址。

● 数据区大小：进程要处理的数据所占的存储空间数。

● CPU 时间：该进程已经使用了的 CPU 时间。

● 等待时间：该进程从上一次释放 CPU 到目前所经历的时间。

● 家族：包括建立该进程的进程（即父进程）及该进程所建立的子进程（任何子进程仅有一个父进程）。

● 资源信息：进程与各种资源的联系信息。

② 在 Linux 操作系统中，PCB 包含了如下信息。

● PID：进程的标识 ID 号。

● PPID：进程的父进程的 ID。

● UID：用户标识号。

● TTY：对本进程有控制能力的设备。用户通过本设备可以建立或撤销本进程。

- PRI：进程运行的优先级。进程的优先数越大，表明该进程的优先级越低。
- NI：计算进程优先数时所用的偏移值。
- STAT：进程的状态。
- TIME：进程已经使用的 CPU 时间。
- TSIZE：进程对应代码段的大小。
- DSIZE：进程对应数据段和栈段的大小。
- SIZE：进程的虚空间大小（包括进程的程序区、数据区、进程描述区、进程所需要的工作区等所有空间）。
- RSS：进程已经驻留在内存中的内容大小。
- COMMAND：导致本进程产生的命令的名称和所在的路径。

4. 进程控制块的组织方式

一个计算机系统通常拥有数百个到数千个进程（前面已经介绍，进程实际是指进程实体，由三部分组成：PCB、程序和数据或存放数据的地址），有多少个进程就有多少个 PCB。由于系统是通过 PCB 对进程实现控制和管理的，必须选用适当的方式把 PCB 组织起来。目前，常用的 PCB 组织方式有如下两种。

（1）链接方式

就是把具有同一状态的进程 PCB，用其中的链接字链接成一个链表（队列），这样，系统中就有了就绪队列、阻塞队列和空白队列，如图 2.10 所示。

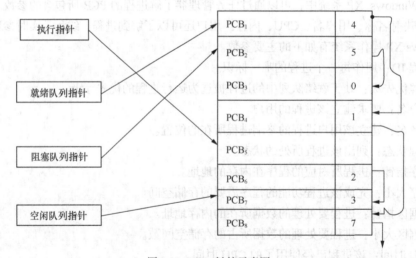

图 2.10　PCB 链接示意图

在各类队列中安排各个进程的 PCB 的顺序时，就绪队列可以按进程的优先级高低进行排序，把优先级高的进程的 PCB 排在就绪队列的最前面，也可以根据进程阻塞原因的不同，分别把阻塞进程的 PCB 排在不同的阻塞队列中。

PCB 的检索组织方式如图 2.11 所示，系统根据所有进程的状态建立若干张数据表（诸如就绪索引表、阻塞索引表等），把各索引表在内存的首地址记录在内存的专用存储单元中。在每个索引表的表目中，记录具有相应状态的某个进程 PCB 在 PCB 表中的地址。

（2）PCB 索引方式

PCB 索引方式示意图如图 2.11 所示。

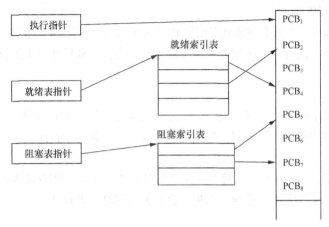

图 2.11 PCB 索引方式示意图

2.2.2 进程的调度

1. 进程图

在讲述有关进程的调度内容之前，先了解一下"进程图"（也称为"进程族"）的概念。通常，操作系统允许进程根据需要创建自己的子进程，子进程又可以创建属于自己的子进程，如果把这种关系用图描述出来就是进程图。进程图非常清楚地描述了各进程之间的关系。

从图 2.12 中可以看出，A 进程有诸多的子、孙进程，它们构成了一个描述各进程之间关系的进程树。这种树型描述方法经常用于解释进程与进程之间、目录与目录之间、文件与文件之间的关系，让读者一目了然。但这种树型结构中，根在上面，所以称为倒树型结构。

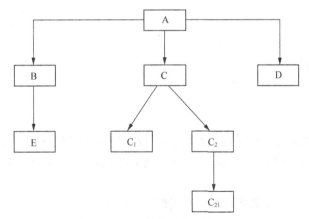

图 2.12 进程层次结构（进程树）示意图

操作系统通过一个单独的指标链表将构成该进程图的相关 PCB 链接在一起。因此，每个 PCB 都有一些附加的指针域。这些指针包含：

① 该进程中指向第一个子进程 PCB 的指标；

② 该进程中指向最后一个子进程 PCB 的指标；

③ 指向具有相同父进程的下一个兄弟进程 PCB 的指标；

④ 指向具有相同父进程的前一个兄弟进程 PCB 的指标；

⑤ 指向该父进程 PCB 的指标。

2. 引起创建进程的事件

在多道程序环境中（尤其是在现代分时操作系统中），只有进程才能在系统中运行。因此，要使程序在计算机系统中运行，就必须先为该程序创建进程。通常导致一个进程去创建另一个进程的典型事件有 4 种

（1）用户登录

例如在分时系统 Unix 中，用户要进入系统，就必须通过键盘进行登录，如果该用户是合法用户，系统就将为该用户建立一个进程，并将此进程插入就绪队列中排队。

（2）作业调度

在批处理系统中，当作业调度程序按一定的算法从外存上把某作业调入内存时，便为该作业分配必要的资源并立即为它创建进程，再将该进程插入就绪队列排队。

（3）提供服务

当运行中的用户程序提出了某种 I/O 请求后，系统就为它专门创建一个进程来满足用户程序的需要。例如，用户程序要求进行文件打印，操作系统就为它创建一个打印进程。

以上 3 种情况都是由系统内核来完成新进程的创建的。

（4）应用请求

就是基于应用进程的需要，由用户程序自己创建一个新的进程。例如，某程序需要不断地从键盘读入数据，再对输入的资料进行处理，把结果以表格显示在屏幕上。那么，该应用进程为完成这几个操作，就必须分别建立键盘输入进程、表格输出进程。

下面给出了创建进程的过程。假设某程序正在执行：

```
Begin
0    Read user_file (读取用户文件)
.
.
.
.    Add… (加法)
5    Divide… (除法)
6    Call "SORT"  (调用 "SORT")
7    Add… (加法)
END
```

上面的例子中，当程序执行了第 5 条指令后就调用子程序 "SORT"，要使子程序得到运行，主程序就必须为该子程序建立一个进程。这样，该子程序才能获得必要的系统资源，才能为其运行提供条件。

思考：在为子程序建立进程的前后，系统都做了什么？

3. 创建进程

① 在创建子进程并为其分配 PCB 之前，系统将所有 CPU 寄存器的内容保存在调用程序 PCB 的寄存器保存区。这时，调用程序的进程被阻塞。

② 操作系统查询空闲 PCB 链表，并读取一个空闲的 PCB。

③ 操作系统为新进程的 pid 赋值并更新空闲的 PCB 编号。

④ 操作系统查询信息管理，以获得子程序文件在磁盘上的位置、该文件的大小和第一个可执行指令的位置。

⑤ 操作系统查询存储管理，以为该程序分配存储单元，装入该程序（进程）。

⑥ 操作系统确定进程的优先级等初始化信息。

⑦ 操作系统将该进程的 PCB 链接到准备就绪的进程链表中。

⑧ 操作系统更新所有已知进程的总清单，并将链表按 pid 值进行排列。

4. 进程调度

进程调度的算法有许多种。如果系统中进程的调度算法采用的是 FCFS，系统的进程调度程序就选择就绪队列中的首进程，把 CPU 分配给该进程，让其执行；如果进程的调度算法采用的是优先级调度算法，进程调度程序就根据进程的优先级来进行进程的调度，把 CPU 分配给就绪队列中优先级最高的进程，让该进程执行。

不论采用哪种算法，进程调度程序都是从就绪队列中调度一个进程或多个进程（指多处理机系统）来执行。

操作系统中具体采用哪种进程调度算法，根据的应用环境不同而不同。通常在一个通用系统中，取几种进程调度算法的优点综合运用，以使操作系统运行处于最优状态。

通常，在决定进程调度算法后，进程调度的方式有如下两种。

① 非抢占方式（Non Preemptive Mode），采用这种方式时，一旦把处理机分配给某一进程后，该进程便会一直执行，直至正常结束或发生某事件而被阻塞时，才把处理机分配给其他的进程。

这种调度方式实现简单、系统开销小，适合于大多数的批处理系统，但对要求高的实时系统来讲不合适。

② 抢占方式（Preemptive Mode），这种调度方式，允许调度程序根据某种原则去停止某个正在执行的进程，将已分配给该进程的处理机重新分配给另一进程。抢占原则有：时间片原则、优先原则、短作业（进程）优先原则等。

5. Windows 操作系统的进程控制

该系统提供的系统调用被称为应用程序编程接口（API），它是应用程序用来请求和完成计算机操作系统执行的低级服务的一组子程序。Windows 系统中的进程是由 CreateProcess( )创建的，它完成进程的初始化、建立对进程与可执行文件之间的关系、标志进程状态，配置进程的输入输出。也可以通过 ExitProcess( )和 TerminateProcess( )函数终止进程，ExitProcess( )函数先完成对进程资源的关闭，再调用 TerminateProcess( )终止进程本身。

Windows 操作系统还引入了线程，由其微内核来管理线程的执行。微内核创建一种调度，随时决定由 CPU 运行哪个线程以及线程所运行的时间片大小。线程的创建则是由 CreateThread( )完成，它为线程分配存储空间、指定线程的初始地址。

一个进程至少有一个线程，这个线程被称为主线程。一个进程拥有的线程数与进程内部的并行性有关。根据需要，一个进程可以创建任意数目的线程，这些线程在进程中可以并发执行。所有线程参与对 CPU 时间片的竞争，因此，一个进程的线程数越多，该进程所获得的 CPU 执行时间就越多，进程的执行时间就越快。

6. Linux 操作系统的进程控制

Linux 操作系统和 Unix 操作系统一样，提供了许多用于进程控制的系统调用函数（原语）。例如，创建一个新进程的 fork( )函数、进程等待 wait( )函数、进程自我终止的 exit( )函数、执行一个进程的 exec( )函数、进程删除 kill( )函数和获取进程、父进程标识符的 getpid( )、getppid( )函数等。

原语都运行于 shell 界面上。与 Windows 操作系统不同的是，Linux 操作系统中进程可划分为前、后进程。

前台进程指运行时在标准输出设备上能看见其运行结果的进程，在运行单条命令时，多采用前台进程方式；而后台进程则是指运行时不能及时看见其运行结果的进程，例如银行业务处理系统中，通常把柜员或柜员机业务归划为前台（用户往往在等待自己所需要的运行结果），而把诸如会计记账等账务处理业务自动划为后台。

通常根据需要，系统中前后台进程是可以相互转换的。

在 Linux 系统中，每个进程的 PCB 用一个 task_struct 数据结构来表示。数组 task 包含了指向系统中所有 task_struct 结构的指针。系统中的最大进程数目受 task 数组大小的限制，默认值为 512。在创建进程时，Linux 将从系统的内存中分配一个 task_struct 结构并将其加入 task 数组。当前运行进程的结构用 current 指针来指示。系统中所有进程都用一个双向链表连接起来，它们的根是 init 进程的 task_struct 数据结构。这个链表被 Linux 核心用来查找系统中所有的进程，它对所有进程控制命令提供支持。

系统启动时总是处在核心模式，此时只有一个进程（初始化进程）。当系统中的其他进程被创建并运行时，这些信息被放在初始化进程的 task_struct 结构中。图 2.13 所示为 UNIX/Linux 操作系统的启动流程。

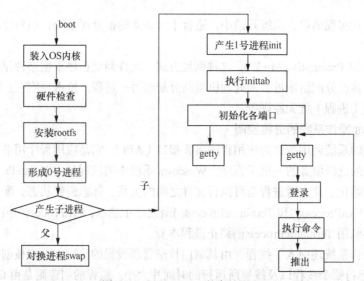

图 2.13　UNIX/Linux 的启动流程

2.2.3　进程的同步与互斥

1. 进程之间的关系

通常，计算机系统中有多个进程（程序）在执行，多个进程相互合作去完成一个任务或者因系统资源等原因造成若干进程阻塞，这样，使得进程之间存在如下两种形式的制约关系。

（1）间接制约关系（源于资源共享）

由于多个进程共享 CPU、I/O 等资源，如果一个进程正在占用 CPU，另一个要执行的进程就必须等待。只有当前一个进程执行结束（正常结束或异常结束），CPU 才会被释放，系统才将 CPU 分配给具备运行条件的进程，让该进程执行。这种因 CPU 而制约了另一个进程执行的情况，就是间接相互制约。又如：系统中有 A 和 B 两个进程，系统配备了一台打印机 P。如果 A 进程已经占用了打印机 P，这时进程 B 提出了打印请求，那么进程 B 就只能处于阻塞状态，当进程 A 结束打印任务释放打印机 P 后，进程 B 才由阻塞状态转换为就绪状态。

（2）相互合作关系（源于进程间相互制约）

例如：一个程序有输入进程、计算进程、打印进程（I→C→P）就是一种相互合作的关系。因为，输入进程 I 输入后，计算进程 C 才能计算，C 计算后才能执行输出进程 P，这种相互合作的关系，称为直接制约关系。

又如某一数组，本是供多个进程共享，但当一个进程需读取数组中的数据时另一进程则往数组中写数据，就会发生冲突。

从上面内容中可以看出，必须对系统中的多个进程进行协调，只有这样各个进程才能正常执行，这种协调就是进程同步。

为了解决好进程的同步问题，我们先来介绍与进程同步有关的内容。

2.　对临界资源的访问

（1）临界资源

前面简单地阐述了系统许多资源是具备排他性的，即一个进程占用了某一个资源后，当此进程未释放该资源时，别的进程提出了使用该资源的申请，则只好等待，这种具有排他性的资源被称为临界资源（Crital Resouce）。临界资源的定义是什么？一次仅允许一个进程访问的资源就是临界资源（如打印机、磁盘在写时等属于临界资源）。

在系统中不论是硬件临界资源还是软件临界资源，都是由该资源的属性所决定的，用户是不能改变的。

（2）临界区

为了实现对临界资源的访问，不至于使系统因资源的分配和使用而造成混乱，人们把每个进程中访问临界资源的代码段（程序）称为临界区（Critical Section）。显然，若能保证诸进程互斥地进入自己的临界区，便可实现诸进程对临界资源的互斥访问。

为此，每个进程在进入临界区之前，应该先检查欲访问的临界资源，看它是否被别的进程访问。如果此刻该临界资源未被访问，进程便进入自己的临界区访问该临界资源，并为该临界资源设置被占用标志(用标志来表示资源是否被占用的方法，被称为"信号量"机制）；如果此刻该临界资源正被某进程访问，想要访问该临界资源的进程则不能进入临界区。

为了达到此目的，可以在临界区前加一段用于检查临界资源是否被占用的代码，此段代码被称为进入区；同样在临界区后面加一段被称为退出区的代码，用于将临界区正被访问的标志恢复为未被访问的标志。进程中除了进入区、临界区和退出区外的其余代码，称为剩余区。

访问临界资源的循环进程如图 2.14 所示。

图 2.14 表明：当一个进程在进入"Entry section 进入区"后，才可进入"Critical section 临界区"，才能访问临界资源。

进入区与退出区是任意进程中的临界区边界，系统以此来识别临界区，从而在任何特定时刻只允许临界区有一个进程。

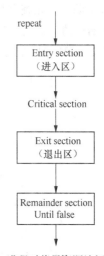

图 2.14　进程对临界资源访问的示意图

为了使各进程都能互斥地进入自己的临界区，系统通常利用软件来完成进程之间的同步，以保证进程的运行。这些软件（同步机制）应该遵循如下的准则。

- 当有若干进程要求进入其临界区时，应在有限的时间内使一个进程进入临界区。
- 每次至多有一个进程处于临界区内。
- 进程在临界区内仅逗留有限的时间。

上述准则也可用以下说法替代。

- 空闲让进。当无进程处于临界区（表明临界资源空闲）时，应允许一个请求进入临界区的进程立即进入，以有效地利用临界资源。
- 忙则等待。当已有进程进入临界区时，其他试图进入临界区的进程必须等待，以保证对临界资源的互斥访问。
- 有限等待。对要求访问临界资源的进程，应保证在有限时间内能进入自己的临界区，以免陷入"死等"状态。
- 让权等待。当进程不能进入自己的临界区时，应立即释放处理机，以免进程陷入"忙等"状态。

3. 信号量机制

要实现临界资源的互斥访问，如果采用软件算法非常麻烦，所需时间很长；如果用硬件方法就需要机器提供相应的指令。所以，如果操作系统能提供方便而灵活的系统工具来解决对临界资源的互斥访问，是非常有益的。

（1）信号量的概念

信号量（Semaphores）是荷兰学者 Dijkstra 在 1965 年提出的，是描述进程同步的一种非常有效的方法。现在信号量方法已经广泛地应用于单机系统、多处理机系统和计算机网络系统的资源管理。

信号量是互斥中很重要的一个概念。信号量是一个受保护的变量，它只能通过两个标准的原子操作（Atomic Operation）wait(S)和 signal(S)来访问，人们把它们称为 P 操作和 V 操作（有的书中把这两个操作称为 DOWN、UP 操作）。也就是说，信号量只能由 P 操作或 V 操作来改变它的值（它可以是计数信号量、通用信号量或二进制信号量）。有的书把信号量分为：整型信号量、记录型信号量、AND 型信号量和信号集。这里 S 是一个表示资源是否被占用的一个信号。进程若要访问临界资源，首先查看 S 是否为"1"或"0"

对所有的进程而言，P 和 V 语句构成了互斥原语。因此，如果进程进入临界区，就要将该临界区置于 P 和 V 的指令之间。所有类似进程的通用结构如图 2.15 所示。

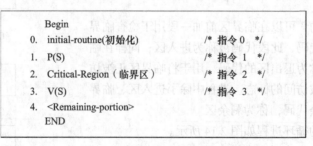

```
Begin
0.  initial-routine(初始化)          /* 指令 0 */
1.  P(S)                            /* 指令 1 */
2.  Critical-Region（临界区）        /* 指令 2 */
3.  V(S)                            /* 指令 3 */
4.  <Remaining-portion>
END
```

图 2.15　包含信号量的通用进程结构

（2）信号量的工作原理

P（S）和 V（S）原语确保了只有一个进程处于临界区中，其他想要进入自己临界区的进程都会在一个信号量队列（Semaphore Queue）中排队等待。进程可以采用 FCFS 或优先级等算法来进行排队，根据各进程的 PCB 来选择哪个进程应该进入自己的临界区。只有当临界区中的进程离开临界区时，操作系统才允许从信号量队列中选择一个新进程进入自己的临界区。

信号量的基本工作原理如下。

● 从图 2.15 中可以清楚地看到，除非有一个进程成功执行 P（S）程序，而且没有进入指令 1（见图 2.15）中的信号量队列，否则它就不能进入指令 2 处的临界区。因此，如果进程在自己的临界区中，就可以确认它已经执行了 P（S）指令。

● 假定 S 是二进制信号量，取值为 0 或 1。假定只有 S = 1 时，进程才可以进入自己的临界区。从图 2.16 可以看到如果 S > 0，那么 P（S）程序将减 1 使 S 变成 0（见图 2.15 中的指令 1）。然后就只允许该进程进入自己在指令 2 处的临界区。因此，如果任一进程在自己临界区中，都可以确保 S = 0。

● 因此，S = 0 时，任何新进程都不能进入自己的临界区访问临界资源。如果它试图执行 P（S）指令，就会将该进程由正在运行状态被安排在信号量队列排队（当然修改其 PCB 中的状态）。由于该进程不是执行状态，所以该进程不能继续运行，因此，它就不能进入自己的临界区而执行指令 2。

● 只有在 V（S）程序中 S 才能再次变成 1。由图 2.17 可知，只有在进程已经离开自己的临界区后，才会在指令 3 中执行 V（S）。这就是如果 S = 1，就可以确保所有的其他进程都不能在此刻时间进入临界区的原因。接下来，允许新进程进入临界区。这是 P（S）程序的职责（即只有当 S = 1 时才允许进程进入自己的临界区）。

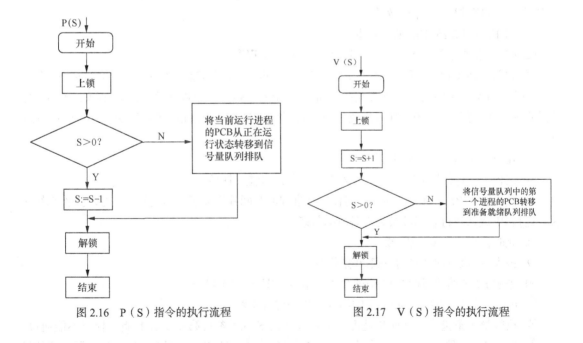

图 2.16　P（S）指令的执行流程　　　　图 2.17　V（S）指令的执行流程

图 2.17 中 S > 0 用于判断信号量队列是否为空。V（S）操作在有的书中也称为 UP 指令。

	P（S）
	Bedgin
0.	Disable interrupts;
1.	**If** S>0
2.	**then** S:=S−1
3.	**else** Wait on S
4.	**Endif**
5.	Enable interrupts
	End

	V（S）
	Begin
0.	Disable interrupts;
1.	S:=S+1;
2.	**If** Semaphore queue **NOT** empty
3.	**then** release a process
4.	Endif
5.	Enable interrupts
	End

（a）P（S）操作　　　　　　　　　　　　　　（b）V（S）操作

图 2.18　P（S）和 V（S）操作算法

图 2.18 绘出 3P（S）和 V（S）操作算法。

图 2.18（a）中的第 3 条指令"Wait on S"表示将正在运行的进程的 PCB 转移到信号量队列排队。

图 2.18（b）中的第 3 条指令"Release a process"（释放进程）表示将排在信号量队列中的第一个进程 PCB 从信号量队列转移到准备就绪队列为运行而排队。

S＝0 表明已经执行了 P（S）操作，但还没有完成 V（S）操作，这就意味着一个进程正处于临界区访问临界资源。此时，也许有其他进程想要进入自己的临界区。很显然，不能将这些进程的状态转换为阻塞，这就是为什么如果在 P（S）中 S 不大于 0，就将它们排在信号量队列中的原因。因此，对所有等待临界区空闲的进程而言，信号量队列就是它们的 PCB 链表。一旦临界区空闲，而且执行了 V（S）操作，S 将等于 1，接着 V（S）程序将只允许一个进程从信号量队列进入准备就绪队列。

现在通过举例说明上面的工作原理。假设一开始 S＝1，在准备就绪队列有 P1、P2、P3 和 P4 四个进程。每个进程都执行如图 2.15 所示的指令格式。现在设进程的调度算法采用了 FCFS（先来先服务）调度进程，工作序列如下。

① P1 执行图 2.15 中的第 0 条指令。

② P1 开始执行图 2.15 中第 1 条指令，即 P（S）程序。

③ 如图 2.18（a）中所示，P（S）程序会屏蔽中断，这样就确保了不可分性（即原子操作）。

④ 图 2.18（a）中第 1 条指令检查 S 是否大于 0。S＝1，条件满足，因此在第 2 条指令中将进行 S：=S−操作。S＝0，则进程跳过第 3 条指令，并在第 4 条指令的"Endif"处离开"If"判断。

⑤ 在第 5 条指令中开启中断。

⑥ 进程 P1 开始执行图 2.15 中的第 2 条指令，即进入临界区。

⑦ 假设进程 P1 在临界区执行的时候，该进程的时间片用完了（假定系统是分时操作系统），这时进程 P1 就从执行状态转换为准备就绪状态。

⑧ 此时，系统调度进程 P2。

⑨ 进程 P2 执行图 2.15 中的第 0 条指令。

⑩ 进程 P2 开始执行图 2.15 中的第 1 条指令，即 P（S）操作。

⑪ P（S）操作在图 2.18(a) 中的第 0 条指令屏蔽中断。

⑫ 执行第 1 条指令，检查 S 是否大于 0。此时，S＝0（参见第 4 步），因此，检查不能通过。

⑬ 接下来，它跳过第 2 条指令并执行第 3 条指令，也就是说：将进程 P2 的 PCB 添加到信号量队列并让它一直等待，P2 不再运行。

⑭ P2 通过第 4 条指令的"Endif"语句离开"If"判断语句。

⑮ 执行第 5 条指令，再次启动中断。

⑯ 由于进程 P2 不再是"正在运行"的进程，进程调度程序便调度进程 P3。

⑰ P3 执行情况与进程 P2 完全相同，进程 P3 的 PCB 被安排在信号量队列中排队等待，这是因为 S 仍然等于 0，只有执行 V（S）操作 S 才能变成 1，而这一情况只能发生在任一进程的临界区执行完毕之后。此外，只有进程 P1 被调度时，才可以启动 V（S），因为只要进程 P1 没有离开自己的临界区，其他任何进程均不能进入自己的临界区而被安排在信号量队列中排队等待。只有 V（S）指令才能将 S 再次设置为 1，但 V（S）指令只能在进程 P1 已经离开自己的临界区后才能执行。

⑱ 系统调度进程 P1，它又从步骤 7 被中断的地方开始执行。

⑲ 进程 P1 完成图 2.15 中的第 2 条指令，即进入自己的临界区。

⑳ 进程 P1 调用图 2.15 中的第 3 条指令，执行 V（S）程序。

㉑ V（S）指令在图 2.18（b）的第 0 条指令处屏蔽中断。

㉒ 执行图 2.18（b）的第 1 条指令，即 S：=S+1，这时 S = 1。

㉓ 执行图 2.18（b）的第 2 条指令，检查信号量队列是否为空，其结果不为空，即有进程在信号量队列中排队等待。

㉔ 按前面的进程调度序列，将进程 P2 从信号量队列转移到准备就绪队列，为该进程的执行做好准备。

㉕ 执行图 2.18（b）中的第 4.5 两条指令，并在开中断（Enable interrupts）后离开 V（S）指令。

㉖ 进程 P1 开始执行图 2.15 中的第 4 条指令。假设在第 4 条指令执行期间，进程 P1 的时间片用完，它将被停止执行，系统调度程序调度进程 P4（假设进程 P4 的优先级比进程 P2 的优先级高）。

㉗ 进程 P4 执行图 2.15 的第 0 条指令。

㉘ 进程 P4 调度图 2.15 中第 1 条指令的 P（S）程序。

㉙ P（S）程序的执行步骤与前面讨论的第 3、5 步相同，它将 S 值重置为 0，并允许进程 P4 进入自己的临界区。

㉚ 进程 P4 完成了图 2.15 中的第 2 条指令，即完成在临界区的工作。

㉛ 进程 P4 在执行图 2.15 的第 3 条指令（即 V（S）语句）之前时间片用完，进程 P4 应该进入准备就绪队列等待。

㉜ 假设调度进程 P2，因为在第 24 步中进程 P2 就已准备就绪。

㉝ 进程 P2 执行图 2.15 中的第 0、1 条指令。由于 S = 0，所以系统将进程 P2 再次加到信号量队列排队。

㉞ 假设调度进程 P4，它完成 V（S）操作后，将 S 设置为 1。同样因为信号量队列未空，所以它将进程 P3 释放到准备就绪队列中，准备执行进程 P3。

㉟ 调度进程 P3 执行。

系统对所有的进程重复上述过程，直到执行完成为止。

思考题：

当一个进程进入临界区，而且在进程完成 V（S）前发生切换时，调度其他进程有什么用？为什么要从准备就绪队列中调度出另一个进程并将它放在信号量队列中？此后，在分派该进程前，什么时候将其移回到准备就绪队列？即使发生这种情况，并且再次从准备就绪队列中分派该进程，但是，只要当时其他进程还没有完成 V（S）操作，该进程就会再次从就绪队列中移到信号量队列。当 S = 0 的时候，调度某一进程有何意义？

答案：并非所有的进程都有临界区。因此，准备就绪队列中的进程只有一部分具有图 2.15 所示的格式。如果把具有临界区的进程做一标识，从而在 S = 0 时忽略对不具有临界区的进程的调度，则系统开销大。

由于采用了信号量机制，调度程序处理进程的顺序会发生变化。

4. 进程同步与互斥的举例

（1）生产者和消费者问题

一个生产者把生产的数据（也称为产品）写入缓冲区（Buffer），一个消费者从缓冲区中读出数据（类似于 Unix 操作系统中的管道概念：一个写进程把资料写入管道，一个读进程从管道中读出资料），如图 2.19 所示。

图 2.19　生产者——消费者问题

上面的例子可以解析为两个同步问题：当 Buffer 装满时生产者就必须等待消费者进程先执行；而当 Buffer 为空时，消费者进程就必须等待生产者进程先执行。

设置信号量为 full 表示缓冲区 Buffer 为满，empty 表示缓冲区 Buffer 为空。其描述过程如下：

```
Semaphore full = 0, empty = 1;
Producer:
While (true) {
    生产资料;
    P(empty);
    将数据写到缓冲区;
    V(full);
    };
Consumer:
While (true) {
P(full);
从缓冲区读出数据;
V(empty);
消费数据;
    };
```

如果有若干生产者通过具有 N 个缓冲区的共享缓冲池向一组消费者提供数据，则关系如图 2.20 所示。图 2.20 中的内容在图 2.19 的基础上增加了对缓冲池的共享，生产者与消费者的关系就复杂多了，因此需要互斥信号量 mutex 使诸进程对缓冲池实现互斥访问。同样利用 empty 和 full 计数信号量来分别表示缓冲池空、满的数量。

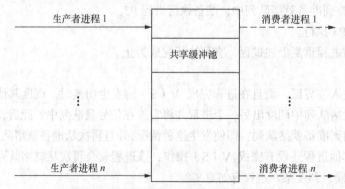

图 2.20　一组生产者与一组消费者共享缓冲池

下面是生产者进程与消费者进程的实现代码。

```
Semaphore full = 0, empty = N,mutex = 1;
Producer i:
While (true) {
        生产资料；
        P(empty);
        P(mutex);
        将数据写到缓冲区；
        V(mutex);
        V(full);
        };
        Consumer i:
        While (true) {
        P(full);
        P(mutex);
        从缓冲区读出数据；
        V(mutex);
        V(empty);
        消费数据；
        };
```

（2）用 P、V 操作实现读者与写者问题

在系统中，一个数据文件或记录可能被多个进程共享，把只要求读数据文件的进程称为"Reader 进程"，其余进程则称为"Writer 进程"。系统允许多个进程同时读一个共享对象，因为读操作不会改变数据文件原有内容，但不允许一个 Writer 进程和其他 Reader 进程或几个 Writer 进程同时访问共享对象，因为这种访问将会引起混乱。"读者与写者问题"是指保证一个 Writer 进程必须与其他进程互斥地访问共享对象的同步问题。也就是说：允许多个读进程同时执行读操作；不允许读、写进程同时操作；不允许多个写进程同时操作。这个问题可以给出如下三种解法。

● 读进程优先，只要有一个读进程存在，不管是否有写进程请求，后续读进程都可以执行读过程。

下面是读者与写者问题的实现代码。

```
int readcount = 0;          /* 定义读者计数器 */
semaphore mutex = 1;        /* 读者计数器互斥信号量 */
semaphore wsem = 1;         /* 写互斥信号量 */
process readeer:
{
    P(mutex);
Readconut+ +;
if (readcount = =1) P(wsem);
V(mutex);
read;
readcount - - ;
if (readcount = =0) V(wsem);
V(mutex);
};
process writer:
{
    P(wsem);
Writer;
V(wsem);
};
```

● 读、写进程平等。即一旦有写进程到达，无论是否有读进程在进行读操作，后续的读者必须等待。在这种解法中需增加一个信号量 s，它的初值为 1，用来使写请求发生后的读者等待。

```
int readcount = 0;              /* 定义读者计数器 */
semaphore mutex = 1;            /* 读者计数器互斥信号量 */
semaphore wsem = 1;             /* 写互斥信号量 */
semaphore s =1;                 /* 读写互斥信号量 */
process readeer:
{
  P(s);
   P(mutex);
readconut+ +;
if (readcount = =1) P(wsem);
V(mutex);
V(s);
read;
P(mutex);
readcount - - ;
if (readcount = =0) V(wsem);
V(mutex);
};
process writer:
{
P(s);
 P(wsem);
Writer;
V(wsem);
V(s);
};
```

● 写进程优先。只要有一个写进程请求，读者进程就必须等待，直到所有的写进程退出。

```
int readcount = 0,writecount = 0;  /* 定义读、写进程计数器 */
semaphore x = 1,y =1, z = 1;        /* 读、写进程计数器互斥信号量 */
semaphore rsem =1,wsem = 1;         /* 读、写互斥信号量 */
semaphore s =1;                     /* 读写互斥信号量 */
process readeer:
{
  P(z);
P(rsem);
P(x);
   readconut+ +;
if (readcount = =1) P(wsem);
V(x);
V(z);
read;
P(x);
readcount - - ;
if (readcount = =0) V(wsem);
V(x);
};
process writer:
{
P(y);
  Writecount + + ;
if (writecount = =1)P(rsem);
```

```
V(y);
P(wsem);
Write;
V(wsem);
P(y);
Writecount - -;
if (writecount = =0) V(rsem);
V(y);
};
```

（3）Windows 操作系统中的互斥与同步

Windows 操作系统为了实现进程的同步，提供了诸如互锁函数、临界段、事件、互斥体和信号量等函数。

互锁函数（Interlock）用于实现线程间一个长整数的读写，其类型有增值长整数、减值长整数等。互锁功能保证当一个线程正在修改该长整数的值，另一个有同样企图的线程将被锁定而等待。

临界段（CriticalSection）即前面讲的临界区，有的书把此内容称为关键代码，要进入或执行此代码就需要完成临界段的建立、进入和获得临界段的访问权限、离开临界段和清除临界段等过程。

事件（Event）允许一个线程对其受信状态进行直接控制。它完成创建事件、打开已存在的事件 OpenEvent( )、置事件为已接受信号状态 SetEvent( )、置事件为未接受信号状态 ResetEvent( )和等待资源并在获得资源时置事件为已接受信号状态 PulseEvent( )的操作。

互斥体（Mutexs）用于引导对共享资源的访问。拥有单一访问资源的线程完成创建互斥体，所有先要访问该资源的线程应该在实际执行操作之前获得互斥体，而在访问结束时立即释放互斥体，以便允许下一个等待线程获得互斥体而接着运行下去。由创建互斥体 CreateMutex( )、打开互斥体 OpenMutex( )、释放互斥体 ReleaseMutex( )等函数完成对互斥体的操作。

信号量（Semaphore）用于记录可访问某一资源的最大线程数。由创建信号量 CreateSemaphore( )、打开信号量 OpenSemaphore( )、释放信号量 ReleaseSemaphore( )等函数完成对信号量的操作。

（4）哲学家进餐问题

Dijkstra 于 1965 年首先提出并解决了哲学家进餐问题。该问题是具有大量并发控制问题的一个典型例子。

哲学家就餐问题描述如下：五个哲学家每天进行两件事：（1）思考问题；（2）吃饭。他们共享一张放有五把椅子的圆桌，每人坐一把椅子。桌子中间摆放食品和五只筷子。哲学家思考问题时不影响他人，而只有当哲学家饥饿的时候，他才试图去取分别放在他左、右的两只筷子。如果筷子已在别人手中，他就必须等待。因为桌上的筷子是临界资源。饥饿的哲学家只有同时获得一双筷子时才可以就餐。也只有当他吃完饭后才能放下筷子，重新开始思考问题。

解决这种互斥问题的一个简单方法是：为每只筷子单独设一个信号量，由这五个信号量构成信号量数组。哲学家取筷子时执行 P 操作，而放下筷子时执行 V 操作，描述如下。

```
Var chopstick : array[0,1,2,3,4] of semaphore;
```

各信号量的初值为 1，第 i 位哲学家的活动描述为：

```
repeat
wait (chopstick[ i ]);
wait (chopstick [ ( i + 1) mod 5]);
…
eat;
…
```

```
signal (chopstick [ i ]);
signal (chopstick [ (i + 1) mod 5 ]);
…
think;
until false;
```

在以上描述中，当哲学家饥饿时，总是先去拿他左边的筷子，即执行 wait(chopstick[i])；成功后，再去拿他右边的那只筷子，即执行 wait (chopstick [(i + 1) mod 5])；如果又成功，此人便可进餐。进餐完毕，他先放下左边的筷子，然后再放下右边的筷子。

虽然，上述解决方法可以保证不会有两个相邻的哲学家同时就餐，但有可能引起死锁。假如五位哲学家同时饥饿而又各自拿起左边的筷子时，就会使五个信号量 chopstick 均为 0；当他们再试图去拿右边的筷子时，都会因为无筷子可拿而进入无限期的等待。对于这样的死锁，可以用如下的方法解决。

① 至多允许有四位哲学家同时去拿左边的筷子，最终保证至少一位哲学家能够就餐，并在就餐完毕时释放他所使用的两只筷子，从而使更多的哲学家能够就餐。

② 仅当哲学家的左、右两只筷子均可使用时，才允许他拿起筷子就餐。

③ 规定奇数号的哲学家可以先拿他左边的筷子，然后再去拿其右边的筷子；而偶数号的哲学家则相反。按此规定，将是 1.2 号哲学家竞争 1 号筷子，而 3.4 号哲学家竞争 3 号筷子。即五位哲学家都先竞争奇数号筷子，再去竞争偶数号筷子，最后就会有一位哲学家能够获得两只筷子而就餐。

2.2.4　进程的通信

进程通信，是指进程间的信息交换，其所交换的信息量，少则是一个状态或一个数值，多则是成千上万个字节。进程之间的互斥和同步，由于交换的信息量少而被归结为低级通信。在进程互斥中，进程通过只修改信号量来询问其他进程临界资源是否可用。在生产者——消费者问题中，生产者通过缓冲池将所生产的消息传递给消费者。

信号量机制作为进程同步工具是非常有效的，而作为通信工具则是很不理想的。其主要表现：一是效率低，生产者每次只能向缓冲池放一个产品（消息），消费者每次只能从缓冲池中取一个消息；二是通信对用户不透明，用户利用低级通信工具实现进程通信非常不方便，要实现进程之间某些相互约束或者配合的关系，需要在进程之间传递若干信息量（例如信号量）。如果进程之间需要传递大量的数据，用前面所讲述的 P、V 操作形式就不太合适了。

在进程通信中，共享数据结构的设置、数据的传递、进程的互斥与同步都必须由程序开发人员完成，而操作系统只能提供内存共享。通常把进程间的信息交换称为进程通信。进程通信的方式有共享内存系统、消息通信和管道通信。

1. 共享内存系统

在共享内存系统（Shared Memory System）中，相互通信的进程共享某些数据结构或存储区，进程之间能够通过这些共享内存进行通信。通常又把这种通信方式分为两种。

（1）基于共享数据结构的通信方式

在这种通信方式中，要求诸进程公用某些数据结构，以实现进程间的通信。例如生产者与消费者问题中，就是用有界缓冲区结构来实现通信。在这里，公用数据结构的设置以及对进程间同步的处理，都是程序开发人员完成的，这是一个非常繁杂的事务，而操作系统只能提供共享内存。因此，这种通信方式是低级的，只适合于传递少量的数据。

（2）基于共享存储区的通信方式

为了传输大量的数据，在计算机系统内存划出一块共享存储区，诸进程可通过对共享存储区中的数据进行读/写来实现通信。这种方式属于高级通信方式。进程在通信的时候，先向系统申请获得共享存储区中的一个分区，并指定该分区的关键词；若系统已经给别的进程分配了这样的分区，则将该分区的描述符返回给申请者，接下来由申请者把获得的共享存储分区链接到本进程上便可以进行读/写操作。

2. 消息通信

在现代的计算机应用中，消息通信(Message Passing System）传递机制是用得最为广泛的一种进程通信机制。在进程间的数据交换以消息为单位，在计算机网络系统中把消息称为"报文"，用户直接利用操作系统提供的一组通信命令（有的书中称为"原语"）完成通信。由于实现方式的不同，消息通信又可以分为直接通信和间接通信两种。

消息 msg 通常由消息头和消息正文组成。

- msgsender: 消息发送者；
- msgreceiver: 消息接收者；
- msgnext: 下一个消息的链接指针；
- msgsize: 整个消息的位元组数；
- msgtext: 消息正文。

（1）直接通信方式

这是指发送进程利用操作系统提供的发送命令，直接将消息发送给目标进程，并将此消息挂在接收进程的消息缓冲队列中，接收进程利用操作系统提供的接收原语从消息缓冲队列中读取所接收的消息。要完成此任务，要求发送进程和接收进程都应以显示方式提供对方的标识符。通常，操作系统提供两条通信原语：消息发送原语 Send（Receiver,message）和消息接收原语 Receive（Sender,message）。例如，原语 Send(P2，m1)表示将消息 m1 发送到接收进程 P2；而原语 Receive(P1,m1)则表示是接收由进程 P1 发来的消息 m1。

整个过程可描述如下：

```
semaphore mutex =1;  /* 消息队列互斥信号量 */
semaphore SM = 0;   /* 消息队列计数 */
Send(msgreceiver, message);
   {
向系统申请一个消息缓冲区；
P(mutex);
将发送区消息 message 送到新申请的消息缓冲区；
把消息缓冲区的 message 挂入接收进程 msgreceiver 的消息队列；
V(mutex);
V(SM);
}
Receive(msgsender, message);
{
P(SM);
P(mutex);
取下消息队列中的消息 message；
将消息 message 从缓冲区中复制的接收区；
释放消息缓冲区；
V(mutex);
}
```

（2）间接通信方式

发送进程通过操作系统提供的发送原语发送到某一作为共享数据结构的实体，而接收进程通过操作系统提供的接收原语从这一实体中提取消息。通常，这个共享数据结构的实体就是信箱。这种通信可以实现实时通信和非实时通信。

操作系统提供了建立、撤销信箱和发送、接收信息的原语。

● 信箱的创建和撤销。进程可以利用信箱创建原语来创建一个新信箱。创建者进程应该给出信箱名字、信箱属性（公用还是私用），如果是共享信箱，还应该给出共享者的名字。也可利用撤销信箱的原语把不再使用的信箱撤销。

● 消息的发送和接收。当进程间要利用信箱进行通信时，必须使用共享信箱。可利用操作系统提供的如下通信原语完成通信。

```
Send(mailbox, message)        /* 将一个消息发送到指定的信箱 */
Receive(mailbox, message)     /* 从指定的信箱中读取一个消息 */
```

通信过程如下描述：

```
semaphore full = 0;           /* 满格计数 */
semaphore empty = N;          /* 空格计数 */
deposit(msgreceicer, message);
{
P(empty);
选择空格 E；
将消息 message 放入空格 E 中；
置 E 格的标志为满；
V(full);
}
Remove(msgsender, message);
{
P(full);
选择空格 F；
将满格 F 中的消息 message 取出放在 message 缓冲区中；
置 F 格的标志为空 E；
V(empty);
}
```

在信箱通信中，可以把信箱分为 3 类：

（1）私用信箱

用户可以为自己建立一个新信箱，并把它作为该进程的一部分。信箱的拥有者有权从该信箱中读取消息，而其他用户则只能将自己构成的消息发送到该信箱中。这种信箱可通过采用单向通信链路的信箱来实现。当拥有该信箱的进程结束时，信箱也随之消失。

（2）公用信箱

这类信箱是由操作系统创建的，并供系统中所有核准进程使用。进程可以把消息发送到该信箱中，也可以从该信箱中读取发给自己的消息。公用信箱采用双向通信链路，在系统运行期间一直存在。

（3）共享信箱

它由某一进程创建，并指明该信箱是共享的，同时列出共享进程的名字。信箱的拥有者和共享者均可从信箱中取走或发送消息。

3. 消息传递系统实现中的若干问题

不论是在单机还是计算机网络环境下，高级进程通信广泛采用消息传递系统。这种通信都涉及通信链路和消息格式等问题。

（1）通信链路

为了能完成发送进程和接收进程之间的通信，就必须在这两者间建立一条通信链路。有两种方式完成通信链路的建立：一是由发送进程在通信之前，用显示的"建立连接"的命令（原语）请求系统为其建立一条通信链路，在通信完成后，也用显示方式拆除链路（这种方式主要用于计算机网络系统）；二是发送进程无须明确提出建立链路的请求，只须利用系统提供的发送命令（原语），系统会自动地为其建立一条链路（这种方式主要用于单机系统）。

根据通信链路容量的不同，可以把链路分为两类：一是无容量通信链路，这种通信链路没有缓冲区，因而不能暂存任何信息；二是有容量通信链路，这种通信链路设置了缓冲区，可暂存信息。

（2）消息格式

在消息传递系统中所传递的消息，必须有一定的格式。在单机系统环境中，由于发、收进程处于同一台计算机中，有着相同的环境，所以消息格式非常简单。在计算机网络系统环境中，不仅发、收进程所处环境不同，信息的传输距离很远，可能会跨越若干个完全不同的网络，致使所传递的消息格式较为复杂。

通常，把一个消息分为消息头和消息正文两部分。消息头包括在传输时所需的控制信息：源进程名、目标进程名、消息长度、消息类型、消息编号及发送的时间和日期。消息正文则是发送进程实际要发送的内容。

4. 消息缓冲队列通信机制的实现

消息缓冲队列通信机制是美国人 Hansan 提出并在 RC4000 系统上实现的，后来被广泛用于本地进程之间的通信中。在这种通信机制中，发送进程利用 Send 原语，将消息直接发送给接收进程。接收进程则利用 Receive 原语接收消息。

（1）消息缓冲队列通信机制中的数据结构

● 消息缓冲区。在消息缓冲队列通信方式中，主要利用的数据结构是消息缓冲区，可描述如下。

```
type message buffer = record
     sender;发送者进程标识符;
     size ;   消息长度;
     text:  消息正文;
     next;  指向下一个消息缓冲区的指标;
     end
```

● PCB 中有关通信的资料内容。在利用消息缓冲队列通信机制时，在设置消息缓冲队列的同时，还应该增加用于对消息队列进行操作和实现同步的信号量，并将这些信号量放入进程的PCB 中。在 PCB 中控制和管理消息的数据项描述如下。

```
type processcontrol block = record
   ...
mq;消息队列的队首指针;
mutex;消息队列互斥信号量;
sm; 消息队列资源信号量;
...
End
```

下面举例说明发送进程 A 和接收进程 B 的通信过程。

（2）发送原语

发送进程 A 在利用发送原语发送消息之前，应该先在自己的内存空间设置一个发送区 a，如图 2.21 所示，把欲发送的消息正文、进程标识符、消息长度等信息填入发送区 a 中，再利用发送原语把消息发送到接收进程。发送原语首先根据发送区 a 中所设置的消息长度 a.size 申请一个缓冲区 i，接着把发送区 a 中的信息复制到缓冲区 i 中。为了能将缓冲区 i 挂在接收进程的消息队列 mq 上，应该先获得接收进程的内部标识符 j，然后将 i 挂在 j.mq 队列上。由于该队列属于临界资源，故在执行 insert 操作的前后，都执行 wait 和 signal 操作（即 P、V 操作）。

发送原语描述如下。

```
procedure send(receiver, a)
begin
getbuf(a, size,i);              /* 根据 a.size 申请缓冲区 */
i.sender := a.sender;          /* 将发送区 a 中的发送进程标识符信息复制到消息缓冲区 i 中 */
i.size := a.size;              /* 把发送区 a 中的消息大小内容复制到 i.size 中 */
i.text = a.text;              /* 把发送区 a 中的消息正文复制到 i.size 中 */
i.next = 0;                    /* 把指针置 0 */
getid(PCB set, receiver.j);   /* 从 PCB 中获得接收进程 j 的内部标识符 */
wait(j.mutex);                /* 通过互斥信号量查看是否有进程在访问消息队列 */
insert(j.mq,i);              /* 将消息缓冲区插入接收进程 B 的消息队列 */
signal(j.mutex);             /* 释放接收进程的消息队列互斥信号量 */
signal(j.sm);                /* 释放接收进程的消息队列资源信号量 */
end
```

（3）接收原语

接收进程 B 利用接收原语 receive(b) 从自己的消息缓冲队列 mq 中提取第一个消息缓冲区 i，并将该缓冲区中的内容复制到以 b 为首地址的指定消息接收区中。接收原语的过程描述如下。

```
procedure  receive(b)
    begin
j: =internal  name;        /* j 为接收进程内部的标识符 */
    wait(j. sm);          /* sm 消息队列资源信号量(如果 sm 为 0,表明无消息,可退出。如果 sm 不为 0,
                              表明有消息,再查看是否互斥。) */
    wait(j. mutex);      /* mutex 消息队列互斥信号量 */
remove(j. mq,i);         /* 将消息队列中的第一个消息移出 */
signal(j. mutex);        /* 释放接收进程 j 的消息队列互斥信号量 */
b.sender: =i.sender;     /* 将消息缓冲区 i 中的消息复制到接收区 b  */
b.size: =i.size;         /* 将缓冲区 i 中的消息"大小"信息复制的接收区 b */
b.text: = i.text;        /* 将缓冲区 i 中的消息正文复制的接收区 b */
b.text: = i.text;        /* 将缓冲区 i 中的消息正文复制的接收区 b */
signal(i)  /* (如果消息已经全部提取,应该释放刚才申请的内存缓冲区 i,否则内存的剩余空间将越来越小,
这样下去会使整个计算机系统的运行速度越来越慢,甚至死机。) */
end
```

思考题：

1. 如果把图 2.21 中 text 的内容改为汉字"你好"，Size 应该是多少？

2. 当通信结束后为什么必须要释放所申请的内存，不释放所申请的内存等系统资源会产生什么后果？

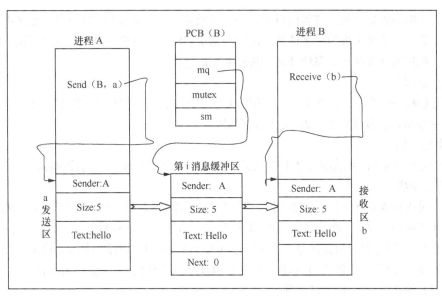

图 2.21 消息通信的发—收示意图

5. 管道通信

所谓"管道"就是指用于连接一个读进程和一个写进程来实现它们之间的通信的一个共享文件，有的书也称为 Pipe 文件。向管道（共享文件）提供输入的发送进程即为写进程，以字符流形式将大量的数据送入管道，而接受管道输出的接收进程即为读进程，用于从管道中提取资料。由于发、收进程是利用管道来完成通信的，所以也称为管道通信（Pipe Communication）。这种方式由 Unix 操作系统首创。

为了协调发、收进程的通信，管道机制必须提供以下 3 方面的协调能力。

① 互斥。即当一个进程正在对 pipe 执行读/写操作时，其他进程必须等待。

② 同步。当写进程把一定数量的数据写入 pipe，便去睡眠等待，直到读进程取走数据后才把等待的进程唤醒。当读进程读空一 pipe 文件时，也应该睡眠等待，直至写进程将数据写入管道后，才可将此读进程唤醒。

③ 要确定对方存在后，才可进行通信。

Unix 操作系统专门有关于"管道"的阐述。

2.3 线程的定义

自从 20 世纪 60 年代人们提出了进程的概念后，操作系统（OS）一直都是以进程作为拥有资源和独立运行的基本单位。直到 20 世纪 80 年代中期，人们又提出了比进程更小的能独立运行的基本单位：线程（Threads），试图用它来提高系统内程序并发执行的程度，充分发挥 CPU 的优越性，从而进一步提高系统的吞吐量。

2.3.1 线程的引入

如果说在操作系统中引入进程的目的是为了使多个程序能并发执行，以提高资源利用率和系统的吞吐量，那么在操作系统中再引入线程则是为了减少程序在并发执行时所付出的时空开销，使操作系统具有更好的并发性。为了说明这一论点，我们回忆一下进程的两个基本属性：进程是一个可拥有资源的独立单位；进程同时又是一个可独立调度和分派的基本单位。正是由于进程的这两个基本属性，才使之成为一个能独立运行的基本单位，从而也构成了进程并发执行的基础。然而，为使程序能并发执行，系统还必须进行如下的操作。

1. 创建进程

系统在创建一个进程时，必须为它分配除 CPU 以外的所需资源，例如内存空间、I/O 设备和 PCB 等各种软资源，并建立相应的 PCB 数据结构。

2. 撤销进程

当进程运行结束后，系统必须先对该进程所占用的资源进行回收，然后再撤销该进程的 PCB。

3. 进程切换

当一个进程释放 CPU 后，系统的调度程序又要从就绪队列中调度一进程来执行，就是把 CPU 分配给刚才调度的进程，修改该进程的 PCB 内容，把该进程的状态由就绪改为执行，同时还要保存刚才释放 CPU 的进程的相关信息、把其状态由执行改为阻塞、就绪或结束。这个过程就是所谓的"进程切换"，由于既要保留当前进程的 CPU 现场信息（环境），又要为新进程设置 CPU 的运行环境，因而须花费一定的 CPU 时间。

从以上分析可以看出：由于进程是一个资源的拥有者，因而在创建、撤销和切换中，系统（CPU）在处理这些过程时都会花去一定的 CPU 时间和存储空间等资源。正因为如此，在系统中所设置的进程，其数目不宜太多，进程的切换频率也不宜过高，这也限制了并发程度的进一步提高。

2.3.2 线程的属性

如何能使多个程序更好地并发执行同时又尽量减少系统的开销，这是近年来操作系统设计所追求的重要目标。人们想到把上述进程的两个基本属性分开，由操作系统分开处理，亦即对于作为调度和分派的基本单位，不同时作为拥有资源的单位；而对于拥有资源的基本单位，又不对之进行频繁的切换。正是在这种思想的指导下，线程的概念得以形成。特别是在进入 20 世纪 90 年代后，多处理机（SMP）系统得到迅速发展，线程能比进程更好地提高程序的并发执行程度，充分地发挥多处理机的优越性，因而在近几年所推出的多处理机 OS 也都引入了线程，以线程作为调度和分派的基本单位，可有效地改善 OS 的性能。如 UNIX、OS/2 和 Windows 等 OS 都对线程技术进行了开发。

1. 什么是线程

线程是一个可调度和分派的基本单位，还是一个可以独立运行的实体。当一个进程开始执行时，它只有一个线程，它可与其他进程中的线程去争用处理机，如果需要，进程可继续创建新的线程。一个进程的诸线程可以并发执行，可以共享该进程的资源。

每个线程有自己的栈，系统为每个线程配置一张线程控制块（TCB），TCB 中包含了线程标识符 TID、该线程的寄存器组、内核栈、线程调度信息（线程的优先级、状态等）和 I/O 活动的信息。那么线程是什么？

① 线程是进程内的一个执行单元。

② 线程是进程内的一个可调度实体。

③ 线程是程序（或进程）中相对独立的一个控制流序列。

④ 线程是执行的上下文，包含执行的现场数据和其他调度所需的信息（这种观点来自 Linux 系统）。

在 Unix 操作系统中，进程（线程）的上下文是这样定义的：

进程（线程）的上、下文由 3 部分组成：用户级上下文，寄存器上下文和系统级上下文。

① 用户级上下文：主要是用户程序，它在系统中分为正文区和数据区。正文区是只读的，主

要是一些程序，在进程执行时，可利用用户栈区保存中间结果。

② 寄存器级上下文：由 CPU 中的寄存器构成。

● 程序寄存器：存放 CPU 要执行的下条指令的虚地址；

● 处理机状态寄存器（PSR）：其中包括运行方式（用户态、系统态）、处理机当前的运行级等相关信息；

● 栈指针；

● 通用寄存器。

③ 系统级上下文：

● 其中包括以 OS 为进程管理该进程所用的信息。

● 静态部分：在进程的整个生命期中，系统级上、下文大小保持不变，如 PCB 等。它由 3 部分组成。

① 进程表项。每个进程占一个表项（记录进程的状态等相关信息）

② U 区（进程的扩充信息）。

③ 进程区表项、系统区表项、页表，用于实现进程的虚地址到物理地址的映像。

● 动态部分：是可变的，它包括以下几部分。

① 核心栈。

② 若干层寄存器上、下文。

也就是说：线程是进程内一个相对独立的、可调度的执行单元。线程在运行时除拥有如程序计数器、一组寄存器和栈外，基本上无其他资源，但可共享进程所拥有的全部资源。图 2.22 所示为进程（线程）上下文的内容。

```
┌─────────────────────────────────────────────────────┐
│  用户级上下文                                            │
│                                                        │
│  正文区、数据区                    寄存器上下文           │
│                                                        │
│                                   PC 值                 │
│                                   PSW 值                │
│                                   栈指针                 │
│                                   相关通用寄存器的值       │
│                                                        │
│                                                        │
│  系统级上下文                                            │
│  静态部分_____PCB 和地址变换表格等                        │
│  动态部分_____核心栈和若干寄存器的内容                     │
└─────────────────────────────────────────────────────┘
```

图 2.22　进程（线程）上下文的说明

2. 线程的属性

在多线程 OS 中，通常进程中包括多个线程，每个线程都是 CPU 的基本单位，是开销最小的实体。其属性包括以下几点。

① 轻形实体——基本不拥有系统资源；

② 独立调度和分派的基本单位，切换迅速；

③ 可并发执行；

④ 共享进程资源。

3. 线程状态

① 状态参数——每个线程都可以利用线程标识符和一组状态参数进行描述。这些参数包括：寄存器（程序计数器 PC、堆栈指针中的内容）状态、堆栈、线程运行状态、优先级、线程专用内

存和信号屏蔽。

② 线程运行状态——线程在运行期间具有执行、就绪和阻塞 3 种基本状态。

4. 线程的创建和终止

① 在多线程 OS 环境下，应用程序在启动时通常仅有一个线程在执行（称为初始化线程），它可根据需要再去创建若干个线程。

② 线程的终止。一是正常结束，二是线程在运行中出错或由于某种原因而被其他线程强行终止。

5. 多线程 OS 中的进程

多线程 OS 中的进程有如下属性。

（1）作为系统资源分配的基本单位；

（2）可包括多个线程；

（3）不是一个可执行的实体（因为实际上是线程在执行）。

6. 进程与线程的比较

（1）调度

在传统的操作系统中，进程是拥有资源和独立调度的基本单位；在引入线程的操作系统中，线程是独立的调度单位。

（2）拥有资源

进程拥有资源，线程基本上不拥有资源但可所属进程的资源。

（3）并发性

在引入线程的操作系统中，进程可并发，在同一进程内的多个线程间也可并发执行，提高了操作系统的并发性和吞吐量。

（4）系统开销

进程开销大；而线程在切换时只需保存和设置少量寄存器内容，开销很小。

2.3.3 什么是"超线程"

1. 概述

众所周知，高端服务器平台通常会采用多个处理器，以并发执行多个线程，从而获得极大的性能提升。在消费级个人计算机中使用类似于 SMP 技术一直以来是无数人的梦想，但高昂的价格和复杂的技术架构一直阻碍着多线程技术在低端市场的普及。

业界在处理器结构的问题上存在着两种不同的方案——同时多线程处理器（SMT）和单芯片多处理器（Chip Multi Processor，CMP）。

随着大规模集成电路技术的发展以及半导体制造工艺的提高，人们逐渐产生了将大规模并行处理器中的 SMP（对称多处理器）集成到同一芯片内，使各个处理器并行执行不同的进程。SMP 技术已经相当成熟，因此 CMP 结构设计起来也变得比较容易，但是将两个物理核心整合在同一块芯片之中，晶体管数量、芯片面积以及芯片发热量都是突出的问题，造成对后端设计和芯片制造工艺的要求较高。正因如此，SMP 技术在流行了一段时间之后慢慢失去了发展的动力，厂商们纷纷转向另一种方案——SMT 处理器的研发工作。

多线程处理器对线程的调度与传统意义上由操作系统负责的线程调度是有区别的，它完全由处理器硬件负责线程间的切换。由于采用了大量的硬件支持，所以线程的切换效率更高。线程高效调度的目的就是要尽可能减少处理器处于闲置状态的时间，通过有效的线程切换来获取处理器在相同工作时间内更高的工作效率。而 SMT 最具吸引力的是它只需小规模改变处理器核心的设计，几乎不用增加额外的成本就可以获得显著的效能提升。这对于桌面低端系统来说无疑十分具有吸引力。因为价格始终是影响桌面系统的关键因素之一，像高端平台那样一味去换取高性能显然是不合适的。因此，SMT 比起 CMP 显然更适合于桌面市场。

虽然 Intel 并不是多线程技术的主导力量，但多线程技术获得大众广泛关注却源于 Intel。在其新一代基于奔腾 4 的 Xeon 处理器中，Intel 使用了超线程（Hyperthreading）技术，而这一技术的核心就是同时多线程（SMT）。其实 Intel 一直都想将多线程技术逐步融入到自己的产品当中，在 Itanium 的 EPIC 核心身上，我们看到了指令级并行技术（Instruction-Level Parallelism，ILP）的身影。

对于处理器而言，将并行处理"贯彻"到指令级无疑是最好的选择，因为分得越细，越有利于任务的调度，处理器的空闲机会就越少，并发处理的能力就越强。但对于性能、价格远不在一个层次的 x86 处理器身上使用类似的技术远没有想象中那么简单，而且碍于架构和缓存容量，能不能发挥出相同的威力也是个未知之数。再三考虑之下 Intel 决定将 ILP 的思想嫁接到 Pentium4 处理器当中，这就是超线程技术（Hyper-Threading）。不同的是，Hyper-Threading 是 TLP（Thead-Level Parallelism）线程级的并行技术。

超线程技术可以使单一的物理处理器执行两个独立的线程。从架构上说，使用超线程技术的 IA-32 处理器由两个逻辑处理器构成，并且每一个逻辑处理器都有各自的架构描述。运行过程中，每一个逻辑处理器均可独立地挂起、中断以及直接执行特定线程而不受另一个逻辑处理器的影响。

和传统的双处理器平台使用两个独立的物理处理器（如 Intel Xeon）不同，使用超线程技术处理器的两个逻辑处理器共享处理器的核心，包括执行引擎、缓存、系统总线接口和固件等。超线程技术能够更好地发挥 Intel 的 NetBurst（网络段/片）微架构，实现 IA-32 处理器在一般操作系统、工作站以及服务器应用软件中的性能。

事实上，目前的操作系统（包括 Windows 和 Linux）将任务分解为进程和线程，并能够将进程和线程自由地安排和分派到处理器。为了能够进一步发挥处理器的效能，不少操作系统和应用软件都支持使用 SMT 技术的多处理器架构。

超线程技术通过同一个核心中两个独立的逻辑处理器实现目前操作系统和应用程序普遍支持的进程级和线程级的并行处理。每个线程可以由两个逻辑处理器之一执行。两个线程的指令同时分派到处理器核心，处理器核心通过乱序执行机制并发地执行两个线程，使处理器在每一个时钟周期中都保持最高的运行效率。

要真正发挥超线程处理器的威力，除了硬件方面要具有 NetBurst 微架构之外，还需要配合带有多线程代码的 IA-32 指令。Intel 的 NetBurst 微架构是专门针对单指令流设计并优化的，但即使是执行最优化的代码，运行期间处理器的执行单元仍不能完全被利用。

平均来说，当处理器执行多种复合的 IA-32 指令时，NetBurst 架构中仅有 35% 的执行单元被利用起来（在这一点上 AMD 的架构更有优势）。为了使剩余的执行单元能被充分利用起来，超线程技术通过自身的并行多线程代码为处理器核心分配第二个可执行线程。

两个被执行的线程通过公共的指令缓冲池向处理器提供指令编排，两个指令的相关性越少，两者的资源冲突就越少，因而处理器当中利用起来的执行单元数就越多，这样就使指令的执行速度得到提高。

使用超线程技术的 IA-32 处理器对于软件而言等同于两个独立的 IA-32 处理器，和传统的多处理器系统相似。这使得原来为传统多处理器系统设计的应用软件不需要任何修改就可以直接在使用超线程技术的 IA-32 处理器上运行，只不过对于多处理器系统而言指令是向多个处理器分发，而现在指令分发的对象是相对独立的逻辑处理器。

在固件（BIOS）方面，超线程处理器的运作模式和传统多处理器系统相似。支持传统双处理器和多处理器的操作系统也可以通过CPU的ID指令侦测使用超线程技术的IA-32处理器的存在。但尽管目前的应用代码都能在使用超线程技术的处理器上正常运行，但为了获得最理想的运行效果，简单的代码修改还是必须的。

在得到操作系统和应用软件的支持之下，使用超线程技术的处理器比起普通处理器有30%的额外性能提升。超线程技术应用到多处理器系统时，效能的提升和处理器的数量基本成线性关系增长。在理想状况下，不需要增加额外成本就能有如此可观的性能增幅，Intel的超线程技术应该有不错的发展潜力。

当然30%只是理想情况下，实际运行当中超线程技术可能会带来缓存命中率下降、物理资源冲突以及内存带宽紧缺等问题，这些负面影响不但会影响超线程技术所带来的性能增幅，在极端情况下还可能造成性能下降。所以要进一步发挥超线程技术的威力，还需要Intel和其他软件厂商在硬件和软件方面做进一步的完善。

超线程技术就是利用特殊字符的硬件指令，把两个逻辑内核模拟成物理芯片，让单个处理器能使用线程级并行计算，从而兼容多线程操作系统和软件，使运行性能提高30%。

虽然单线程芯片每秒钟能处理成千上万条指令，但是在任一时刻只能对一条指令进行操作。而"超线程"技术可以使芯片同时进行多线程处理，使芯片性能得到提升。如果单单是CPU支持超线程技术而没有芯片组、软件进行协同作战的话，超线程技术也就是一句空话而已。

2. "超线程"技术

所谓超线程技术就是利用特殊的硬件指令，把多线程处理器内部的两个逻辑内核模拟成两个物理芯片，从而使单个处理器就能"享用"线程级的并行处理器技术。多线程技术可以在支持多线程的操作系统和软件上，有效地增强处理器在多任务、多线程处理上的能力。

超线程技术可以使操作系统或者应用软件的多个线程，同时运行于一个超线程处理器上，其内部的两个逻辑处理器共享一组处理器执行单元，并行完成加、乘、负载等操作。这样在同一时间里，应用程序可以充分使用芯片的各个运算单元。

对于单线程芯片来说，虽然也可以每秒钟处理成千上万条指令，但是在某一时刻，其只能够对一条指令（单个线程）进行处理，结果必然使处理器内部的其他处理单元闲置。而"超线程"技术则可以使处理器在某一时刻，同步并行处理更多指令和数据（多个线程）。可以这样说，超线程是一种可以将CPU内部暂时闲置资源充分"调动"起来的技术。

3. 超线程是如何工作

在处理多个线程的过程中，多线程处理器内部的每个逻辑处理器均可以单独对中断做出响应，当第一个逻辑处理器跟踪一个软件线程时，第二个逻辑处理器也开始对另外一个软件线程进行跟踪和处理。

另外，为了避免CPU处理资源冲突，负责处理第二个线程的逻辑处理器使用的仅是运行第一个线程时被暂时闲置的处理单元。例如：当一个逻辑处理器在执行浮点运算（使用处理器的浮点运算单元）时，另一个逻辑处理器可以执行加法运算（使用处理器的整数运算单元）。这样大大提高了处理器内部处理单元的利用率和相应的数据、指令吞吐能力。

4. 实现超线程的五大前提条件

（1）需要CPU支持

目前正式支持超线程技术的CPU有Pentium4 3.06GHz、2.40G、2.60G、2.80G、3.0GHz、3.2GHz以及Prescott处理器，还有部分型号的Xeon等，计算机技术发展迅速，这里只列出一部分型号。

（2）需要主板芯片组支持

正式支持超线程技术的主板芯片组的主要型号包括Intel的875P、E7205、850E、865PE/G/P、

845PE/GE/GV、845G（B-stepping）、845E。875P、E7205、865PE/G/P、845PE/GE/GV 芯片组均可正常支持超线程技术的使用，而早前的 845E 以及 850E 芯片组，只要升级 BIOS 就可以解决支持问题。SIS 方面有 SiS645DX（B 版）、SiS648（B 版）、SIS655.SIS658、SIS648FX。VIA 方面有 P4X400A、P4X600、P4X800。

（3）需要主板 BIOS 支持

主板厂商必须在 BIOS 中支持超线程功能。

（4）需要操作系统支持

目前微软的操作系统中只有 Windows XP 专业版及后续版本支持此功能。

（5）需要应用软件支持

一般来说，只要能够支持多处理器的软件均可支持超线程技术，但是实际上这样的软件并不多，而且偏向于图形、视频处理等专业软件，游戏软件极少有支持的。应用软件有 Office 2000、Office XP 等。另外 Linux kernel 2.4.x 以后的版本也支持超线程技术。

习　题

1. 进程的定义是什么？
2. 什么叫并发和并行？
3. 程序顺序执行的特征是什么？
4. 程序并发执行的特征是什么？
5. 什么是进程的上下文？
6. 进程实体由哪些部分组成？
7. 进程有哪几种基本状态？
8. 什么是进程的挂起状态？
9. 对进程的管理和控制，是靠什么来完成的？
10. 进程控制块 PCB 中的主要内容有哪些？
11. PSW 包含哪些主要内容？
12. Windows XP 操作系统的 PCB 中包含了哪些主要内容？
13. Linux 操作系统的，PCB 中包含了哪些内容？
14. 在操作系统中 PCB 有几种组织方式？
15. 举例说明引起创建进程的事件。
16. 进程调度有几种方式？
17. 进程之间存在着几种关系？
18. 什么叫临界资源和临界区？
19. 信号量机制的作用是什么？
20. 当 A、B 两进程间进行通信时，如果不释放所申请的内存缓冲区，对整个计算机系统有何影响？
21. 进程与线程有何区别？

第3章
处理机的调度与死锁

在多道程序尤其是多任务的分时操作系统（Windows、UNIX 等）环境下，系统中的进程数目通常都超过 CPU 的数目。这就要求操作系统能按某种算法，动态地把 CPU 分配给就绪队列中的一个满足运行条件的进程，让该进程执行。分配 CPU 的任务是由 CPU 调度程序来完成。由于处理机是重要的计算机系统资源，提高处理机的利用率和改善系统的性能（系统吞吐量、响应时间），在很大程度上取决于处理机调度性能的好坏。因而，处理机的调度问题成了操作系统设计的中心问题之一。为此，本章将着重阐述处理机的调度算法。在此之前，先了解一下作业、任务、进程和程序的概念。

作业概念更多地用于脱机处理系统，进程概念更多地用于联机处理。在 Linux 系统中虽然有设置前台作业和后台作业的处理功能，但其处理的对象还是进程。而 Windows XP 系统中没有明显的作业概念，只有任务、进程、线程概念。任务通常由图标表示，该图标连接着任务所对应的程序，通过双击图标就可以启动任务。

当任务被启动后，对应于该任务的进程也被建立（创建进程的任务都由原语完成，例如 UNIX 系统的进程创建由 fork( ) 原语完成）。进程的运行可能以进程或线程形式存在。线程是构成进程的可独立运行的单元。当进程由线程构成时，线程成为占有 CPU 时间片的实体。

作业、任务、进程程序和线程之间都没有唯一的对应关系，程序是进程的基本组成部分，但又可以对应多个进程。进程是作业的执行状态（或称为执行过程），一个作业又可以对应多个进程。线程包含在进程之中，一个进程可以由一个或多个线程构成。

3.1 处理机调度的基本概念及设计原则

在多道程序系统中，一个作业提交给计算机时必须要经过处理机调度，才可获得处理机而执行。对于批量作业而言，通常需要经历作业调度（也称为高级调度）和进程调度（低级调度）这两个过程后，才能获得处理机而执行。对于终端型作业，则只需经过进程调度就可执行。较完善的操作系统（诸如 Windows、UNIX/Linux）设置了中级调度（对换调度，用来实现虚拟存储管理）。要实现不同的调度需用不同的调度方法。

当进程在就绪队列等待运行时，它所竞争的计算机资源是 CPU，进程调度程序根据某一算法把 CPU 分配给满足运行条件的进程。设计调度算法是开发操作系统的重要任务之一。

在设计调度算法时，应该考虑如下的几个设计原则。

① 公平。由于调度算法是针对多个等待调度的进程（作业）实体的，因此，要求在一般情况下，所有的进程实体都具有公平的被调度的机会。

② 资源利用率高。在设计调度算法时，应该充分考虑计算机系统的资源利用情况。

③ 资源使用的均衡性。系统中的各类资源，应该都发挥其效能，尽量做到各尽其能。

④ 吞吐量。吞吐量是指系统在一段时间内的输入/输出能力，它代表系统的处理能力。吞吐量越高，系统的处理能力就越强。

⑤ 响应时间。这是指从用户提交作业到用户得到首次输出所等待的时间。通常，用户都希望这段时间越短越好。

通过详细分析上述设计原则不难发现，有一些原则是相互冲突的，如要提高系统资源的利用率就无法保障有短的响应时间；要提高系统的吞吐量就很难保障对所有作业的公平性。所以，在设计调度算法时，会根据使用环境、目的等多方面进行考虑，通常折中选择。

3.2　常用的几种调度方式

对于一个批处理作业，从它进入系统并驻留在外存（通常是指磁盘）的后备队列开始，直到作业运行完毕，要经历如下的三级调度。

3.2.1　高级调度

高级调度（High Level Scheduling）也称为作业调度或者长程调度，用于决定把外存上处于后备队列中的哪些作业调入内存，并为它们创建进程、分配必需的资源，然后再把新建的进程放在就绪队列中，让其准备执行。

在 20 世纪 80 年代以前的批处理系统中，作业进入系统后先是驻留在外存上，因此需要有作业调度的过程，以便将这些作业分批地装入内存。现代的多任务分时操作系统，为了使用户通过键盘输入的命令或数据直接送到内存以得到及时响应，无需再配置作业调度机制，只需配置进程调度和对换调度即可。对实时系统而言，同样仅需配置进程调度和对换调度。

在作业调度算法中，需要完成如下的两个决定：

① 决定装入多少个作业到内存；

② 决定装入哪些作业。

这两个问题主要取决于所采用的调度算法，当然也要考虑到内存容量等因素。通常，最简单的调度算法是先来先服务（FCFS）规则。也可以采用短作业优先等作业调度算法。

3.2.2　中级调度

中级调度（Intermediate Level Scheduling）也称为对换调度。引入中级调度主要是为了提高内存利用率和系统吞吐量。也就是把那些暂时不能运行的进程（既已经装入到内存中的进程）放在外存上，只有这些进程具备了运行条件、内存又有空闲空间时，才由中级调度来决定把外存上的哪些就绪进程重新装入内存，并修改该进程的 PCB 内容，将该进程的状态改为就绪状态，挂在就绪队列上等待进程调度。中级调度实际上就是内存管理的对换调度（换进/换出以实现虚拟内存管理的功能）。

3.2.3　低级调度

低级调度（Low Level Scheduling）也称为进程调度或者短程调度，用来决定调度就绪队列中的哪个进程以获得 CPU，然后再由分派程序把 CPU 分配给这个进程而执行。在分时系统中，这个进程运行一个时间片，当时间片结束，系统再决定调度就绪队列中的哪个进程来执行。进程调度是最基本的调度。在多道批处理、分时和实时系统中都配置了进程调度。进程调度可以采用如下的两种调度方式。

1. 非抢占式调度方式

在这种调度方式中，一旦把处理机分配给某进程后，便让该进程一直执行，直至该进程执行结束或发生某事件而被阻塞时，才再把处理机分配给另一进程，决不允许某进程抢占已经分配出去的处理机。

在采用非抢占式调度方式时，可能引起进程调度的因素有：

① 正在执行的进程执行完毕，或因发生某事件而不能再继续执行；

② 进程执行中提出了 I/O 请求而暂停执行；

③ 在进程通信或同步过程中执行了某种原语操作，例如 P 操作（wait 操作）、Block 原语、Wakeup 原语等。

这种调度方式的优点是实现简单、系统开销小，适用于大多数批处理系统环境，但在要求较为严格的实时系统中不宜采用。

2. 抢占式调度方式

在这种调度方式中，允许调度程序根据某种原则暂停某个正在执行的进程，将已经分配给该进程的处理机重新分配给另一进程。通常，抢占的原则有以下几种。

① 优先权原则。通常对一些重要和紧急的进程（作业）赋予较高的优先权。当这种进程到达时，如果其优先权比正在执行进程的优先权高，便停止正在执行的进程，将处理机分配给优先权高的进程，使之执行。也就是说，允许优先权高的新到进程去抢占当前正在执行进程的处理机。

② 短作业（进程）优先原则。在这种原则中，当新到达的进程比正在执行的进程明显短（通常可将实体占用的内存空间等作为依据），就可暂停正在执行的进程而把其处理机分配给新到的短进程让其执行。也就是说，短进程可以抢占当前正在执行进程的处理机。

③ 时间片优先原则。采用这种优先原则的系统中就是把处理机的执行时间分成若干时间片（通常采用毫秒或微秒级甚至更小的时间单位），每个进程按时间片运行，当一个时间片用完后，系统调度便停止该进程的执行而重新调度另一进程来执行，同样只运行一个时间片。这种原则适合于分时、实时系统。

以上原则有一定的局限性，通常把几种优先原则融合在一起使用，以满足各类进程的需要。例如，UNIX 操作系统的进程调度采用了时间片和动态优先权等原则，而进程的调度排队则是采用了多级回馈队列轮转调度。

上述三种调度中，低级调度的运行频率最高。在分时系统中通常是 10～100ms 就进行一次进程调度。

3.2.4　进程调度的功能

在多道程序系统中，用户进程数一般大于处理机的个数，这使进程为了运行而相互争夺处理机。系统进程也需要使用处理机。因此，操作系统需按一定的规则动态地把处理机分配给就绪队列中的某个进程，以便进程执行。分配处理机的任务是由进程调度程序执行的。进程调度程序要完成如下的功能。

1. 记录系统中所有进程的有关情况及状态特征

将进程的相关信息（执行情况、状态特征等）记录在 PCB 中并将其排在相应的队列中。

2. 选择获得处理机的进程

按一定的选择原则（FCFS、SJP 等），从就绪队列中选择一个进程，使其获得处理机。

3. 分配处理机

从就绪队列选择一个进程，将该进程从就绪队列中移出，恢复其 CPU 现场，从栈中读出包括该进程上次的暂停地址、中间结果、状态信息等，修改该进程 PCB 中的相关内容，并将其状态改为执行。或者将被暂停的进程放在相应的队列中（根据其阻塞原因而定），修改其 PCB 中的相应内容。

3.2.5　引起进程调度的原因

以下情况都会引起进程的调度。

① 当前运行进程执行结束。

② 当前运行进程因某种原因（如 I/O 请求），从运行状态进入阻塞状态。

③ 当前运行进程执行某种原语操作（如 P 操作、阻塞原语），进入阻塞状态。

④ 执行完系统调用等系统程序后返回用户进程。

⑤ 在采用抢占式调度方式的系统中，一个具有更高优先级的进程要求使用处理机，当前运行的进程进入就绪队列。

⑥ 在分时系统中，分配给该进程的时间片已用完。

3.3　几种常用的调度队列模型

前面介绍的调度都涉及进程队列，可以形成三种调度队列模型。

3.3.1　仅有低级调度的调度队列模型

分时系统通常只设置了低级调度。用户输入的命令和数据直接送入内存。

对于命令，由操作系统建立一个进程，并把它排在就绪队列的末尾，然后按时间片轮转方式运行。每个进程运行时，都可能出现下面几种情况。

① 该任务在时间片内已经完成，该进程释放处理机后进入完成状态。

② 任务在本次对应的时间片内尚未完成，操作系统便将该任务放在就绪队列的里面。

③ 在执行期间，进程因某事件而被阻塞后，操作系统将它放入阻塞队列。

图 3.1 给出了整个系统的调度示意。

以进程调用"打印机"来解释图 3.1 中的"阻塞事件"和"阻塞时间结束"的含义。

① 图 3.1 中的"阻塞事件"就是指一个正在执行的进程需要将中间结果输出在打印机上，该进程就需要调用打印机来完成打印，而打印机又被别的进程占用，这样该进程就会被阻塞。这里的打印机就是"阻塞事件"。

② "阻塞时间结束"就是指打印机已经被释放，该进程才可以调用打印机。那么系统的管理程序就把被阻塞的进程从阻塞队列中调出来放在就绪队列中排队等待执行。

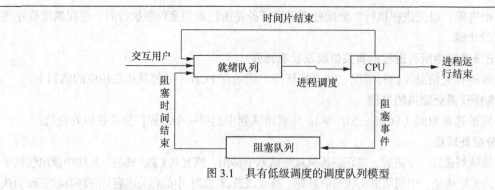

图 3.1　具有低级调度的调度队列模型

3.3.2　具有高级和低级调度的调度队列模型

通常，在批处理系统中，不仅需要进程调度，还需要作业调度。作业调度就是按一定的作业调度算法所设置的条件，从外存上的后备队列中选择一批作业调入内存，并为这些作业建立进程、分配资源、建立初始状态等，送入就绪队列，然后再由进程调度按照某一算法，选择一个符合运行条件的进程，把处理机分配给该进程执行。图 3.2 所示为具有高级和低级调度的调度队列模型。具有高级和低级调度的调度队列模型会涉及进程就绪队列、阻塞队列的组合形式。

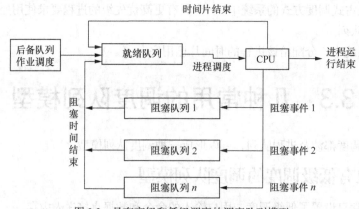

图 3.2　具有高级和低级调度的调度队列模型

1. 就绪队列的形式

在批处理系统中，最常用的是最高优先权调度算法，相应地最常用的就绪队列形式是优先权就绪队列。进程在进入优先权就绪队列时，就根据该进程优先权的高低被插入相应的位置上，优先权最高的进程总是排在就绪队列的队首。这样，调度程序总是把处理机分配给就绪队列中的队首进程。

图 3.1 与图 3.2 不同的是：在最高优先权优先的调度算法中，可以采用无序链表方式，即每次把新到的进程挂在链尾，而调度程序每次调度时，依次比较该链表中各进程的优先权，从中找出优先权最高的进程，将其从链中取下并分配处理机给它。无序链表方式比优先权队列调度效率要低。

2. 设置多个阻塞队列

对于大系统，一般处于阻塞状态的进程可达数百个。通常，进程调度都设置若干个阻塞队列，每个阻塞队列对应某一种阻塞事件。

3.3.3　同时具有三级调度的调度队列模型

操作系统在设置了中级调度后，可以把进程的就绪状态分为内存就绪和外存就绪（UNIX 操作系统就采用的此类方式），也可把阻塞状态分为内存阻塞和外存阻塞两种状态。在中级调度的作用下，可以实现这两种状态的转换。

图 3.3 给出了同时具有三级调度的调度队列模型。

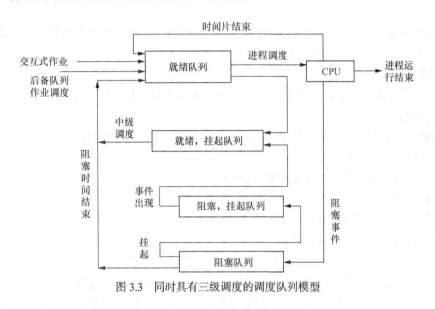

图 3.3　同时具有三级调度的调度队列模型

　　　　图 3.3 中的交互式作业实际上就是进程调度，即用户通过键盘或鼠标输入的相关命令等。

通过前面的讨论，阐述了在操作系统中程序运行的几种调度方式。如果把三种调度方式在计算机系统中的位置用图描述出来，结果如图 3.4 所示，称为调度层次结构。

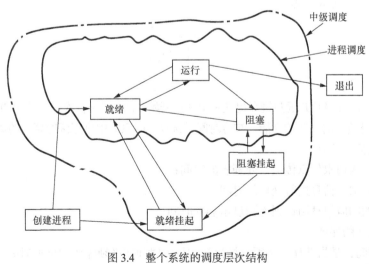

图 3.4　整个系统的调度层次结构

说明　图 3.4 中把系统中的调度按照层次结构表示，其中最里层是进程调度，涉及进程的"就绪、运行、阻塞"；中级调度涉及"就绪挂起、阻塞挂起"；最外层的作业调度涉及"创建进程、退出"。

3.4　调度算法的若干准则

一个操作系统如何选择调度方式和算法，在很大程度上取决于操作系统的类型及操作目标。在选择调度算法时，可以遵循如下的准则。

1. 面向用户

这是为了满足用户需求所应遵循的一些准则，比较重要的有以下几点。

（1）周转时间短

所谓周转时间，是指从作业被提交给系统开始，到作业完成为止的这段时间间隔。

周转时间包括四部分：

① 作业在外存后备队列上等待调度的时间；

② 进程在就绪队列上等待调度的时间；

③ 进程在 CPU 上执行的时间；

④ 进程等待 I/O 操作完成的时间。

其中②～④项在一个进程（作业）的整个处理过程中，可能会重复发生。

每个用户都希望自己的作业周转时间最短，但作为计算机系统的管理者，则希望能使作业的平均周转时间最短，以有效地提高系统资源的利用率，使大多数用户都感到满意。可以把平均周转时间描述为：

$$T = \frac{1}{n}\left[\sum_{i=1}^{i=n} T_i\right]$$

T 为作业的平均周转时间。

作业的周转时间 T 与系统为它提供服务的时间 T_s 之比，称为带权周转时间，即 $W = T/T_s$，而平均带权周转时间则可表示为：

$$W = \frac{1}{n}\left[\sum_{i=1}^{n} \frac{T_i}{T_s}\right]$$

（2）响应时间快

所谓响应时间，是从用户通过键盘提交一个请求开始，直至系统首次产生响应的时间。通常用响应时间的长短来评价分时系统的性能，响应时间是选择分时系统中进程调度算法的重要准则之一。

响应时间包括三部分：

① 从键盘输入请求信息传送给处理机的时间；

② 处理机对请求信息进行处理的时间；

③ 将形成的响应信息回送到终端显示器的时间。

（3）截止时间的保证

所谓截止时间，是指某任务必须开始执行的最迟时间或必须完成的最迟时间。对于严格的实时系统，其调度方式和调度算法必须能保证截止时间，否则将可能造成难以预料的后果。

（4）优先权准则

基于优先权让某些紧急的作业能得到及时处理。在要求较严格的场合，往往还须选择抢占式调度方式，才能保证紧急作业得到及时处理。

2. 面向系统

这是为了满足系统要求而应该遵循的准则，较为重要的有如下几点。

① 系统吞吐量高。吞吐量是指在单位时间内，系统所完成的作业数。

② 处理机利用率高。CPU 的利用率一般在 40%～90%。

③ 各类资源平衡利用。

3.5　常用的调度算法

操作系统中的调度实质是一种资源分配，而调度算法是指：根据系统的资源分配策略所规定的资源分配算法为进程的运行分配所需资源。对于不同的系统和目标，通常采用不同的调度算法。

3.5.1　先来先服务调度算法

先来先服务（FCFS）调度算法是一种最简单的算法，比较利于长作业（进程），而不利于短作业（进程）。如果用于作业调度，FCFS 每次都从后备作业队列中选择最先进入该队列的若干作业，将它们调入内存，并为它们分配资源、建立进程，然后放入就绪队列。若是在进程调度中采用 FCFS 算法，则每次从就绪队列中选择一个最先进入的进程，为它分配处理机，使其运行直至该进程结束或发生某事件而阻塞后，才释放处理机。我们通过下面的例子可以看到，FCFS 算法比较有利于长作业（进程），而不利于短作业（进程）。

举例：图 3.5 列出了 A、B、C、D 四个作业分别到达系统的时间、要求服务的时间、开始执行的时间及各自的完成时间，并计算出了各自的周转时间和带权周转时间。

从图 3.5 可以看出，其中短作业 C 的带权周转时间竟高达 100，而长作业 D 的带权周转时间仅有 1.99。由此可知，FCFS 调度算法有利于 CPU 繁忙的作业计算，而不利于 I/O 频繁型的作业（进程）处理。CPU 繁忙的作业是指需要大量的 CPU 运行时间进行计算，而很少请求 I/O 操作的作业，通常的科学计算便属于 CPU 繁忙的作业。I/O 频繁型的作业（进程）是指 CPU 进行处理时，频繁地请求 I/O（如银行的客户型业务、交通票务系统的客户处理等）操作的作业。

进程名	到达时间	服务时间	开始服务时间	完成时间	周转时间	带权周转时间
A	0	1	0	1	1	1
B	1	100	1	101	100	1
C	2	1	101	102	100	100
D	3	100	102	202	199	1.99

图 3.5　FCFS 算法举例

3.5.2　短作业（进程）优先调度算法

此算法是从就绪队列中选出一个运行时间最短的进程，将处理机分配给它，使它立即执行直至完成或发生某事件而被阻塞放弃处理机时，再重新调度。

举例：现有五个进程 A、B、C、D、E，它们分别到达时间等信息，如图 3.6 所示。

对 FCFS 调度算法与短作业（进程）优先调度算法进行比较如图 3.6 所示，采用了 SJ（P）F 算法后，短作业（例如 D 作业）的平均周转时间、平均带权周转时间都有明显的改善。其周转时间由原来的 11（采用 FCFS 算法）降为 3，而平均带权周转时间从 5.5 降为 1.5。这说明 SJ（P）F 算法能有效地降低作业的平均等待时间，提高系统的吞吐量。

作业情况 进程名		A	B	C	D	E	平均
调度算法	到达时间	0	1	2	3	4	
	服务时间	4	3	5	2	4	
FCFS	完成时间	4	7	12	14	18	
	平均周转时间	4	6	10	11	14	9
	平均带权周转时间	1	2	2	5.5	3.5	2.8
SJ(P)F	平均完成时间	4	9	18	6	13	
	平均周转时间	4	8	16	3	9	8
	平均带权周转时间	1	2.67	3.1	1.5	2.25	2.1

图 3.6　FCFS 和 SJF 调度算法的调度情况

当然，短作业优先调度算法也有明显的缺点。

（1）该算法对长作业不利。C 作业的周转时间由 10 增加到 16，其带权周转时间从 2 增加到 3.1。如果有一长作业（进程）进入系统的后备队列，由于系统的调度程序总是优先调度短进程（即使是后来进入系统的），因此会使长进程很长时间无法调度而不能运行。

（2）该算法完全未考虑作业的紧迫程度，因而不能保证紧迫性作业（进程）会被及时处理。

（3）由于作业（进程）的长短只是根据用户所提供的估计执行时间而定的，而用户估算可能不准致使该算法不一定能真正做到短作业优先调度。

3.5.3　高优先权优先调度算法

1. 优先权优先调度算法的类型

为了照顾紧迫型作业，使作业在进入系统后便可获得优先处理，于是引入了最高优先权优先调度算法（FPF）。此算法主要用于操作系统中的作业调度算法和进程调度算法，此外，还可以用于实时系统。

把该调度算法用于作业调度时，系统将从后备队列中选择若干个一组优先权较高的作业，装入内存。

如果用于进程调度，该算法把处理机分配给就绪队列中优先权最高的进程。这种调度方式可以分为两类。

（1）非抢占式优先权算法

在这种方式中，系统一旦把处理机分配给就绪队列中优先权最高的进程，该进程就会一直执行下去，直至完成或者因为发生某事件使该进程放弃处理机，系统方可再将处理机分配给另一优先权最高的进程。此算法主要用于批处理系统中。

（2）抢占式优先权算法

系统把处理机分配给就绪队列中优先权最高的进程，使之执行。但在执行期间，如果就绪队列中又进入一优先权更高的进程，则系统的进程调度程序就会立即停止当前正在执行的进程，迫使其放弃对 CPU 的控制权，重新将处理机分配给新到的优先权最高的进程（当然要修改这两个进程的 PCB，进行进程切换）。因此，在此调度算法中，每当出现一个新的就绪进程 i 时，系统就将其优先权 Pi 与正在执行的进程 j 的优先权 Pj 进行比较。

如果 Pi≤Pj，原进程 Pj 继续执行；

如果 Pi＞Pj，则停止原进程 Pj，系统执行进程切换，使进程 i 获得处理机而执行。

此方式能更好地满足紧迫作业的要求，故往往应用于要求较高的实时系统、分时系统。

2. 优先权的类型

（1）静态优先权

在进程创建时系统就为其确定一个优先权（数），在整个运行期间保持不变。通常，优先权为一整数（0～7 或 0～255 中某一整数，这个整数称为优先数）。有的系统把"0"定为最高优先权，数越大优先权越低；有的系统则反之。

确定进程优先权的依据有如下三点。

- 进程的类型。系统进程（接收进程、对换进程、磁盘 I/O 进程）的优先权高于一般用户进程的优先权。
- 进程对资源的需求。如进程的估计执行时间及内存需求量的多少，对这些要求少的进程应赋予较高的优先权。
- 用户要求。由用户进程的紧迫程度及用户所付费用的多少来确定优先权。

静态优先权简单易行，但不精确。

（2）动态优先权

在进程创建时就被赋予的优先权，但该优先权可随进程的推进和等待时间的增加而改变，以便获得更好的调度性能。

例如，在就绪队列中的进程，随其等待时间的增长，其优先权以速率 a 提高。若所有的进程都具有相同的优先权初值，则最先进入就绪队列的进程的动态优先权变得最高而优先获得处理机（此即 FCFS 算法）。UNIX 操作系统就采用了动态优先权方式来管理和控制进程的运行。也就是说，该系统中进程的优先级别是随其在计算机系统中驻留时间的长短而变化的。

若所有进程具有不同的优先权初值，优先权初值低的进程，在等待了足够的时间后，其优先权可能升为最高，从而获得处理机而执行。

当采用抢占式优先权算法时，规定当前进程的优先权以速率 b 下降，则可防止一个长作业长期垄断处理机。这是以进程占用 CPU 的时间来作为优先权下降的依据。因为系统对每个进程的执行时间都会进行计时。

3. 高响应比优先调度算法

在批处理系统中，短作业优先算法是一种较好的算法，但长作业的运行则得不到保证。如果能为每个作业引入动态优先权，并使作业的优先级随等待时间的增加而以速率 a 提高，则长作业在等待了一定时间后，就有机会获得处理机。该优先权的变化规律可描述为：

$$优先权 = （等待时间 + 要求服务时间）/要求服务时间$$

由于等待时间与服务时间之和是系统对该作业的响应时间，故该优先权又相当于响应比 Rp。上式可表示为：

$$Rp = （等待时间 + 要求服务时间）/要求服务时间 = 响应时间/要求服务时间$$

由上式可以看出：

① 如果作业的等待时间相同，则要求服务的时间越短，其优先权越高，因而该算法有利于短作业；

② 当要求服务的时间相同时，作业的优先权取决于其等待时间，等待时间越长，其优先权越高，实现了 FCFS；

③ 对于长作业，作业的优先级可以随其等待时间的增加而提高，当其等待时间足够长时，其优先级也得到提升，从而获得处理机。

此算法既照顾了短作业，又考虑了作业到达的先后次序，兼顾了长作业。在利用该算法时，进行进程调度之前，系统都必须先进行响应比的计算，因此会增加系统的开销。

3.5.4 基于时间片的轮转调度算法

在分时系统中，为了保证及时响应用户的请求，就必须采用基于时间片的轮转进程调度算法。在 20 世纪 90 年代前，分时系统中采用的是简单的时间片轮转调度算法。进入 20 世纪 90 年代后，则广泛采用多级回馈队列调度算法。

1. 时间片轮转调度算法

为了保证人机交互的及时性，系统使每个进程依次按时间片轮流的方式执行。系统将所有的就绪进程按先来先服务（FCFS）的原则排成一个队列，每次调度时把 CPU 分配给队首进程，并令其执行一个时间片。当执行的时间片用完时，由系统中的定时器发出时钟中断请求，调度程序便依此信号停止该进程的执行，并将它送到就绪队列的末尾，等待下一次执行；然后，进行进程切换，把处理机分配给就绪队列中新的队首进程，执行一个时间片。这样，保证了就绪队列中的所有队列均能获得一个时间片而执行。

采用时间片轮转算法要考虑如下的因素。

① 系统对响应时间的要求。响应时间 T 直接与用户（进程）数目 N 和时间片 S 成比例，即 $T = NS$。例如：$T = 3s$、$N = 100$，而 $S = 30ms$。

② 就绪队列中进程的数目。

③ 系统的处理能力。

通常，时间片不宜取得太小。如果时间片太小，会使进程间切换频繁，这样就增大了系统的时空开销。

2. 多级回馈队列调度算法

现代的操作系统基本上集多种调度算法为一体，既具有批处理操作系统的功能用于处理批量型作业，又具有分时操作系统的特性用于处理交互型作业。为批量型作业建立的进程排在后台的就绪队列中；而为交互型作业建立的进程则排在前台就绪队列中。前台采用时间片轮转调度算法，便于用户与自己的交互型作业进行交互；而后台采用优先权调度算法或短作业优先的调度算法。

多级回馈队列调度算法实施过程如图 3.7 所示。

① 应设置多个就绪队列，并为各个队列赋予不同的优先级。第一个队列的优先级最高，第二个队列次之，后面各队列的优先级逐个降低。该算法赋予各队列中进程的执行时间片大小也不相同，在优先权越高的队列中，时间片就要适当取小，每个进程的执行时间就越短。例如，可以设置第二个队列中进程的执行时间比第一个队列中进程的执行时间长一倍。

② 当一个新进程进入内存后，首先将它放入第一队列的末尾，按 FCFS 原则排队等待调度。当轮到该进程执行时，如其能在该时间片内完成，便可将其撤离系统。

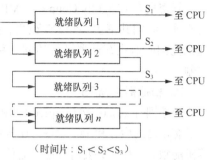

（时间片：$S_1 < S_2 < S_3$）

图 3.7　多级回馈队列调度算法示意图

如果进程在一个时间片结束时尚未完成，调度程序便将该进程转入第二队列的末尾，再按 FCFS 原则等待调度执行；如果进程在第二队列中运行一个时间片后仍未完成，再依次将它放入第三队列……

③ 当且仅当第一队列空闲时，调度程序按调度算法的要求才调度第二队列中的进程运行。

3. 多级回馈队列调度算法的性能

多级回馈队列调度算法具有较好的性能，能较好地满足各种类型用户的需要。

① 终端型作业用户。大多数属于交互型作业（进程），都比较小，能在第一队列所规定的时间片内完成，可使终端型作业用户都感到满意。

② 在此调度算法中，按不同就绪队列来划分时间片的大小。就绪队列 1 的时间片 S_1 小于就绪队列 2 的时间片 S_2，就绪队列 2 的时间片 S_2 小于就绪队列 3 的时间片 S_3……这样安排的依据和好处是：由于多数进程所需时间短，在就绪队列 1 的时间片内就可以运行结束，只有少数较大的进程才有可能在 S_1 时间片内无法完成执行，需要 S_2、S_3……这样就能少占用时间和资源。如果把时间片都按照一个标准来划分长短，就会造成时间片和系统资源的浪费，影响系统性能。

③ 对批处理作业用户有利。稍长的进程在第二队列和第三队列各执行一个时间片即可完成，周转时间仍然很短。

④ 对于长作业，将依次在第 1，2，…，n 个队列中运行，然后再按轮转方式运行，用户不必担心因其作业周期长而得不到处理。

3.6　多处理机的调度

前面所阐述的各种调度算法都是在单处理机环境下进行的。随着计算机技术的发展和应用的需要，人们把提高 CPU 的处理速度和功能转向了多处理机系统（MultiProcessor System，MPS），从计算机结构上进行了大的改变。中、大型计算机系统都以多 CPU 来实现对信息的高度并行处理，提高了整个计算机系统的吞吐量和可靠性。

3.6.1　多处理机的类型

可以从不同的角度对多处理器（机）系统进行分类，通常是以多处理器（机）之间耦合的紧密程度来分类。这样，就把 MPS 分为紧密耦合 MPS 和松弛耦合 MPS。

1. 紧密耦合 MPS

紧密耦合（Tightly Coupled）MPS 通常通过高速总线或高速交叉开关来实现多个处理机间的互连。它们共享主存和 I/O 设备，把主存划分为若干个能独立访问的内存模块，以便多个处理机能同时对主存储器进行访问，系统中的所有资源和进程，由操作系统实施统一的调度和控制。

2. 松弛耦合 MPS

松弛耦合（Looseyl Coupled）MPS 通常用通道或通信线路来实现多台计算机的互连。每台计算机有自己的内存和 I/O 设备，用各自的操作系统来管理本地资源和在本地运行的进程。每台计算机能独立工作，必要时可通过通信线路与其他的计算机交换信息。

也可根据系统中所用的处理器是否相同来划分 MPS。

① 对称多处理机系统（Symmetric MultiProcessor System，SMPS）。系统中的各处理机在结构和功能上是相同的，当前绝大多数的 MPS 是 SMPS。有的书中把对称多处理机系统称为同构型多处理机系统。

② 非对称多处理机系统功能和结构各有不同，系统中仅有一主处理机，多个从处理机。

3.6.2 多处理机系统中的进程分配方式

在多处理机系统中，进程调度与系统结构和操作系统的工作模式有关。在同构型系统中，由于所有的处理机的结构、功能是相同的，因而对一个进程来讲，可将其分配到任一处理机中去运行；在异构型系统中则不然。

1. 对称多处理机系统中的进程分配方式

在此系统中，可采用两种方式把处理机分配给所需的进程。

① 静态分配（Static Assignment）。是指一个进程从开始执行直至结束，都被固定地在一台处理机上执行。其优点是：系统开销小；缺点是：各处理机忙闲不均，系统资源利用率相对较低。

② 动态分配（Dynamic Assignment）。为防止各处理机忙闲不均，在系统中设置一个公共的就绪队列，把所有的就绪进程都放入该队列。在分配时，可为一个进程任意分配一台处理机。例如，某进程一开始被分配到处理机 A 上运行，在运行过程中，该进程可能因阻塞而释放了处理机 A。当它恢复就绪状态后，又挂在公共的就绪队列上，当它再次具备了运行条件被调度时，就不一定还把处理机 A 分配给它。这种分配方式灵活，但系统的时空开销大。

2. 非对称处理机中的进程分配方式

此方式大多应用于主—从（Master—Slave）式操作系统，即操作系统的核心部分驻留在一台主机上，而从机上只有用户程序，进程调度只由主机执行。每当从机空闲时，便向主机发送索取进程的信号，然后等待主机为它分配进程。在主机中有一个就绪队列，只要就绪队列不为空，主机便从就绪队列的队首摘下一个进程分配给从机（或采用其他的进程调度算法把符合运行条件的进程分配给从机），从机接收到分配的进程后便开始运行。

此调度方式实施简单，进程间的同步问题得到简化。则但主机一出现故障，则整个系统便会瘫痪。

3.6.3 多处理机系统中的进程（线程）调度方式

多处理机系统中有多种进程调度方式，其中不少可用于线程调度，其中有代表性的进（线）

程调度方式有:

1. 自调度 (Self-Scheduling) 方式

系统中有一公共的线程(进程)的就绪队列,所有的处理机在空闲时都可自己从该队列中取出一个进程或线程来运行。

2. 成组调度 (Gang Scheduling) 方式

由系统将一组相关的进程或线程同时分配到一组处理机上运行,线程或进程与处理机一一对应。

3. 专用处理机分配 (Dedicated Processor Assigement) 方式

将同属一个应用程序的一组线程分配到一组处理机上,在应用程序未结束前,处理机专用于处理这组线程。

下面对 3 种调度方式进行阐述。

1. 自调度方式

在系统中仍设置一公共就绪队列,系统中的所有就绪进程均挂在此队列中。由每个处理机自己去查看公共就绪队列,从中选择一个进程令其执行。但需在系统中设置同步机制,保证诸处理机互斥地访问就绪队列。

① 只要系统有工作可做(即就绪队列不空),就不会出现处理机空闲的情况。

② 系统中没有集中的调度机制,任何处理机都可利用操作系统的调度进程去公共就绪队列中选择一个进程来运行。

③ 对就绪队列可像单处理机采用的各种方式来组织,其调度算法也可沿用单处理机系统所用的算法。

这些算法有:

● FCFS 算法;

● 最小优先数优先算法;

● 抢占式最小优先数优先算法。

1990 年,Leutenegger 等人对在多处理机环境下的 FCFS、非抢式 FPF 和抢占式 FPF 三种调度算法进行了研究,发现在单处理机环境下,FCFS 不是一种好的调度算法。然而把三种算法用于多处理机系统中的线程调度,FCFS 优于另外的两种算法。这是因为线程本身是一个较小的运行单位,继其后而运行的线程,不会有很大的时间延迟;加之系统中有 N 个处理机,这就使后面线程的等待时间又进一步减少为 $1/N$。FCFS 算法简单、开销小,目前是一种较好的自调度算法。

当然自调度也存在如下的不足。

① 瓶颈问题。整个系统只设置一个就绪队列供多个处理机共享,这些处理机必须互斥地访问该队列,这样很容易形成瓶颈(如果处理机有上百个,就更显突出)。

② 低效率。当线程阻塞重新就绪时,又将进入唯一的就绪队列,但很少仍在阻塞前的处理机上运行。如果每台处理机都配备高速缓冲(Cache),则这时该线程保存在其中的资料就失效了,又需要在该线程新获得的处理机上重新建立数据副本。由于一个线程在其整个生命期中,可能要更换多次处理机,因而高速缓冲的使用效率很低。

③ 线程切换频繁。通常,一个应用程序中的多个线程都属于相互合作型,但在采用自调度方式时,这些线程很难同时获得处理机、同时运行,因此会使某些线程因其合作线程未获得处理机运行而被阻塞,进而被切换下来。

2. 成组调度方式

为了解决自调度所存在的缺点，Leutengger 提出了成组调度概念。成组调度就是将一个进程中的一组线程分配到一组处理机上运行。

在成组调度时，可以采用如下两种方式。

① 面向所有的应用程序平均分配处理机时间。假定系统中有 N 个处理器和 M 个应用程序，每个应用程序中至多含有 N 个线程，则每个应用程序至多可有 $1/M$ 的时间去占有 N 个处理器。

例如：有 4 台处理器及两个应用程序，其中，应用程序 A 中含有 4 个线程，应用程序 B 中有 1 个线程。按应用程序平均分配处理器时间的原则，每个应用程序可占用 4 台处理器一半时间。

当 A 程序运行时，4 台处理器都在忙；而 B 程序运行时，则仅有 1 台处理器忙，其余 3 台处理器空闲。因此，这种处理器分配方式有 3/8 的处理器时间（37.5%）被浪费（因为，A、B 应用程序的运行时间为：$1/2 + \left(\dfrac{1}{2} \times \dfrac{1}{4} \right) = 5/8$；空闲时间则为 3/8）。图 3.8 给出了成组调度中平均分配处理器的时间。

	应用程序 A	应用程序 B
处理器 1	线程 1	线程 1
处理器 2	线程 2	空闲
处理器 3	线程 3	空闲
处理器 4	线程 4	空闲
	1/2	1/2

图 3.8　成组调度中平均分配处理器时间

② 面向所有线程平均分配处理器的执行时间。还是用上例来进行研究。

按此分配处理器原则：应用程序 A 有 4 个线程，就可分配 4/5 的处理器执行时间，应用程序 B 只有 1 个线程则分配 1/5 的处理器执行时间。由此可以看出，系统中只有 15%的处理器执行时间被浪费。图 3.9 给出了面向所有线程平均分配处理器的时间。

	应用程序 A	应用程序 B
处理器 1	线程 1	线程 1
处理器 2	线程 2	空闲
处理器 3	线程 3	空闲
处理器 4	线程 4	空闲
	4/5	1/5

图 3.9　面向所有线程分配处理器时间

成组调度的优点有：

① 如果一组相互合作的线程或进程能并发执行，可有效地减少线程或进程的阻塞，从而减少线程或进程的切换，系统性能得以提高；

② 每次调度都可以解决一组线程的处理机分配问题，减少调度频率及进程间的切换，从而减少系统的时空开销。

成组调度方式的性能优于自调度，目前广泛应用于分时操作系统中。

3. 专用处理机分配方式

1989 年 Tucker 提出了专用处理器分配方式。这种方式是指在一个应用程序的执行期间，专门为该应用程序分配一组处理器，每一个线程一个处理器。这组处理器仅供该应用程序专用，直至该应用程序完成。但这样会造成处理器的严重浪费。当一个线程为了和另一个线程保持同步而发生阻塞时，为该线程分配的处理器就会空闲。

把此调度方式用于并发程度相当高的多处理器环境就可以收到非常好的效果，原因如下。

① 在具有数百个处理器的高度并发系统中，浪费率是极小的。

② 由于专门为该应用程序分配一组处理器，每一个线程一个处理器，可以避免进程或线程的切换，从而大大加速程序的运行。

Tucker 通过一个具体的例子来验证上述的理论：在一个具有 16 个处理器的系统中，运行两个应用程序。这两个程序分别是矩阵相乘程序和快速傅立叶变换（FFT）程序。每个程序的线程是可变的（从 1～24）。从图 3.10 可以看出：当程序中含有 8 个线程时，可获得加速比最高；当线程大于 8 个时，加速比开始下降。这是什么原因？这是因为该系统有 16 个处理器，当两个程序各含有 8 个线程时，正好是每个线程分得 1 台处理器，当超过 8 个线程时，就不能保证每个线程有 1 个处理器，因而出现线程切换。为此，Tucker 建议：同时运行的应用程序，其线程数总和不应超过系统中处理机的数目。

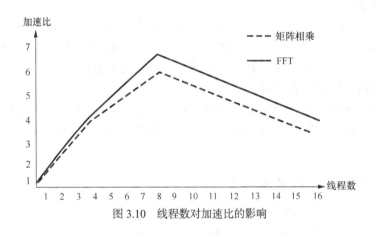

图 3.10　线程数对加速比的影响

3.7　产生死锁的原因与必要条件

通常，系统可能有几个进程同时提出对某一设备使用的请求，但该设备又正被进程占用而未释放，这样两个进程就会相互无休止地等待下去，均无法继续执行，此时两个进程就陷入死锁状态。

3.7.1　产生死锁的原因

所谓死锁（Deadlock），是指多个进程在运行过程中因争夺资源而造成的一种僵局（Deadly-Embrace），当进程处于这种僵持状态时，若无外力作用，它们都将无法再向前推进。

产生死锁的原因有：竞争资源和进程间推进顺序非法。

1. 竞争资源引起的死锁

进程可能会因为竞争系统的资源而引起死锁。系统资源又可分为：

（1）可剥夺和非剥夺性资源。可剥夺性资源是指某进程在获得这类资源后，该资源可以再被其他进程或系统剥夺的资源。

不可剥夺性资源是指当系统把这类资源分配给某进程后，再不能强行收回，只能由进程用完后自行释放。

（2）竞争非剥夺性资源。在系统中所配置的非剥夺性资源，由于数量不能满足诸进程运行的需要，会使进程在运行过程中因争夺这些资源而陷入僵局。

例如，系统中只有一台打印机 R_1 和一台磁带机 R_2，可供进程 P_1 和 P_2 共享。处理不好，在 P_1 与 P_2 之间会形成僵局，引起死锁。

假设 P_1 和 P_2 已分别占用了 R_1 和 R_2，如果此时 P_2 继续要求使用打印机，由于打印机 R_1 已经被进程 P_1 占用尚未释放，进程 P_2 将被阻塞；这时进程 P_1 若又要求使用磁带机，同样，由于磁带机 R_2 已经被进程 P_2 占用尚未释放，进程 P_1 也将被阻塞。这样，进程 P_1 和 P_2 间形成僵局，两个进程都在等待对方释放自己所需的资源。但它们又都因不能继续获得自己所需的资源而不能继续执行，从而也不能释放自己已占用的资源，以致进入死锁状态。

（3）竞争临时性资源。永久性资源：可顺序重复使用型资源称为永久性资源，如 I/O 设备和操作系统提供的系统调用等。

临时性资源：是指由一个进程产生，被另一进程使用暂短时间后便无法再用的资源，故也称之为消耗性资源，它也可能引起死锁。例如：前面介绍过的 S_1、S_2 和 S_3 是临时性资源，由进程 P_1、P_2 和 P_3 产生的消息。如果消息通信处理顺序不当也会发生死锁。

2. 进程推进顺序不当引起死锁

（1）进程推进顺序合法。如果进程推进顺序是合法的，就不会引起进程死锁。

（2）进程推进顺序非法。若并发进程 P_1 和 P_2 推进顺序不合法，进入不安全状态，便会发生进程死锁。

3.7.2 产生死锁的必要条件

死锁的发生必须具备下列四个必要条件。

① 互斥条件：指进程对所分配到的资源进行排他性使用。

② 请求和保持条件：指进程已经保持了至少一个资源，但又提出了新的资源请求。

③ 不剥夺条件：进程已获得的资源，在未使用完之前不能被剥夺，只能在使用完后由自己释放。

④ 环路等待条件：指在发生死锁时，必然存在一个进程—资源的环型链。

3.7.3 预防死锁的基本方法

1. 预防死锁的几个方面

通常可以从下面的几个方面来预防死锁的发生。

（1）预防死锁：通过设置某些限制条件，破坏产生死锁的四个必要条件中的一个或几个，来预防发生死锁。

（2）避免死锁：在资源的动态分配过程中，用某种方法防止系统进入不安全状态，从而避免发生死锁。例如前面讲到的通过信号量机制的 P、V 操作、设置临界区等方法。读者可以设想一下，在现代的售票系统（尤其是通过网络预购火车票）中，怎样来避免多人买同一张票的情况发生。

（3）检测死锁：通过系统设置的检测机构，及时地检测出死锁的发生，并精确地确定与死锁有关的进程和资源；

（4）解除死锁：当检测到系统中已发生死锁时，须将进程从死锁状态中解脱出来。常用的实施方法是撤销或挂起进程。

预防死锁的方法通过使死锁发生的四个必要条件中的第 2、3、4 条件之一不能成立，来避免发生死锁。至于必要条件 1，因为它是由设备的固有属性决定的，不仅不能改变，还应加以保证。

2. 预防死锁的方法

要防止死锁发生，可以采用如下的几种方法。

（1）摒弃"请求和保持"条件。系统规定所有进程在开始运行之前，都必须一次性地申请其在整个运行过程所需的全部资源。这样，该进程在整个运行期间便不会再提出资源要求，从而摒弃了请求和保持条件，以避免发生死锁。

这种方法的优点是：简单、易于实现且很安全。其缺点：资源被严重浪费，使进程延迟运行。

（2）摒弃"不剥夺"条件。进程在运行过程中逐个地对资源提出要求。当一个已经保持了某些资源的进程再提出新的资源请求而不能立即得到满足时，必须释放它已经保有的资源，待以后需要时再重新申请。从而摒弃了"不剥夺"条件。

这种预防死锁的方法，实现起来比较复杂且要付出很大代价。因为一个资源在使用一段时间后，被迫释放可能会造成前段工作的失效，还会使进程前后两次运行的信息不连续。

（3）摒弃"环路等待"条件。这种方法中规定，系统将所有资源按类型进行线性排队，并赋予不同的序号。所有进程对资源的请求必须严格按照资源序号递增的次序提出，这样，在所形成的资源分配图中，不可能再出现环路，因而摒弃了"环路等待"条件。

该方法存在问题。首先为保证系统中各类资源分配（确定）的序号必须相对稳定，因此就限制了新类型设备的增加；如果作业（进程）使用各类资源的顺序与系统规定的顺序不同，便会造成对资源的浪费。再者该方法限制用户简单、自主地编程。

3.7.4　系统运行的安全状态

预防死锁的几种方法都设置了较强的限制条件。我们也可以把系统在运行时是否产生死锁作为系统处于安全状态或非安全状态的判断。只要系统始终处于安全状态，就可以避免死锁。

1. 安全状态

所谓安全状态，是指系统能按某种进程顺序（P_1，P_2，…，P_n），来为每个进程 P_i 分配其所需资源，直至满足每个进程对资源的最大需求，使每个进程都可以顺利地完成运行。这时系统是安全的，称系统处于安全状态，把给进程先后次序分配资源的序列称〈P_1，P_2，…，P_n〉为安全序列。否则，如果系统无法找到这样一个安全序列，则称系统处于不安全状态。

2. 安全状态之例

假定系统中有三个进程 P_1、P_2 和 P_3，共有 12 台打印机。进程 P_1 总共要求 10 台打印机，P_2 和 P_3 分别要求 4 台和 9 台打印机。假设在 T_0 时刻进程 P1、P_2 和 P_3 已分别获得 5 台、2 台和 2 台打印机，尚有 3 台空闲，分配情况如图 3.11 所示。

进　程	最大需求量	已分配量	系统可用量
P_1	10	5	
P_2	4	2	3
P_3	9	2	

图 3.11　安全状态示意

在 T_0 时刻系统是否安全？答案是安全的。因为这时存在一个安全序列<P_2，P_1，P_3>，即只要系统按此进行资源分配，每个进程都可顺利完成。

如果再将剩余的打印机分配给 P_2 进程 2 台，P_2 继续运行，待 P_2 执行完成便释放 4 台打印机，使可用的打印机增至 5 台，再将这 5 台分配给 P_1，待 P_1 完成后将释放 10 台打印机，P_3 便可获得足够的资源，从而使 P_1，P_2，和 P_3 进程能顺利完成。

3. 由安全状态向不安全状态的转换

在 T_0 时刻以后，P_3 又请求 1 台打印机，若系统把剩余 3 台中的 1 台分配给 P_3，则系统便进入不安全状态。因为，再把其余的 2 台打印机分配给 P_2，这样，P_2 在完成后只能释放 4 台打印机，既不能满足 P_1 的 5 台需求，又不能满足 P_3 的 6 台需求，因而它们都无法推进，彼此都在等待对方释放资源，结果将导致死锁。

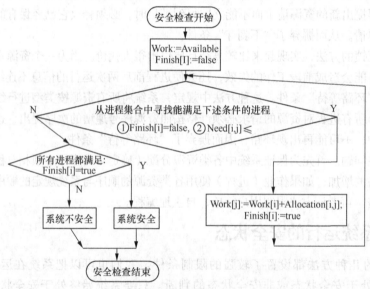

图 3.12　分配资源前的安全检查流程

3.7.5　利用银行家算法避免死锁

该算法因把银行系统现金贷款的发放准则和过程思路用于解决进程死锁而得名。为了实现该算法，系统中需设置多个数据结构（也可理解为表格）。

1. 银行家算法中的数据结构

（1）可利用资源向量 Available。这是一个含有 m 个元素的数组，其中的每一个元素代表一类可利用的资源数目。其数值随该类资源的分配和回收而动态地改变。

（2）最大需求矩阵 Max。这是一个 $n \times m$ 的矩阵，它定义了系统中 n 个进程中的每一个进程

对 m 类资源的最大需求。如果 Max[i, j] = K 则表示进程 i 需要 R_j 类资源的最大数目为 K。

（3）分配矩阵 Allocation。这是一个 $n×m$ 的矩阵，它定义了系统中每一类资源当前已分配给各进程的资源数。如果 Allocation［i，j] = K 则表示进程 i 当前已分得 R_j 类资源的数目为 K。

（4）需求矩阵 Need。这也是一个 $n×m$ 的矩阵，用以表示每一个进程尚需的各类资源数。如果 Need[i, j] = K，则表示进程 P_i 还需要 R_j 类资源 K 个，方能完成其任务。

Need[i,j] = Max[i,j]— Allocation[i,j]

2. 银行家算法

设 $Request_i$ 是进程 P_i 的请求向量。如果 $Request_i$[j] = K，表示进程 P_i 需要 K 个 R_j 类型的资源。当 P_i 发出资源请求后，系统按下述步骤进行检查。

（1）如果 $Request_i$[j]≤Need[i, j]，便转向步骤（2）；否则认为出错，因为它所需的资源数已超过它所宣布的最大值。

（2）如果 $Request_i$[j]≤Available[j]，便转向步骤（3）；否则，表示尚无足够资源，P_i 进程须等待。

（3）系统试探着把资源分配给进程 P_i，并修改下面数据结构中的数值：

Available[j]: =Available[j]— $Request_i$[j];

Allocation[i,j]: =Allocation[i,j] + $Request_i$[j];

Need[i,j]: =Need[i,j]— $Request_i$[j];

（4）系统执行安全性算法，检查此次资源分配后系统是否处于安全状态。若安全，才正式将资源分配给进程 P_i，以完成本次分配；否则，将本次的试探分配作废，恢复原来的资源分配状态，让进程 P_i 继续等待。

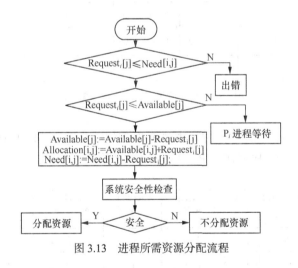

图 3.13 进程所需资源分配流程

3. 安全性算法

系统所执行的安全性算法可描述如下。

（1）设置两个向量

① 工作向量 Work：表示系统可提供给进程继续运行所需的各类资源数目，含有 m 个元素，在执行安全算法开始时，Work：=Available。

② Finish：表示系统是否有足够的资源分配给进程，使进程可以运行。开始时先做

Finish[i]: = false；当有足够资源分配给进程时，再令 Finish[i]: = true。

（2）查找满足条件的进程

从进程集合中找到一个能满足下述条件的进程。

① **Finish[i] = false；**

② **Need[i,j]≤work[j]；**

若找到，执行步骤（3），否则，执行步骤（4）。

（3）当进程 Pi 获得资源后，可顺利执行，直至完成，并释放出分配给它的资源，故应执行：

Work[j]: = Work[i] + Allocation[i,j];

Finish[i]: =true;

```
go to step 2;
```

（4）如果所有进程都满足 Finish[i] = true，则表示系统处于安全状态；否则，表示系统处于不安全状态。

4. 利用银行家算法解决死锁的例子

假定系统中有五个进程{P_0，P_1，P_2，P_3，P_4} 和三类资源{A，B，C}，各种资源的数量分别为 10、5、7，在 T0 时刻的资源分配情况如图 3.14 所示。

资源情况 / 进程	Max（需求矩阵）			Allocation（可分配）			Need			Available（分配矩阵）		
	A	B	C	A	B	C	A	B	C	A	B	C
P_0	7	5	3	0	1	0	7	4	3	3 3 2 (2 3 0)		
P_1	3	2	2	2 0 0 (3 0 2)			1 2 2 (0 2 0)					
P_2	9	0	2	3	0	2	6	0	0			
P_3	2	2	2	2	1	1	0	1	1			
P_4	4	3	3	0	0	2	4	3	1			

图 3.14 T_0 时刻进程所需资源分配情况

（1）T_0 时刻的安全性。利用安全性算法对 T_0 时刻的资源分配情况进行分析（见图 3.15），可知在 T_0 时刻存在着一个安全序列{P_1，P_2，P_3，P_4}，故系统是安全的。

资源情况 / 进程	Work A B C	Need A B C	Allocation A B C	Work+ Allocation A B C	Finish
P_1	3 3 2	1 2 2	2 0 0	5 3 2	TRUE
P_3	5 3 2	0 1 1	2 1 1	7 4 2	TRUE
P_4	7 4 3	4 3 1	0 0 2	7 4 5	TRUE
P_2	7 4 5	6 0 0	3 0 2	10 4 7	TRUE
P_0	10 4 7	7 4 7	0 1 0	10 5 7	TRUE

图 3.15 T_0 时刻的安全序列

（2）P₁请求资源。P₁发出请求向量 Request1（1，0，2），系统按银行家算法进行检查：

Request1(1,0,2)≤Need1(1,2,2)

Request1(1,0,2)≤Available1(3,3,2)

系统先假定可为 P₁分配资源，并修改 Available，Allocation₁ 和 Need₁ 向量，由此形成的资源变化情况如图 3.14 中圆括号的数字所示。

利用安全性算法检查此时系统是否安全，检查情况如图 3.16 所示。

资源情况 进程	Work A B C	Need A B C	Allocation A B C	Work+ Allocation A B C	Finish
P₁	2 3 0	0 2 0	3 0 2	5 3 2	TRUE
P₃	5 3 2	0 1 1	2 1 1	7 4 3	TRUE
P₄	7 4 3	4 3 1	0 0 2	7 4 5	TRUE
P₀	7 4 5	7 4 3	0 1 0	7 5 5	TRUE
P₂	7 5 5	6 0 0	3 0 2	10 5 7	TRUE

图 3.16　P₁申请资源时的安全检查

可以看出，P₁所需要的资源在可分配的资源数量内，系统是安全的，可以立即给 P₁分配所需资源。

（3）P₄请求资源。P₄发出请求向量 Request₄（3，3，0），系统按银行家算法进行检查：

Request4(3,3,0)≤Need4(4,3,1);

Request4(3,3,0)≮Available(2,3,0),让 P4 等待。

（4）P₀请求资源。P₀发出请求向量 Requst₀（0，2，0），系统按银行家算法进行检查：

Request0(0,2,0)≤Need0(7,4,3);

Request0(0,2,0)≤Available(2,3,0);

系统暂时先假定可为 P₀分配资源，并修改有关资料，相关信息如图 3.17 所示。

资源情况 进程	Allocation A B C	Need A B C	Available A B C
P₀	0 1 0	7 2 3	2 1 0
P₁	3 0 2	0 2 0	
P₂	3 0 2	6 0 0	
P₃	2 1 1	0 1 1	
P₄	0 0 2	4 3 1	

图 3.17　为 P₀分配资源后的有关资源数据

（5）进行安全性检查。可用资源 Available（2，1，0）已不能满足任何进程的需要，故系统进入不安全状态，此时系统不再分配资源。

如果在银行家算法中，把 P₀发出的请求向量改为 Request₀（0，1，0），系统是否能将资源分配给进程 P₀？请读者思考。

5. 利用银行家算法避免死锁

计算机系统利用银行家算法通过动态地检测系统中资源分配情况和进程对资源的需求情况，

在保证至少有一个进程能得到所需的全部资源、确保系统处于安全状态的情况下，才把资源分配给申请者，以避免进程共享资源时系统发生死锁。

采用银行家算法为进程分配资源的方式如下。

（1）测试每一个首次申请资源的进程对资源的最大需求量。如果系统现存资源可以满足该进程的最大需求量，就按当前申请量为其分配资源。否则推迟分配。

（2）进程执行中继续申请资源时，先测试该进程已占用资源数和本次申请资源总数有没有超过最大需求量，超过就不分配。

（3）若没有超过，再测试系统现存资源是否满足进程尚需的最大资源量，满足则按当前申请量分配，否则也推迟分配。

总之，银行家算法要保证分配资源时系统现存资源必须能满足至少一个进程所需的全部资源。

6. 银行家算法的原意

（1）当一个用户对资金的最大需求量不超过银行家现有的资金时，就可以接纳该用户。

（2）用户可以分期贷款，但贷款的总数不能超过最大需求量。

（3）当银行家现有的资金不能满足用户所需的贷款时，对用户的贷款可以推迟支付，但总能使用户在有限的时间内得到贷款。

（4）当用户得到所需的全部资金后，一定能在有限的时间里归还所有资金。

习　题

1. 设计调度算法时，应该遵循哪些基本原则？
2. 什么是作业调度？
3. 什么是进程调度？
4. 什么是对换调度？
5. 在进程调度中有哪几种抢占方式？
6. 引起进程调度的原因是什么？
7. 怎样实现高优先权优先调度算法？
8. 决定时间片大小的因素有哪些？
9. 阐述多级回馈队列调度算法的实现过程。
10. 多处理机中怎样实现对进程的调度？
11. 自调度与成组调度的工作原理是什么？
12. 进程（线程）数量与 CPU 数量的多少对整个计算机系统的性能有何影响？
13. 死锁发生的必要条件是什么？
14. 什么是银行家算法？用此算法怎样预防死锁的产生？

第4章
存储管理

计算机系统对存储系统的管理是操作系统四大功能之一。本章所讲的存储管理就是如何对内存实施管理。任何程序在计算机中运行之前都需要先把所需的程序段和数据段存储在一定的内存地址空间，因此，如何满足各程序的运行、提高存储利用率是决定操作系统性能的一个重要指标。本章首先介绍存储器的基本功能和概念，然后从实存和虚存两个角度，分别介绍常用的几种存储管理方案；最后对各种存储管理方案存在的问题进行总结。

本章的主要内容包括以下内容。

① 存储管理的目的和四大基本功能。

② 实存管理中的固定分区、可变式分区、纯分页、纯分段、段页式五种存储管理方案的实现原理。

③ 虚存管理以请求式分页存储管理为重点。

④ 总结各种存储管理方案中存在的问题及解决方法。

4.1 存储器的组成

存储器（Memory）是计算机系统中的记忆设备，用来存放程序和数据。计算机中的全部信息，包括输入的原始数据、计算机程序、中间运行结果和最终运行结果都保存在存储器中。它指令（程序）中得到的地址存入和取出信息。存储器作为计算机的重要资源，其利用率直接影响计算机的性能。

有了存储器，计算机才有记忆功能，才能保证计算机正常工作。存储器按用途可分为主存储器（内存）和辅助存储器（外存）。外存通常是磁性介质或光盘等，能长期保存信息，主要用来存放各种文件。内存指主板上的存储部件，用来存放当前正在执行的数据和程序，但仅用于暂时存放，当关闭电源或断电时，数据就会丢失。

由于操作系统对外存和内存的管理非常类似，这里主要介绍操作系统对内存的管理机制。在多道程序环境下，要使程序能够得以执行，第一件事情就是操作系统为之创建进程，把程序和数据块都装入内存，通过编译器（Compiler）将用户的源程序编译成若干的目标模块，通过链接程序（linker）将这些目标模块及其运行时所需要的系统库函数链接成一个完整的装入模块，再由装入程序将该装入模块装入内存。

通常，计算机系统的存储设备可分为三层：最高层是 CPU 寄存器、中间是主存储器（内存）、最底层是磁盘（包含光盘、U 盘）等辅存。

4.2 存储管理的功能

存储管理主要包括内存分配/回收、内存保护、地址映射以及内存扩充等内容。

4.2.1 内存分配与回收

内存分配主要是对将要驻留在内存中的每道程序和数据分配一定的内存空间，每道程序都有自己专属的地址空间，同时允许程序在运行时申请更多的地址空间，以满足数据段和程序段的动态增长要求。操作系统在进行内存分配时，按分配时机的不同，可分为两种方式。

1. 静态存储分配

在作业运行之前各目标模块链接后，系统把整个作业一次性全部装入内存，并在作业的整个运行过程中，不允许作业再申请其他内存或在内存中移动位置。也就是说，内存分配是在作业运行之前一次性完成的。

2. 动态存储分配

作业要求的基本内存空间是在目标模块装入内存时分配的，但在作业运行过程中，允许作业申请附加的内存空间，或在内存中移动，即分配工作可以在作业运行前及运行过程中逐步完成。

内存回收也是计算机存储管理里面一个重要的内容。首先，存储管理程序应该为每一个并发执行的进程分配内存空间，负责把外存中的数据和程序调入内存。当程序执行完成之后，分配给该程序的内存空间应及时回收，回收的地址空间再次被分配给其他进程使用。为合理有效地利用内存，内存分配和回收在实现上应该考虑以下几方面。

（1）系统中应有用来记录和保存内存使用情况的数据结构。

（2）确定存入内存的程序和数据在内存中的物理位置。

（3）一旦确定没有足够空闲分区存放需要装入内存的程序和数据时，如何选择被调出内存的程序。

（4）确定外存上的程序和数据以什么方式、在什么时间、按何种控制方式进入内存。

（5）进程结束之后应该立即回收其占用的内存空间，考虑回收的时机以及调整需要回收的空闲区和已存在的空闲区。

在初始化完成以后，内存中就常驻内核映像（内核代码和数据）。以后，随着用户程序的执行和结束，需要不断地分配和释放物理页面。内核应该为分配一组连续的页面而建立一种稳定、高效的分配策略（即分配算法）。为此，须解决一个重要的内存管理问题，即外碎片问题。频繁地请求和释放不同大小的一组连续页面，必然导致在已分配的内存块中分散许多小块的空闲页面。由此带来的问题是，即使这些小块的空闲页面加起来足以满足所请求的页面，但是可能无法分配一个大块的连续页面。Linux采用著名的伙伴（Buddy）系统算法来解决外碎片问题。在Linux中，CPU不能按物理地址来访问存储空间，而必须使用虚拟地址；因此，对于内存页面的管理，通常是先在虚存空间中分配一个虚存区间，然后才根据需要为此区间分配相应的物理页面并建立起映射。也就是说，虚存区间的分配在前，而物理页面的分配在后。当某一个用户作业完成释放所占分区时，系统应进行回收。在可变式分区中，系统应该检查回收区与内存中前后空闲区是否相邻，若相邻，则应对其进行合并，形成一个较大的空闲区，并对相应的链表指针进行修改；若不相邻，应将空闲区插入到空闲区链表的适当位置。

4.2.2　内存共享保护

内存共享是指多个进程可以访问内存中同一个分区的数据，其物理空间有相交的部分。这样做有很多好处：一方面通过数据共享实现进程通信，另一方面通过代码共享同一个副本，节省内存的空间，提高内存利用率。譬如在分时系统中，有 10 个用户需要使用 Visual Studio 调试 C#程序，因此他们都需要使用 IDE 开发环境中的 C#编译器。如果内存不提供共享功能，则需要在主机内存中为每一个用户保存一个 C#编译器，也就是说，在内存中必须存储 10 个编译器程序，因此会消耗内存资源。而有了内存共享功能，只需在内存中保存一个副本，供所有需要用到该编译器的用户程序共享即可，因而节省了大量内存空间。

因为内存当中存放了操作系统和很多用户的程序，所以每道程序对自己所存放空间的访问应该受到保护。内存保护主要是为了确保每道程序都在自己所属的地址空间内访问，彼此互不干扰。不允许用户区的程序去访问操作系统区的程序和数据，不允许各进程对其他进程的数据和代码段产生干扰和破坏。其中包括保护系统区的程序和数据不会被用户随意修改和访问；不允许用户程序读写不属于自己地址空间（即系统区或者其他用户程序）的数据；防止进程对共享区域的越权访问，有些进程对共享数据可以读写，有些进程只能够读，不同进程对共享区域的访问权限也是不同的，通常在该进程的 PCB 段中存储访问权限，因此必须检查每个进程对共享的操作是否越权。

常用的内存保护方法有硬件法、软件法和软硬件结合保护法三种。

上下界保护法是一种常用的硬件存储保护技术。上下界存储保护技术为每个进程设置一对上、下界寄存器，其中装有被保护程序和数据段的起始地址和终止地址。在程序执行过程中，在对内存进行访问操作时，首先进行访问地址合法性检查，即检查经过重定位之后的内存地址是否在上、下界寄存器所规定的范围之内。若在规定的范围之内，则访问是合法的；否则是非法的，进而产生访问越界中断。上下界保护的另一种方法是采用基址—限长存储保护，如图 4.1 所示。

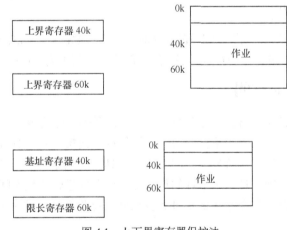

图 4.1　上下界寄存器保护法

保护键法也是一种常用的内存保护方法。保护键法为每一个被保护的存储块分配一个单独的保护键，在程序状态字中设置相应的保护键开关字段，对不同的进程赋予不同的开关代码并将其与被保护的存储块中的保护键相匹配。保护键可以设置为对读/写同时保护或只对读/写进行单项保护。如果开关字段与保护键匹配或存储块未受到保护，则访问该存储块是允许的，否则将因访问出错而中断。

另外一种常用的硬软件内存保护方式是：界限存储器与 CPU 的用户态、核心态相结合的保护方式。在这种保护方式下，用户态进程只能访问在界限寄存器规定范围内的内存部分，而核心态进程则可以访问整个内存地址空间。

4.2.3　地址映射

Windows 操作系统通过内存管理器来管理内存，主要负责将进程的虚拟地址映射到具体的物理内存地址。当系统的物理内存不足时，内存管理器会通过请求和置换程序将驻留在实际内存中的数据以分页或分段的机制调出内存，存放在外存的对换区，等再次需要时再换入内存。以此腾出空闲空间存放当前进程所需要的数据和程序。

4.2.4　内存扩充

从计算机系统发展趋势来看，虽然现在对硬件的投资比过去要少，但是计算机操作系统仍可以通过虚拟内存技术从逻辑上扩充内存容量。虚拟内存也是计算机系统内存管理的一项非常重要的技术。它使得应用程序认为它拥有连续的可用的内存（一个连续完整的地址空间），而实际上，这些空间通常是被分隔成多个物理内存碎片，还有部分暂时存储在外部磁盘上，在需要时才进行数据交换。计算机用户感觉到的内存比实际购买的物理内存条大小要大得多，也允许更多的用户程序并发执行。

4.3　什么是重定位

为了弄清什么是重定位，需先了解名字空间、逻辑地址空间、物理空间等基本概念。

4.3.1　名字空间

用户在采用汇编语言或高级语言编写源程序时，并不考虑作业之间的实际内存空间的分配，而是将其源程序存于程序员建立的符号名字空间（简称名空间）内，如图 4.2（a）所示。

4.3.2　逻辑地址空间

源程序经过汇编或者高级语言源程序经过编译后，形成目标程序，每个目标程序都以 0 作为基地址顺序进行编址，然后多个目标模块通过链接程序链接成一个具有统一地址的模块，以便最终装入内存中执行。原来用符号名访问的单元用具体的数据—单元号取代。这样生成的目标程序占据一定的地址空间，把这个地址的集合称为作业的逻辑地址空间，简称逻辑空间或地址空间。在逻辑地址空间中每条指令的地址和要访问的操作数地址统称为逻辑地址。如图 4.2（b）所示。

4.3.3　内存存储空间

物理空间（也称内存存储空间）是指主存中物理单元的集合。这些单元的编号称为物理地址或绝对地址。因此，物理空间的大小是由主存的实际容量决定的，如图 4.2（c）所示。

内存是由若干个存储单元组成的，每个存储单元有一个编号，用于唯一标识一个存储单元，称为内存地址（或物理地址）。内存由顺序编址的块组成，每个块包含相应的物理单元。操作系统在运行时存放在内存的哪里呢？为什么要这么存放？系统实际上被存放在进程的地址空间的一块区域中。采用这种存放方式的原因主要有三点。

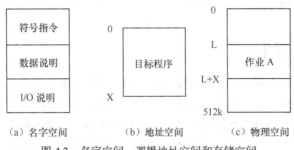

（a）名字空间　　　　　（b）地址空间　　　　　（c）物理空间

图 4.2　名字空间、逻辑地址空间和存储空间

（1）操作系统的基本目的之一就是把程序从打开文件、读取用户输入等烦琐的、通用的操作中解脱出来，操作系统提供了很多服务例程来完成这些操作。在不考虑系统的管理功能的情况下，操作系统就是服务例程的一个集合。而服务例程无论从逻辑还是从本质上看，都是程序（进程）的一部分。

（2）管理例程从逻辑上来说也是程序（进程）的一部分，它实际上是系统代替程序（进程）来完成这样的工作：在多个程序（进程）间，依照一定的策略，协调各种资源的分配和使用。

（3）如果操作系统的管理例程在一个独立的进程中，那么每次调用管理例程就需要一次进程切换，这种开销是无法承受的，而且这时管理例程和调用者的通信跨越进程边界，开销也很大。既然在进程的地址空间中需要保留一部分区域给驻留的操作系统，因此有操作系统存在的内存中，两种程序和数据（即系统程序数据和用户程序数据）必须分开存放，此外地址空间也要划分为用户区和系统区 7 以便管理。现代操作系统的系统分区一般都是被保护的，所以在编程过程中定义地址空间时使用感知而不是访问。

1. 系统区

操作系统管理下的计算机内存，被划分成系统区和用户区。系统在内存中占用的空间称为系统区，系统区有操作系统一级的程序和数据，这些程序和数据大多数是面向计算机系统全体的，譬如操作系统的内核管理服务程序、记录各种设备状态的数据等，系统区存放的程序和数据一般长期驻留内存，很少多次进出。现代操作系统中的微内核技术，就运行在系统核心态，并且常驻内存，不会因为内存存储空间紧张而被换出。

系统区的数据有一些与程序关联比较紧密，它们会随着程序的存在而存在，随着程序的结束而退出；当然也有一部分数据和程序之间的联系相对松散，它们提供给多个程序使用，作为共享数据段存放，它们以变量的形式跟随某个程序进入内存的系统区，但不会随程序的退出而退出。为了灵活地使用数据，对执行变量赋予不同的性质，允许多个程序执行、操作的变量称为全局变量。只提供将它带入系统区的程序使用，长期保存在系统区的变量称为静态变量（static variable）。全局变量可以将数据从一个程序传递给另一个程序，静态变量只能将前次程序执行过后的数据传递给同一个程序的后一次执行。

2. 用户区

内存分配的用户区主要存放一些临时性的用户程序和数据。用户区存放的内容一般使用过后就删掉，腾出空间给将来进入内存执行的程序和数据使用。内存用户区的程序和数据由于是临时性的，可以很容易实现数据的隔离，避免错误的操作。

实际上，Windows 的各个版本的分区情况各有不同，9x 和 NT 有很大的差异，而且不是简单地分为用户区和系统区，还有类似 NULL 指针区、系统越界保护区等。地址空间是系统中相当重要的概念，用于对进程（线程）进行管理。如果对虚拟内存机制有深入了解，就会发现地址空间描述了进程运行时内存的分布和构造，揭示了系统运作中用户模块和系统模块的静态视图。

4.3.4　地址重定位

对源程序进行编译，编译后的目标程序所限定的地址范围称为该作业的逻辑地址空间。装入模块虽然具有统一的地址空间，但它仍然以"0"为参考地址，即地址是浮动的。要把它装入内存执行，就要确定装入内存的是实际物理地址，然后修改程序中与地址相关的代码，这一过程叫做地址重定位。这个调整过程就是把作业地址空间中使用的逻辑地址变换成主存中物理地址的过程。这种地址变换也称为地址映射。

下面来看一个需要地址重定位的例子。

图 4.3 是一个简单的程序段，展示了源程序从编译链接到最终装入主存自 5000 号单元起的存储区中的过程。第一条指令把存放在 data1 中的数据 1000 取到 1 号寄存器中；第二条指令把存放在 data2 的数据 2000 同 1 号寄存中的内容相加，结果放在 1 号寄存器中；第三条指令把 1 号寄存器的内容送入相对地址 10 中去。

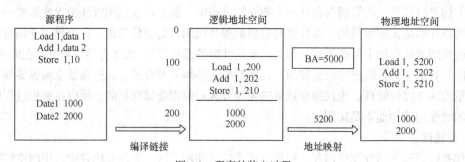

图 4.3　程序的装入过程

根据对地址变换进行的时间及采用的技术手段的不同，可把地址重定位分为静态重定位和动态重定位两类。

1. 静态重定位

静态重定位是在程序执行之前进行的，它根据装配模块将要装入的内存起始位置，直接修改装配模块中的有关使用地址的指令。

静态地址重定位或称为静态地址映射，是在程序执行之前由操作系统的重定位装入程序完成的。当用户程序被装入内存时，由装入程序一次性将逻辑地址转换成物理地址。转换方式：物理地址=逻辑地址+程序在内存中的起始地址，例如，一个以"0"作为参考地址的装配模块，要装入以 5000 为起始地址的存储空间。在装入之前要做某些修改，程序才能正确执行。例如，MOV　EAX，[200]这条指令的意义是把相对地址为 200 的存储单元内容 1234 装入 EAX 号寄存器。现在内容为 1234 的存储单元的实际地址为 5200，即为相对地址 200 加上装入的地址 5000 因此，MOV　EAX，[200]这条指令中的直接地址码也要相应地加上起始地址，而成为 MOV EAX，[5200]。

程序中涉及直接地址的每条指令都要进行这样的修改。需要修改的位置称为重定位项，所做的加实际装入模块起始地址修改中的块起始地址称为重定位因子。为支持静态重定位，链接程序在生成统一地址空间和装配模块时，会产生一个重定位项表，链接程序此时并不知道装配模块将要装入的实际位置，所以重定位表给出的需修改的位置是相对地址所表示的位置。

图 4.4 静态重定位

操作系统的装入程序要把装配模块和重定位项表一起装入内存，由装配模块的实际装入起始地址得到重定位因子，然后实施如下两步：

（1）取重定位项，加上重定位因子而得到欲修改位置的实际地址；

（2）对实际地址中的内容再做加重定位因子的修改，从而完成指令代码的修改。

对所有的重定位项实施上述两步操作后，静态重定位才完成，此时才可执行程序，使用过的重定位项表内存副本随即被废弃。静态重定位的主要优点是，无需增加硬件地址变换机构，因而可在一般计算机上实现。虽然如此，其还存在着如下缺点：①静态重定位要求给每个作业分配一个连续的存储空间，不允许将程序放在若干离散的不连续的区域内存储，且作业在整个执行期间不能再移动，因而也就不能实现内存的重新分配；②用户必须事先确定所需的存储量，当超过可用存储空间时，用户必须考虑覆盖结构；③用户之间难以共享主存中的同一程序副本。

2. 动态地址重定位

动态重定位是在程序执行过程中（而非之前）进行的地址重定位。更确切地说，动态重定位是在每次访问内存单元前才进行地址变换的，因此也称为动态地址映射。当用户程序被装入内存时，系统并不会立刻把程序中的逻辑地址转换为物理地址，而是把这个地址映射过程推迟到每次访问内存单元前。动态重定位可使装配模块不加任何修改而装入内存，为了实现这种地址转换，需要一定的硬件地址转换机构的支持。从逻辑上来说，硬件能够实现的也能采用软件来实现，但是依赖硬件的支持可以加快地址转换速度，从而提高内存访问速度。最简单的办法是在系统中设置一个重定位寄存器，该寄存器的值由调度程序来设定，用来存放当前 CPU 正在执行的程序分配到的存储空间的起始地址。程序的目标模块在装入内存时，与地址有关的各项均保持原来的相对地址不进行任何修改。

如 MOV 1, [500]这条指令的相对地址仍是 500，当此模块被操作系统调度到处理机上执行，CPU 取得一条访问内存的指令时，指令不是根据 CPU 给出的逻辑地址去访问主存，而是经由地址变换硬件逻辑将逻辑地址与重定位寄存器中的内容相加后得到的地址访问主存。CPU 以这个值为内存绝对地址去访问该内存单元中的数据。整个变换过程如图 4.5 所示。由此可见，进行动态重定位的时机是在指令执行过程中每次访问内存之前。

动态重定位的主要优点有以下两点。

① 用户作业不要求分配连续的存储空间。一个程序可以有若干相对独立的目标模块组成，每个目标模块各装入一个存储区域，这些存储区域可以不相邻，只要每个模块自己有对应的定位寄

存器就可以了。

② 目标模块装入内存时无需任何修改，因而装入之后再次移动也不会影响其正常执行，而且用户作业在执行过程中，可以动态申请存储空间和在主存中移动。这对于存储器紧凑、解决碎片问题是极为有利的。

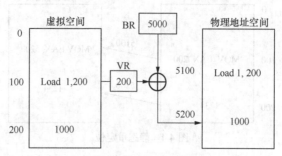

图 4.5　动态重定位

③ 有利于程序段的共享。

动态重定位的主要缺点在于需要附加的硬件支持，而且实现存储管理的软件算法比较复杂。

4.4　存储空间的划分

分区管理的基本原理是给每一个将要驻留内存的进程划分一块适当大小的内存存储区，连续存储各进程的程序和数据，并保证在 CPU 调度时，各个进程能够并发执行。

按照内存分区技术发展的时期，分区管理可以分为单一连续分配、固定分区分配、动态分区分配和可重定位分区分配几种方式。

4.4.1　单一连续分配

这是最简单的一种存储管理方式，只适用于单用户、单任务的操作系统。采用这种方式时，内存只有系统区和用户区部分。除了操作系统必需的内存空间（即系统区）之外，通常是内存的低端地址部分，其余部分内存区域作为一个连续的分区，提供给若干的用户程序（即用户区）使用。用户区的地址是一个整体，经过装入程序直接装入用户区的低地址部分或者高地址部分。用户区经过分配，一部分区域被占用，常见的情况是剩下的一部分区域无法得到再利用，如图 4.6 所示。

单一连续分配的优点是要求的硬件支持少；缺点是造成大的碎片，只能运行一道作业，整个系统被此作业独占，系统资源利用率低。

图 4.6　单一连续分配示意图

4.4.2　固定分区分配

固定分区存储管理是实现多道程序设计的最简单的一种存储管理技术。其基本思想是，在作业未进入内存之前，就由操作员或操作系统把内存可用空间划分成若干个固定大小的存储区，除操作系统占用一个区域外，其余区域为系统中多个用户共享。因为在系统运行期间，分区大小、数目都不变，所以固定式分区也称为静态分区。每一个分区只能够装入一道作业，几个作业被装入不同的分区中。分区式存储管理可以在内存中同时放几道作业，适用于多道程序系统。当有一个空闲分区时，系统从外存的后备队列当中，用分派程序选择一个合适大小的作业装入该空闲分区；当作业结束时，回收该内存空间，继续从后备队列当中选择一个作业调入内存。为了便于管理内存，系统需要建立一张分区使用表，用该表记录系统中的分区数目、分区大小、分区起始地址及状态。

采用固定式分区方式在处理作业之前存储器就已经被划分成若干个分区，每个分区的大小可以相同，也可以不同。但是，一旦划分好分区后，主存储器中的分区个数和大小就固定不变了。可采用以下方式来提高内存空间的利用率。

（1）根据经常出现的作业大小和频率来划分，分区大小可以相等，也可以不等。所有分区大小都是一样的，因为在分配过程中，程序太小会导致空间的浪费，程序太大，一个分区又不足以放下该程序，导致程序无法运行。这种划分方式适用于用一台计算机控制多个相同对象的场合。可以将内存划分为较多的小分区、适当的中等分区以及少量的大分区，这样能在一定程度上克服分区大小相等而缺乏灵活性的缺点。

（2）划分分区时，按照从小到大的顺序进行排列，依次记录在空闲分区分配表中，这样，在使不同分配算法时，总可以找到一个符合作业大小要求的最小空闲分区分配给该作业。

（3）将作业对空间要求的大小分成多个作业队列，每个队列的作业只能够依次装入一个固定分区当中，以防止小作业进入大分区，造成内存碎片。

从图 4.7 可以看出，该分配方式的好处是：分配和回收方便，适用于小型机；缺点是：内存使用不够充分，每一个分区因为有剩余的部分而无法再利用，造成很多内零头。

采用这种存储管理方案只需要很少一点专用硬件（即存储保护机构），以防止某一个作业干扰或破坏操作系统和其他作业。该方案有两种实现方法：其一，使用两个界限寄存器设定正在使用的内存区域，但是这样做很麻烦，每当重新分配处理机时都得修改界限寄存器的内容；其二，为每个分区配上一个单独的保护锁，程序状态字中有一把钥匙，根据锁和钥匙相匹配的方法来实现存储保护。

分区号	分区长度	起始地址	状态
1	20KB	10KB	已分配
2	28KB	30KB	已分配
3	32KB	58KB	已分配

（a）分区说明表

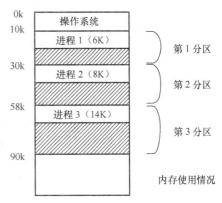

（b）内存使用情况

图 4.7　固定分区分配示意图

系统中有一张分区说明表，每个表目记录一个分区的大小、起始地址和分区的状态，当系统为某个作业分配主存空间时，根据所需要的内存容量，由内存分配程序在分区表中检索分区使用表，从中找到一个足够大的空闲分区分配给它，然后将此作业装入内存。如果找不到足够大的空闲分区，则拒绝为此作业分配内存，系统将调度另一个作业。当一个程序执行完毕，不再需要内存资源时，释放程序所占用的分区，系统将回收该分区并将其改为空闲，即将对应分区的状态改为未分配状态。

这种内存分配技术是最早的多道程序存储管理方式，虽然是多个作业共享主存空间，但由于分区是事先划分好的，而一个作业的大小不可能正好等于某个分区的大小，所以每个已分配的分区总有一部分空间是被浪费的，把这部分被浪费的存储区称为区内零头。有时这种分配方式浪费相当严重。

4.4.3　动态分区分配

动态分区法不会在作业执行前就建立分区，而是在作业的处理过程中动态地为之分配内存空间。分配的空间大小由作业或者进程对内存的要求决定，这样就避免了由固定分区法产生的小进程占用大分区而导致区内零头的浪费现象。

在动态分区法中，当系统刚启动时，除了操作系统常驻内存部分以外，只有一个空闲分区。分配程序根据调度所选中的进程或者作业大小来依次划分该区。当进程执行结束时，会出现内存回收和再次分配的情况。为了实现分区分配，操作系统设置了相应的数据结构——空闲分区表或者空闲分区链，如图 4.8（a）所示，用以记录空闲分区的大小、起始地址以及已分配分区的大小、起始地址。空闲分区表就是用一个表来登记系统中的空闲分区，其表项类似于固定分区。空闲分区链则是将内存中的空闲分区以链表方式链接起来而构成的。空闲分区的组织形式是这样的：在每个空闲分区的起始部分开辟出一个单元，存放一个链表指针和该分区的大小，链表指针指向下一个空闲分区；系统中用一个固定单元作为空闲分区链表的表头指针，指向第一块空闲分区首地址，最后一块空闲分区的链表指针存放链尾标志。如图 4.8（b）所示。

分区号	分区长度	起始地址
1	20KB	10k
2	28KB	30k
3	32KB	58k

（a）空闲分区表

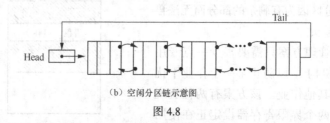

（b）空闲分区链示意图

图 4.8

动态分区分配算法包括最先适应算法、循环最先适应算法、最佳适应算法、最坏适应算法。

1. 最先适应算法

顾名思义，在为新进程或者作业分配内存大小时，从表头或者链首顺序遍历整个空闲分区表或者空闲分区链，当然，前提是要求空闲分区按照地址递增的顺序排列或者链接在一起，直到找到第一个能够装入该作业大小的空闲分区，然后从该分区划分一块合适的大小分配给该作业，剩下的空闲部分仍然保留在空闲表或者链中，更新相应的空闲分区表或者链。如果在整个遍历过程中都找不到一块适当大小的空间装入该作业，则此次分配失败，该作业无法运行。这种算法的特点是优先利用内存低地址端，高地址端有大空闲区，容易造成低端地址部分不断被划分，形成很多难以利用的碎片，同时，每次查找都是从低址部分开始的，增加系统开销，查找效率比较低。

2. 循环最先适应算法

以空闲分区链为例，该算法由最先适应算法演变而来，不是每次在为新作业分配空间时都从链首开始顺序查找，而是从上一次找到的空闲分区的下一个空闲分区开始，直到找到一块合适大小的空间分配给该作业，再从中划出与作业请求大小相等的内存空间，其余空闲部分继续保留在空闲分区链中，并修改其对应的数据结构。在实现上，该算法需要定义一个起始查询的指针，用以指示下一次查找空闲分区的起始地址。采用循环查找方式，如果遍历到链尾还未找到合适大小的分区，则指针会跳转到第一个空闲分区，从此处继续查找。

这种算法能够有效提高查找命中率，减少查找分区时的开销，使存储空间的利用更加均衡，但会使系统缺乏大的空闲分区。

3. 最佳适应算法

这是一种比较理想的算法。该算法每次为新作业分配空间时，总是寻找能满足要求的空间进行分配，在此过程中又尽可能避免造成小的无法利用的空间碎片。该算法要求空闲分区链从一开始构造就应该保证所有空闲分区都按照容量大小从小到大进行排列。这样，第一次寻找到的空闲分区总是最合适的——能装入作业，同时又满足最小的分区要求。这种算法虽然看起来可以让每次分配造成的浪费最小，但是在内存空间里会留下许多难以利用的小空闲区。

在实现上，动态分区存储管理方式中，内存分配和回收过程如图 4.9 所示。内存分配时，先从空闲分区表或者链中找到所需大小的分区，判断如果允许这次分配，所造成的剩下空间大小是否小于系统认为不能再继续分割的大小。如果是，则将该分区全部分给该作业；如果不是，则从大的空闲分区分割出作业需要的大小，然后更新对应的空闲分区表或者链的数据结构。这种方式的特点是：保留了大的空闲区，但分割后的剩余空闲区会很小。

4. 最坏适应算法

最坏适应算法要求空闲分区按容量大小递减的次序排列。

在进行内存分配时，先检查空闲分区表（或空闲分区链）中的第一个空闲分区，若第一个空闲分区小于作业要求的大小，则分配失败；否则从该空闲分区中划出与作业大小相等的一块内存空间分配给请求者，余下的空闲分区仍然留在空闲分区表（或空闲分区链）中。

最坏适应算法的特点是：剩下的空闲区比较小，当大作业到来时，其存储空间的申请往往得不到满足。

如何衡量分配算法的好坏，对于某一个作业序列来说，若某种分配算法能将该作业序列中所有作业安置完毕，则称该分配算法适合这一作业序列，否则为不合适。

5. 分区分配

下图以首次适应算法及空闲链表为例，申请分区大小为 x 的空间，e 是规定的不再分割的剩余区大小。动态分区分配情况如图 4.9 所示。

内存空间的回收，则根据释放区的位置和大小，采用与邻近空闲区拼接的方式，形成较大的空闲表项。如图 4.10 所示，4 种合并空闲分区的情况：当释放区与上空闲分区相邻时，则与上空闲分区合并为一个整体，其起始地址为上空闲分区的起始地址，大小为上空闲分区与释放区之和，空闲表项的内容同时被修改；当释放区与下空闲分区相邻时，则与下空闲分区合并为一个新的空闲区，起始地址不变，大小为两个分区之和；当释放区与上、下空闲分区都相邻时，则共同合并为一个新的分区，起始地址为上空闲分区的起始地址，分区大小为三者之和；当释放区与上、下空闲分区都不相邻时，则单独作为一个空闲分区表项列入空闲分区表或链，并根据释放区的首地址插入到空闲链表中的适当位置。

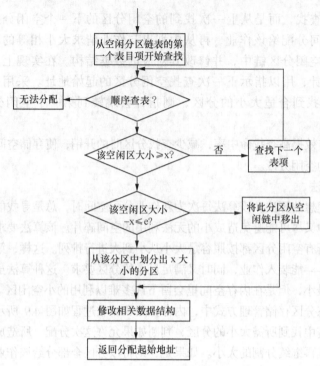

图 4.9 按照首次适应算法的动态分区分配

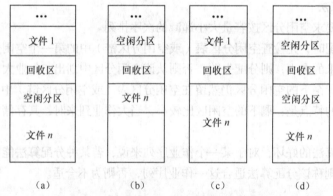

图 4.10 存储管理中空闲分区合并示意图

回收区可以与空闲分区合并成一个大的空闲存储空间,于是为后面的存储区分配提供了条件。

4.4.4 可重定位分区分配

在连续分配方式中,一个用户程序必须装入一段连续的内存空间才能使该作业得以执行,然而内存空闲分区即使存在几个离散的小的空闲区,它们之和大于或等于该作业请求占用空间的大小,也无法把该作业装入到内存当中。为了解决这个问题,可以把地址转换推迟到程序真正执行的时候,把内存里面已经存在的作业通过移动使它们的地址空间相邻,这样原本分散的、小的空闲分区就形成了一段连续的、大的分区(这种技术称为"拼凑"),新的作业就可以装入该空闲分区,从而得到运行。值得注意的是:通过移动,作业指令当中的地址已经发生了改变,为了保证指令能够按照预想正确执行，系统需要一定的硬件地址变换机构来支持这种重定位的地址变换。为此，需要一个重定位寄存器来存放程序移动后的新的起始地址。这样，实际访问内存的地址变成了作业的相对地址与重定位寄存器的值之和。这种地址变换过程被推迟到作业真正运行时，而且随着内存访问自动转换，这个过程因此称为动态重定位。动态重定位有很多的好处，不论每次执行时程序如何移动，只要在重定位寄存器中更新其起始地址就可以执行程序。图 4.11 所示为采用拼凑技术的动态可重定位分区分配流程。

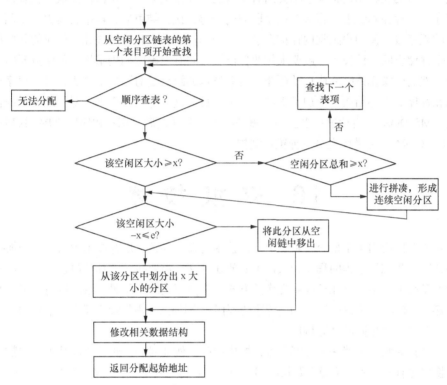

图 4.11　采用拼凑技术的动态可重定位分区分配流程图

4.4.5　分区保护

分页存储管理采用如下两种方式保护内存。

1. 地址越界保护

比较页表长度与逻辑地址中的页号，防止越界。

2. 存取控制保护

在页表中增加保护位，通过页表控制实现信息保护的操作方式。

在采用动态重定位技术时，每一个分区都需要两个硬件寄存器，（基地址寄存器和限长寄存器），分别用以保存该作业在内存分区的起始地址和长度。这样做同时具有保护内存中数据和程序的作用。当 CPU 要求访问内存中某一段虚拟地址时，其会先判定该虚拟地址是否大于限长寄存器的值。如果大于该值，则判定要访问的地址越界，产生保护中断，系统转而执行错误处理的流程，如果小于等于该值，则要访问的地址在界限范围内，是合法的。当然这一转换过程是由硬件机构支持的，由硬件来完成对虚拟地址的动态重定位。

4.5 覆盖技术

覆盖技术是在多道程序环境下扩充内存的方法，用以解决在较小的存储空间中运行较大程序时遇到的矛盾。覆盖技术主要用在早期的操作系统中，把程序划分为若干个功能上相对独立的程序段，按照自身的逻辑结构将那些不会同时执行的程序段共享同一块内存区域。实现这一过程，首先把程序段保存在磁盘上，当有关程序段的前一部分执行结束后，再把后续程序段调入内存，覆盖前面的程序段，使用户感觉内存扩大了，一个作业的若干程序段或几个作业的某些部分可以共享某一个存储空间。该技术一般要求作业各模块之间有明确的调用结构，程序员要向系统指明覆盖结构，然后由操作系统完成自动覆盖。覆盖技术的缺点是对用户不透明，要求程序员非常清楚虚空间和程序的内部结构，增加了用户的负担。目前这一技术应用于小型系统中系统程序的内存管理上。MS-DOS 的启动过程多次使用覆盖技术；启动之后，用户程序区 TPA 的高端部分与COMMAND.COM 暂驻模块也是一种覆盖结构。

4.6 交换技术

交换技术被广泛用于小型分时系统中，该技术的发展导致了虚存技术的出现。交换技术与覆盖技术的共同点都在于进程的程序和数据主要放在外存，需要执行的部分放在内存，内外存之间可以进行信息交换；不同点在于控制交换的方式，当内存空间紧张时，系统将内存中某些进程暂时移到外存（即换出），把外存中某些进程换进内存（即换入）占据前者所占用的区域，这种技术是进程在内存与外存之间的动态调度。

交换的选择原则，也就是选择哪个进程换出内存。例如时间片轮转法或基于优先数的调度算法在选择换出进程时，往往选择需要长时间等待的，要特殊考虑任何等待 I/O 的进程存在的问题，而不换出处于等待 I/O 状态的进程，或者因 DMA 而不能换出内存或换出前需要操作系统特殊帮助的 I/O 进程。交换何时发生？只要程序不用或者很少再用就可换出；另外只要程序内存空间不够或有不够的危险时就可换出。

交换时需要在外存上建立一个对换区，该区除了必须足够大以存放所有用户程序的所有内存映像的副本，还必须支持对这些内存映像的直接存取。换回内存时的位置并不一定要在换出前的位置上，需要受地址"绑定"技术的影响，即绝对地址产生时机的限制。

以进程交换为例，系统必须实现：对换空间的管理，进程的换入和换出。对换操作比较频繁，所以进程驻留在外存空间划分的对换区上的时间很短，对对换区的管理主要是提高换入和换出的速度，采用连续分配方式。外存的对换区也设有类似内存管理中的空闲分区表或者分区链，来记录外存的使用情况。对换区空间的分配和回收，与动态分区管理内存的原则类似，同样的分配算法也包括首次适应算法、循环首次适应算法以及最佳适应算法等。进程在换出时应首选处于阻塞状态且优先级别最低的进程。

与覆盖技术相比，交换技术不要求用户给出程序段之间的逻辑覆盖结构；而且，交换发生在进程或作业之间，而覆盖发生在同一进程或作业内。此外，覆盖只能覆盖那些与覆盖段无关的程序段。

4.7 分页存储管理

前面讨论了分区式存储管理方式和支持分区式存储管理方式的覆盖和交换技术。分区式管理会造成内存具有严重的碎片问题，利用率不高，而且各进程的大小仍受到分区大小和内存可用空间的限制，也不利于程序段和数据的共享。所以提出分页存储管理的方式，目的是减少碎片，只在内存中存放那些反复执行或即将执行的程序段和数据，而把不经常执行的程序段和数据存放于外存空间待执行时再调入，以此来提高内存的利用率。

分页存储管理的基本思想是将用户程序的地址空间划分成若干固定大小的区域，称为"页"，每一个页都有编号，从 0 开始。相应地，内存空间分成若干个物理块，保持页和块的大小相等，同样为它们编号。这样一来，便可将用户程序的任一页放在内存的任一个物理块中，从而实现离散分配。

如果不具备页面置换功能，则为基本分页存储管理方式或者纯分页存储管理方式。这种方式不支持虚拟存储管理的功能，要求每个作业都全部装入内存后才可以运行。在为进程分配内存大小时，以块为单位，属于同一个进程的若干页可以离散地分配到多个物理块中，常常会因为进程的最后一页装不满内存中的一个实际物理块，而造成页面碎片的现象。页面大小要适中，通常都是 2 的倍数，在 512B～8KB 之间。分页存储管理的地址机构如图 4.12 所示。

页号	页内偏移量
15 12	11 0

图 4.12 分页存储管理的地址机构

从图 4.12 中可以看出页号占据 4 位，因此每个作业最多有 16 页（2^4），页号从 0000～1111。页内位移量的位数表示页的大小，即若页内位移量为 12 位，则页面大小=2^{12}=4096 块 B=4kb。页内地址为 000000000000～111111111111。

若给定一个逻辑地址为 A，页面大小为 L，则

页号 P=INT[A/L]，页内地址 W=[A] MOD L

假设页面大小为 1KB，设 A=2298B，则由上式可得页号 P=2，页内地址 W=50。

4.7.1 页表

页表是系统为了保证进程的正确运行而建立的页表映像表。分页系统允许将进程的各个页离散地存储在内存中不同的物理块中，由于一个物理块的大小等于一个页的大小，一个物理块内只能存放一页。为了保证进程能够正确运行，在内存中必须能够找到每个页面对应存放的物理块。为此，系统为每个进程建立了一张页面映像表，简称页表。页表的作用是实现从页号到物理块号的地址映射。页面的大小应适中，若页面太大，以至和一般进程大小相差无几，则页面分配退化为分区分配，同时页内碎片也会较大；若页面太小，虽然可减少页内碎片，但会导致页表增长。页表一般存放在内存中，其结构如图 4.13 所示。通过页表调用进程的示意如图 4.14 所示。

可以在页表中多设置一个存取控制字段来实现对该分区内容的保护。当存取控制字段仅有一位时，可用来规定该物理

段号	物理块号	存取控制
0	1	W
1	15	F
2	13	E
3	2	R

图 4.13 页表结构

块内容是允许读/写同时兼顾，还是只允许读操作。存取控制字段中的 W 表示可写，R 表示可读，E 表示可执行，F 为写入。

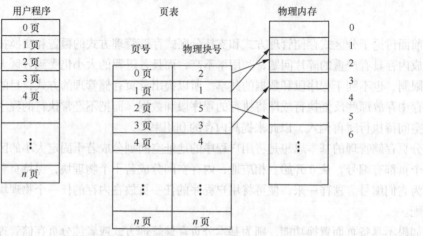

图 4.14　页表记录的该用户程序的映射情况

在现代计算机系统中，经过改进的动态地址重定位技术应着手解决两大问题。

（1）如何合理地组织管理相当大的页表？

（2）面对大的页表，地址映射怎样才能快速实现？

4.7.2　分页的地址变换

系统需要有一定的硬件地址转换机构的支持，才能实现逻辑地址与物理地址的转换。页表大多驻留在内存当中，系统只设置一个页表寄存器 PTR，用来存放页表在内存的起始地址和页表的长度。进程未执行时，页表的起始地址和长度存放在 PCB 中，当调度程序调度该进程时，页表起始地址和长度存才会被存入页表寄存器中。

当进程需要访问某个逻辑地址为 11406D 的数据时，其地址变换过程如下。

（1）程序执行时，从 PCB 中取出页表起始地址和页表长度（4），装入页表寄存器 PTR 中。

（2）由分页地址变换机构将逻辑地址自动分成页号和页内地址。

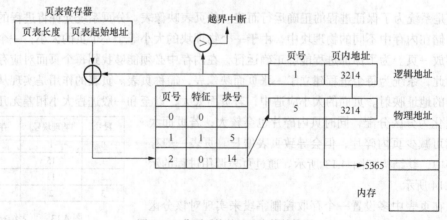

图 4.15　分页系统的地址变换结构图

11406D=0010|110010001110B=2C8EH，其页号为 2，位移量为 C8EH=3214D 或 11406　DIV 4096=2

11406　MOD　4096=3214

（3）将页号与页表长度进行比较（2<4），若页号大于或等于页表长度，则表示本次访问的地址已超越进程的地址空间，产生越界中断。

（4）将页表起始地址与页号和页表项长度的乘积相加，便得到该页表项在页表中的位置。

（5）取出页描述子得到该页的物理块号。

（6）对该页的存取控制进行检查。

（7）将物理块号送入物理地址寄存器中，再将有效地址寄存器中的页内地址直接送入物理地址寄存器的块内地址字段中，拼接得到实际的物理地址。

例 4.1　将 0010|110010001101B 二进制地址转换为十六进制或十进制数。

1110|110010001101B=EC8EH=60558D

或 14*4096+3214=60558D

分页地址变换例 1：设页面大小为 1KB，作业的 0、1、2 页分别存放在第 2、3、8 块中。

则逻辑地址 2500 的页号为 2（2500/1024=2），页内地址为 452（2500 %1024=452）。

查页表可知第 2 页对应的物理块号为 8。

将块号 8 与页内地址 452 拼接，得到物理地址为 8644（8×1024+452=8644）。

例 4.2　一分页存储管理系统中逻辑地址长度为 16 位，页面大小为 1KB。现有一逻辑地址为 0A6FH，且第 0、1、2、3 页依次存放在物理块 3、7、11、10 中。

逻辑地址 0A6FH 的二进制表示如下：

页号　　　页内地址

000010　1001101111

由此可知逻辑地址 0A6FH 的页号为 2（0A6F 转换为十进制为 2671，除以 1024 取整），该页存放在第 11 号物理块中，用十六进制表示则块号为 B，所以物理地址为：1011 1001101111，即 2E6FH。

同时，系统需要一张存储分块表，用来记录内存中各物理块的使用情况及未分配物理块总数。存储分块表可用位示图或者空闲存储块链表示。

位示图：利用二进制的一位表示一个物理块的状态，1 表示已分配，0 表示未分配。所有物理块状态位的集合构成位示图。其占用的存储空间为物理块数 18（字节）。

空闲存储块链：将所有的空闲存储块用链表链接起来，利用空闲物理块中的单元存放指向下一个物理块的指针。

因页表放在主存中，故存取数据时 CPU 至少要访问两次主存，降低了内存访问速度。为了提高地址变换速度，可在地址变换机构中增设一个具有并行查找能力的高速缓冲存储器(又称联想存储器或快表)，用以存放当前访问的页表项。引入快表后的地址变换过程为：地址变换机构自动将页号与快表中的所有页号进行并行比较，若其中有与此匹配的页号，则取出该页对应的块号，与页内地址拼接形成物理地址；若页号不在快表中，则再到主存页表中取出物理块号，与页内地址拼接形成物理地址。同时还应将这次查到的页表项存入快表中，若快表已满，则必须按某种原则淘汰一

19	18	17	16	•••		3	2	1	0
0	1	1	1	•••		1	1	0	1
0	1	1	1	•••		1	1	0	1
1	0	1	1	•••		0	0	0	0

图 4.16　位示图

个表项以腾出位置。

为了解决大的页表的地址映射能比较快地实现，除了利用前面已介绍的高速缓冲存储器来存放经常使用的页表表目以提高页表的查询速度外，还可以在微处理器和主存之间设置 32KB 或 64KB 的高速缓冲存储器。大部分的指令和数据取自高速缓存（命中率约为 98%），所以存取数据和指令速度相当高，实现与处理器速度完全相匹配。

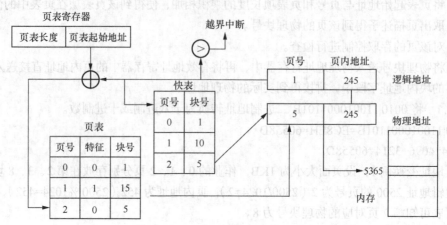

图 4.17　具有联想（快表）存储器的地址变换

由于成本的关系，快表大小一般由 8～32 个表项组成。根据局部性原理，联想（快表）存储器的命中率可达 80%～90%。

现代计算机系统都支持非常大的逻辑地址空间，致使页表很大，用连续空间存放页表显然不现实。如逻辑地址为 32 位，页面大小 4KB，则页表项为 1MB，若每个页表项占 4 字节，则页表共需要 4MB 内存空间。这时可以用离散方式存储页表，仅将当前需要的部分页表项放在内存中，其余部分放在磁盘上，待需要时再调入。

4.7.3　两级页表及多级页表

Windows NT 为提高大页表地址的映射速度，对页表本身进行了改进，对庞大的页表采取分页措施，采用了两级页表结构。即把页表本身按固定大小分成一个个小页表，每个小页表由 $2^{10}=1024$ 个页表表目构成，每个表目占 4 字节，所以每个小页表刚好占一个页面（页面大小为 $2^{12}=4KB$）。一共有 2^{10} 个小页表。为了对这些小页表进行管理和索引查找，设置了一个页表目录，也称为顶级页表或一级页表，该页目录包含有 1024 个表目项，分别指出每个次级小页表所在的物理块号和其他有关状态信息。这样，每个作业有一个页目录（一级页表），它的每个表目指向一个二级页表。页目录本身也刚好是一个页面大小（$2^{10}=1KB$，每个表目 4 个字节）。

将页表再分页，使每页与内存物理块大小相同，并为它们进行编号 0、1、…，同时还为离散存放的页表建立一张页表。如可将 32 位地址划分为两级页表结构。

具有两级页表的地址变换过程为：利用逻辑地址中的一级页号作为索引访问一级页表；找到第二级页表的起始地址，再利用第二级页号找到指定页表项，从中取出块号并与页内地址拼接形成物理地址。图 4.18 给出了具有两级页表的地址变换。

对两级页表进行扩充，便可得到三级、四级或更多级的页表。多级页表的实现方式与两级页表类似。

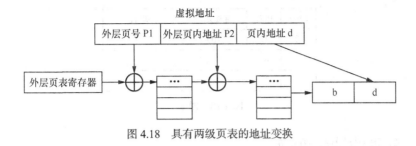

图 4.18 具有两级页表的地址变换

现代操作系统一般允许大逻辑地址空间，致使页表太大。为解决页表占用大量存储空间的问题，引入了反向页表。反向页表为每个物理块设置一个页表项，并将它们按物理块号大小排序，表项内容为页号及其隶属进程的标识号。反向页表地址变换过程为：利用进程标识号及页号检索反向页表，若找到相应的页表项，则将其物理块号与页内地址拼接；否则，请求调入该进程相应页，在无调页功能的系统中则出错。

由于反向页表中没有存放进程中尚未调入的页，因此必须为每个进程建立一张传统页表并存放在外存中，当访问页不在内存时使用这张页表。页表中包含各页在外存的地址。反向页表的不足在于查找慢：因为进程号及页号不能作为索引，查找必须在整个反向页表中进行。可以通过将常用页表项存入快表，用散列函数存放反向页表来解决这个问题。

4.8 分段存储管理

分段存储的基本思想是将用户程序地址空间分成若干个大小不等的段，每段可以定义一组相对完整的逻辑信息。存储分配时，以段为单位，段与段在内存中可以不相邻接，也实现了离散分配。

分段存储方式的引入，可以带来这样一些好处：

（1）方便编程；

（2）分段共享；

（3）分段保护；

（4）动态链接；

（5）动态增长。

作业的地址空间被划分为若干个段，每个段定义了一组逻辑信息，例程序段、数据段等。每个段都从 0 开始编址，并采用一段连续的地址空间。段的长度由相应的逻辑信息组的长度决定，因而各段长度不等。整个作业的地址空间是二维的，如图 4.19 所示。

段号	段内偏移量
15　　　　12	11　　　　　0

图 4.19 分段地址结构

段号长度为 4 位，每个作业最多有 16（2^4）段，表示段号从 0000～1111；段内位移量为 12 位，每段的段内地址最大为 4KB（2^{12}）（各段长度不同），从 000000000000 到 111111111111。

4.8.1 段表

分段式存储管理系统为每个进程建立一张段映射表，即段表。每一段在表中占有一个表项，其中记录该段在内存中的起始地址和段的长度。

段号	段长	起始地址	存取控制
0	1k	4096	
1	4k	17500	
2	2k	8192	

图 4.20　段表

4.8.2　分段的地址变换

分段地址变换如图 4.21 所示。

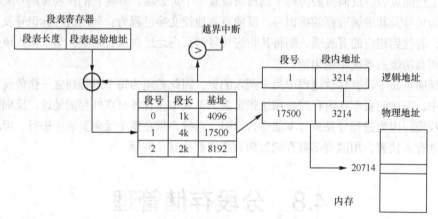

图 4.21　分段系统的地址变换过程

（1）程序执行时，从 PCB 中取出段表起始地址和段表长度（3），装入段表寄存器。

（2）由分段地址变换机构将逻辑地址自动分成段号和段内地址。

例如 7310D=0001|110010001110B=1C8EH。其中：段号为 1，位移量为 C8EH=3214D。

（3）将段号与段表长度进行比较（1<3），若段号大于或等于段表长度，则表示本次访问的地址已超越进程的地址空间，就会产生越界中断。

（4）将段表起始地址与段号和段表项长度的乘积相加，便得到该段表项在段表中的位置。

（5）取出段描述子得到该段的起始物理地址。

（6）检查段内位移量是否超出该段的段长，若超过，产生越界中断。

（7）对该段的存取控制进行检查。

（8）将该段基址和段内地址相加，得到实际的物理地址。

例如 0001|110010001101B。起始地址 17500D+段内地址 3214D=20714D

分页和分段有许多相似之处，比如两者都不要求作业连续存放，但在概念上两者完全不同，主要表现在以下几个方面。

（1）页是信息的物理单位，分页是为了实现非连续分配，以便解决内存碎片问题。或者说分页是由于系统管理的需要。段是信息的逻辑单位，它含有一组意义相对完整的信息，分段的目的是为了更好地实现共享，满足用户的需要。

（2）页的大小固定，由系统确定，将逻辑地址划分为页号和页内地址是由机器硬件实现的。而段的长度却不固定，决定于用户所编写的程序，通常由编译程序在对源程序进行编译时根据信息的性质来划分。

（3）分页的作业地址空间是一维的，分段的地址空间是二维的。

4.9 段页式存储管理

分页系统能有效地提高内存的利用率，而分段系统能反映程序的逻辑结构，便于段的共享与保护。将分页与分段两种存储方式结合起来，就形成了段页式存储管理方式。

在段页式存储管理系统中，作业的地址空间首先被分成若干个逻辑分段，每段都有自己的段号，然后再将每段分成若干个大小相等的页。主存空间也被分成大小相等的页，主存的分配以页为单位。段页式系统中，作业的地址结构包含三部分的内容：段号、页号、页内位移量。程序员按照分段系统的地址结构将地址分为段号与段内位移量，地址变换机构将段内位移量分解为页号和页内位移量。

为实现段页式存储管理，系统应为每个进程设置一个段表，包括每段的段号、该段的页表起始地址和页表长度。每个段有自己的页表，记录段中每一页的页号和存放主存中的物理块号。为了便于实现地址转换，需配置一个段表寄存器，用以存放该段表的起始地址和段表长度。其地址变换的过程如图 4.22 所示。

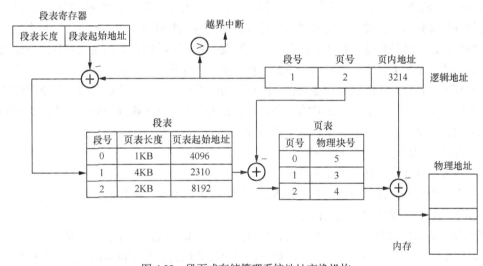

图 4.22　段页式存储管理系统地址变换机构

（1）程序执行时，从 PCB 中取出段表起始地址和段表长度，装入段表寄存器。

（2）由地址变换机构将逻辑地址自动分成段号、页号和页内地址。

（3）将段号与段表长度进行比较，若段号大于或等于段表长度，则表示本次访问的地址已超越进程的地址空间，则产生越界中断。

（4）将段表起始地址与段号和段表项长度的乘积相加，便得到该段表项在段表中的位置。

（5）取出段描述子得到该段的页表起始地址和页表长度。

（6）将页号与页表长度进行比较，若页号大于或等于页表长度，则表示本次访问的地址已超越进程的地址空间，则产生越界中断。

（7）将页表起始地址与页号和页表项长度的乘积相加，便得到该页表项在页表中的位置。

（8）取出页描述子得到该页的物理块号。

（9）对该页的存取控制进行检查。

（10）将物理块号送入物理地址寄存器中，再将有效地址寄存器中的页内地址直接送入物理地址寄存器的块内地址字系统中，拼接得到实际的物理地址。

在段页式存储管理系统中，要想存取访问信息，需要三次访问内存：第一次访问段表；第二次访问页表；第三次访问信息。为了提高访问主存的速度，应使用联想寄存器。

4.10　虚拟存储管理

4.10.1　什么是虚拟存储

虚拟存储的一个基础理论即局部性原理，它是指程序的执行往往呈现出高度的局限性，即程序在执行时往往会不均匀地访问内存储器。局限性主要表现为两点。

（1）时间局限性：即若一条指令被执行，那么在不久的一段时间内，它有可能再次被执行。

（2）空间局限性：一旦一个存储单位被访问，那么它附近的单元也即将被访问。

虚拟内存是计算机系统内存管理的一种技术。它使得应用程序认为它拥有连续的可用的内存（一个连续完整的地址空间），而实际上，虚拟内存通常是被分隔成多个物理内存碎片，还有部分暂时存储在外部磁盘存储器上，在需要时才进行数据交换。虚拟内存的产生是为了解决内存容量不足的问题，以容纳该作业运行所需的程序段和数据，把有限的内存空间与大容量的外存统一管理起来，构成一个远大于实际内存的、虚拟的存储器。外存是内存的直接延伸，用户并不会感觉到内、外存的区别，即把两级存储器当作一级存储器来看待。一个作业运行时，其全部信息装入虚存，实际上可能只有当前运行的必需一部分信息存入内存，其他则存于外存，当所访问的信息不在内存时，系统才会自动将其从外存调入内存。

虚拟存储器的概念基于以下原因产生：

（1）程序中往往存在彼此互斥的部分；

（2）在一个完整的程序中，会有一些诸如出错处理的子程序，在作业正常运行情况下不会执行这些程序，没有必要把它们调入内存。

基于程序局部性原理和上述情况，没有必要把一个作业一次性全部装入内存再开始运行。可以把程序当前执行所涉及的信息先放入内存中，其余部分根据需要再临时调入，由操作系统和硬件相配合来完成主存和辅存之间信息的动态调度。这样，计算机系统就为用户提供了一个存储容量比实际主存大得多的存储器，称其为虚拟存储器。

如果计算机缺少运行程序或操作所需的随机存取内存（RAM），则 Windows 操作系统使用虚拟内存（Virtual Memory）进行补偿。虚拟内存将计算机的 RAM 和硬盘上的临时空间组合在一起，当 RAM 运行速度缓慢时，虚拟内存将数据从 RAM 移动到称为"分页文件"的空间中。将数据移入与移出分页文件可以释放 RAM，以便完成工作。

一般而言，计算机的 RAM 越多，程序运行得越快。如果计算机的速度由于缺少 RAM 而降低，则可以尝试增加虚拟内存来进行补偿。但是，计算机从 RAM 读取数据的速度要比从硬盘读取数据的速度快得多，因此增加 RAM 是更好的方法。在 Windows 2000XP 操作系统目录下有一个名为 pagefile.sys 的系统文件（Windows98 下为 Win386.swp），它的大小经常自己发生变动，小的时候可能只有几十兆，大的时候则有数百兆，这种毫无规律的变化实在让很多人摸不着头脑。其实，pagefile.sys 是 Windows 下的一个虚拟内存，它的作用与物理内存基本相似，但它是作为物理内存的"后备力量"而存在的。pagefile.sys 并不是只有在物理内存不够用时才发挥作用的，也就是说在物理内存够用时也有可能使用虚拟内存，如果虚拟内存设置过小则会提示"虚拟内存不足"。

内存在计算机中的作用很大，所有运行的程序都需要经过内存来执行，如果执行的程序分配的内存的总量超过了内存大小，就会导致内存消耗殆尽。为了解决这个问题，Windows 运用了虚拟内存技术，即拿出一部分硬盘空间来充当内存使用，当内存占用完时，计算机就会自动调用硬盘来充当内存，以缓解内存的紧张。

举例来说，压缩程序在压缩时有时候需要读取文件的很大一部分并保存在内存中作反复的搜索。假设内存大小是 128MB，而要压缩的文件有 200MB，且压缩软件需要保存在内存中的大小也是 200MB，这时操作系统就要权衡压缩程序和系统中的其他程序，把多出来的数据放进交换文件。

如果系统提示虚拟内存不足，可能有如下的原因。

1. 感染病毒

有些病毒发作时会占用大量内存空间，导致系统出现内存不足的问题。

2. 虚拟内存设置不当

虚拟内存设置不当也可能导致出现内存不足问题，一般情况下，虚拟内存大小为物理内存大小的 2 倍即可，设置过小，会影响系统程序的正常运行。以 Windows XP 为例，右键点击"我的电脑"，选择"属性"命令，然后在"高级"标签页中单击"性能"框中的"设置"按钮，切换到"高级"标签页，然后在"虚拟内存"框中单击"更改"按钮，重新设置虚拟内存的大小，完成后重新启动系统即可。

3. 系统空间不足

虚拟内存文件默认存放在系统盘中，如 Windows XP 的虚拟内存文件名为 pagefile.sys，如果系统盘剩余空间过小，导致虚拟内存不足，也会出现内存不足的问题。系统盘至少要保留 300MB 剩余空间，当然这个数值要根据用户的实际需要而定。用户尽量不要把各种应用软件安装在系统盘中，以保证有足够的空间供虚拟内存文件使用，而且最好把虚拟内存文件安放到非系统盘中。

4. 因为 SYSTEM 用户权限设置不当

基于 NT 内核的 Windows 操作系统启动时，SYSTEM 用户会为系统创建虚拟内存文件。有些用户为了系统的安全，采用 NTFS 文件系统，但却取消了 SYSTEM 用户在系统盘"写入"和"修改"的权限，这样就无法为系统创建虚拟内存文件，运行大型程序时，就会出现内存不足的问题。问题很好解决，只要重新赋予 SYSTEM 用户"写入"和"修改"的权限即可，不过这个仅限于使用 NTFS 文件系统的用户。

虚拟存储器具备多次性、对换性、虚拟性三个特点。

一次作业可能会被多次调入内存运行，属于该作业的进程在运行过程中允许换入、换出，采用虚拟存储技术，可以从逻辑上扩充内存容量，让用户感觉内存增大。因此，虚拟存储技术的实现是建立在离散分配存储管理方式的基础上的，有请求分页、请求分段系统之分。

4.10.2 请求分页存储管理

在前面介绍的纯分页系统中，要求运行的进程必须一次性全部装入内存。Linux 系统采用了虚拟内存管理机制，即交换和请求分页存储管理技术。这样，当进程运行时，不必把整个进程的映像都放在内存中，只需在内存保留当前用到的那一部分页面。当进程需要访问到某些尚未在内存的页面时，需由核心先把这些页面装入内存。请求分页存储管理的基本思想是：当要执行一个程序时才把它换入内存而非把全部程序都换入内存，而是用到哪一页才换入它。这样就减少了对换时间和所需内存的数量，提高程序并发执行的数量。图 4.23 给出了请求分页存储管理的流程。

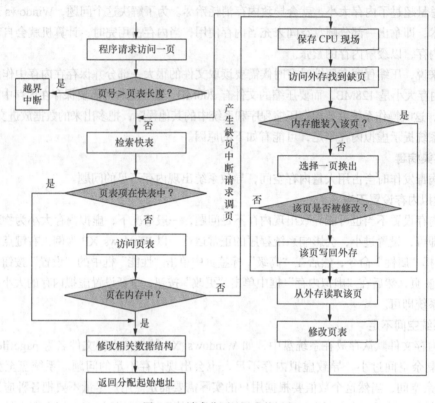

图 4.23 请求分页地址变换过程

当一个程序要使用的页面不在内存时，地址映像机构便产生一个缺页中断。操作系统必须处理这个中断，把它装入所要求的页面并相应调整页表的记录（每一个页表项中增加一个状态位表示该页对应的内存物理块是否可以访问）。由于这个页面是根据请求而被装入的，所以这种存储管理方法叫做请求分页存储管理。通常在进程最初投入运行时，仅把它的前几页装入内存，其他各页是按照请求顺序动态装入的，这样可以保证被装入的页都是 CPU 立刻需要访问的内容。

为了实现请求分页，系统除必须提供一定容量的内存和外存，以及支持分页机制外，还需要有页表机制、缺页中断机构以及地址转换机构的硬件支持。分页系统中地址映射是通过页表实现的。在请求分页系统中，页表项不仅要包含该页在内存的基址，还要包含：

（1）页表的每一项增加一个状态位，用来指示该页面是否在内存中；

（2）该页面在外存的地址（又称文件地址），以便在缺页情况下，操作系统能很快地在外存上找到该页面，换入内存。

（3）页表项中还需增加一些位，用于记录该页的使用情况（如最近被引用过没有，该页的内容在内存中修改过没有等），帮助操作系统做出页面替换的决定。

因此，页表的一个表项在逻辑上可包含如下数据项：

页号	内存块号	改变位	状态位	引用位	外存地址

其中，改变位=1，表示该页已被修改过；引用位用来指示最近是否已对该页访问。在硬件方面，还要增加对缺页中断进行响应的机构。一旦发现所访问的页面不在内存，能立即产生中断信号，随后转入缺页中断处理程序进行相应处理。缺页中断的处理过程是由硬件和软件共同实现的。分页存储管理有效地解决了内存中外部碎片的问题，能同时为更多的进程提供存储空间，更有力地支持了多道程序设计，相应地提高了存储器和处理机的利用率。请求分页除了具有简单分页的优点外，还有下列优点。

（1）提供多个大容量的虚拟存储器，使每个用户的地址空间不再受物理存储器大小的限制，方便了用户的使用。

（2）更有效地利用了内存。进程中不常使用的或很少用到的部分，不必保留在内存中。

（3）系统吞吐量更高。因为进程地址空间可以超过实际存储空间，而每个进程仅占用一部分内存，这样就可以容纳更多的进程进入系统。

请求分页除了硬件成本增加，用于对换与置换的时间、空间的开销增大，以及有内部碎片等缺点外，还添加了以下缺点。

（1）对缺页中断的处理要占用较多的存储空间和 CPU 时间。

（2）如每个进程的地址空间过大，或进入系统的进程数过多，则会发生系统抖动。为防止系统抖动的出现要采取一些附加措施，这就进一步增加了系统的复杂性。请求分页的性能与缺页率（缺页中断的概率）有关，所以在请求分页系统中使缺页率保持很低的水平非常重要。

实现请求分页必须解决两个主要问题：内存块的分配算法和页面置换算法。如果有多个进程在内存，必须决定为每个进程分配多少个块；当需要页面置换时，必须选定哪一块要被置换。

请求式分页存储管理与纯分页存储管理在内存块的分配与回收、存储保护方面都十分相似，不同之处在于地址重定位问题。在请求式分页存储管理的地址重定位时，可能会出现所需页面不在主存的情况，此时，系统必须解决以下两个问题。

（1）当程序要访问的某页不在内存时，如何发现这种缺页情况？发现后应如何处理？

（2）当需要把外存上的某个页面调入内存时，若此时内存中没有空闲块应怎么办？

4.10.3　页面置换算法

当某个当前进程在执行过程中，CPU 将要访问的页面并不在内存中，就会发生缺页。为了保证该进程能够顺利进行，就必须从内存中调出一页，送到外存的对换区中。在主存已经被页面占满的情况下，选择将已经处在内存的哪个页面置换到外存的算法就是页面置换算法。一个好的页面置换算法，能够保证最少的缺页率。评价一个算法的优劣，可通过在一个特定的存储访问序列（页面走向）上运行它，并计算缺页数量来实现。

页面置换算法主要有：最优算法（OPT 算法）、先进先出算法（FIFO 算法）、最久未使用页面置换算法（LRU 算法）、LRU 近似算法等。

1. 最优算法（Optimal Replacement）

最优页面置换算法是在理论上提出的一种算法。其思想是：从内存中淘汰出以后不再使用的页面；如果没有这样的页面，则选择以后最长时间内不需要访问的页。这种算法本身并不实际，因为人们很难预知一个进程在整个运行过程中页面访问的顺序。但是采用这种算法，可以保证有最少的缺页率。因此这个算法可用来衡量其他算法的优劣。以页面访问顺序 1、8、1、7、8、2、7、6、5、8、7、1 为例，假定系统为该进程分配了四个物理块，对应就可以在内存中最多存储 4 个页面，如下表所示。我们认为所有内存块最初都是空的，第一次用到的页面都产生一次缺页。

页面走向	1	8	1	7	8	2	7	6	5	8	7	1
缺页标记	*	*		*		*		*				
M1	1	1	1	1	1	1	1	1	1	1	1	1
M2		8	8	8	8	8	8	8	8	8	8	8
M3				7	7	7	7	7	7	7	7	7
M4						2	2	6	5	5	5	5

缺页次数=5，上图以*标示缺页。

缺页率=缺页次数/页数，即缺页率=5/12*100%。

2. 先进先出算法（FIFO 算法）

这是一种最简单的页面置换算法。这种算法的基本思想是：总是先淘汰那些驻留在内存时间最长的页面，即先进入内存的页面先被置换掉。因为最先进入内存的页面不再被访问的可能性最大。可以建立一个 FIFO 队列，存储所有在内存中的页，被置换出内存的页面总是在队首上。当一个页面被放入内存时，就把它插在队尾上。这种算法只有在以按线性顺序访问地址空间时才是理想的，否则效率不高，因为那些常被访问的页，往往在主存中也停留得最久，它们不得不被置换出去。它有一种异常现象，可能会出现在增加存储块的情况下，反而使缺页中断率增加了。当然，导致这种异常现象的页面走向实际上是很少见的。读者可以自行以页面访问顺序为 3，4，5，6，7，8，9，10，11，12，14，3 为例：假定系统为该进程分别分配三个和四个物理块，观察其缺页率，不降反升。这里，我们仍然以讲述最优算法的页面引用串为例，假定内存分配 4 个物理块给该进程，如下表所示。

页面走向	1	8	1	7	8	2	7	6	5	8	7	1
缺页标记	*	*		*		*		*	*	*	*	*
M1	1	1	1	1	1	1	1	6	6	6	6	1
M2		8	8	8	8	8	8	8	5	5	5	5
M3				7	7	7	7	7	7	8	8	8
M4						2	2	2	2	2	7	7

缺页次数=9，上表以*标示缺页。

缺页率=9/12*100%。

3. 最久未使用页面（LRU）置换算法

这种算法的基本思想是，根据局部性原理，假定某一页被访问了，那么它很可能马上又被访问；反之，如果某一页很长时间没有被访问，那么最近也不太可能会被访问。其实质是，当需要置换一页时，选择在最近一段时间最久未使用的页面予以淘汰。

实现这种算法可通过周期性地对"引用位"进行检查，并利用它来记录一页面自上次被访问以来所经历的时间 t，淘汰时选择 t 最大的页面。

4. LRU 近似算法

在这种算法中，只要在存储分块表（或页表）中设一个"引用位"，当存储分块表中的某一页被访问时，该位由硬件自动置 1，并由页面管理软件周期性把所有引用位置 0。这样，在一个时间周期 T 内，某些被访问过的页面其引用位为 1，而未被访问过的页面其引用位为 0。因此，可根据引用位的状态来判别各页面最近的使用情况。当需要置换一页面时，选择其引用位为 0 的页，图 4.24 所示为这种近似算法的一个例子。

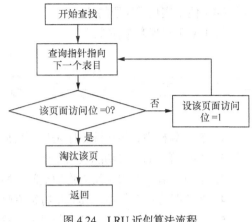

图 4.24　LRU 近似算法流程

4.10.4　请求式分段存储管理

为了能实现虚拟存储，段式逻辑地址空间中的程序段在运行时并不全部装入内存，而是如同请求式分页存储管理一样，首先调入一个或若干个程序段并运行，在运行过程中调用到哪段时，就根据该段长度在内存分配一个连续的分区给它使用。若内存中没有足够大的空闲分区，则考虑进行段的拼凑或将某段或某些段淘汰出去。相应于请求式分页存储管理，这种存储管理技术称为请求式分段存储管理。

1. 程序的逻辑地址结构

请求式分段存储管理的逻辑地址结构由段号 S 和段内位移量 D 组成。如图 4.21 所示。

2. 段表

类似于请求式分页存储管理的页表，为了实现动态地址变换和存储保护，系统要为每一个作业建立一张段表。段表中的每一个表目对应着作业地址空间的一个程序段，其一般格式为：段号、段长、段的基址、存取方式、访问字段 A、修改位 M、存在位 P、增补位、外存起始地址。

（1）存取方式：用于标识本分段的存取属性是只执行、只读，还是允许读/写。

（2）访问字段 A：其含义与请求分页的相应字段相同，用于记录该段被访问的频繁程度。

（3）修改位 M：用于表示该页在进入内存后是否已被修改过，供置换页面时参考。

（4）存在位 P：指示本段是否已调入内存，供程序访问时参考。

（5）增补位：这是请求分段式管理中所特有的字段，用于表示本段在运行过程中是否做过动态增长。

（6）外存起始地址：指示本段在外存中的起始地址，即起始盘块号。

3. 请求式分段动态地址变换过程

请求式分段存储管理的地址变换与请求分页地址变换很类似，当发现运行进程所需的段不在内存中，由缺段中断机构产生一个缺段中断信号，进入 OS 后，由该中断处理程序负责从外存地址将该段调入内存。当然，缺段中断机构跟缺页中断机构非常类似，但是因为段长是不固定的，所以，既有可能导致一条指令执行期间，产生多次缺段中断，一个完整的指令可能会被分割在两个分段当中，所以，缺段处理要比缺页处理复杂得多。请求分段有如下好处：

（1）可提供大容量的虚拟内存；

（2）允许动态增加段的长度；

（3）便于段的动态链接；

（4）便于实现程序段的共享；

（5）便于实现存储保护。

习　题

1. 在计算机中，用户源程序是如何变成一个可在内存中执行的程序的？

2. 存储管理的主要功能包括哪些？

3. 名词解释：逻辑空间与物理空间、覆盖和交换、页表和段表。

4. 什么是虚拟存储器？其基本特征有哪些？

5. 请简述基本分页式、基本分段式、段页式存储的地址变换过程？

6. 简述请求分页式与基本分页式存储管理方式的区别。

7. 下表是采用可变式分区存储管理的系统空闲分区表。现有以下作业序列：56KB、10KB、216KB、40KB。试分别采用首次适应算法和最佳适应算法来处理该作业序列。哪一种算法可以满足该作业序列的请求，为什么？

分区号	大小	起始地址
1	20KB	100K
2	36KB	130K
3	40KB	170K
4	216KB	220K
5	56KB	440K

8. 某虚拟存储器的用户编程空间共 32 个页面，每页为 1KB，内存为 16KB。假定某时刻一用户页表中已调入内存的页面的页号和物理块号的对照表如下：

页号	物理块号
0	4
1	5
2	8
3	7

则逻辑地址 0F2C（H）所对应的物理地址是什么？

9. 有下述页面走向：

4，2，3，1，2，4，5，6，2，1，2，3，7，6，4，2，1，2，3，6

当内存块数量分别为 3 和 4 时，计算分别采用先进先出（FIFO）、最近最少使用算法（LRU）这两种置换算法的缺页次数和缺页率各是多少？

10. 在具有联想存储器的段页式存储管理方式中，如何实现地址变换？

11. 为什么说分段系统比分页系统更利于实现信息的共享和保护？

12. 分页与分段存储管理方式的区别在什么地方？

13. 在固定式分区、动态分区分配、动态重定位分区分配、请求分页存储管理、请求段式存储管理这几种方式中可能出现抖动的存储管理方法有哪些？

14. 以下哪些是对地址重定位的准确理解（　　）。

A. 作业地址空间与物理空间相同

B．作业地址空间与物理空间的映射

C．将作业的逻辑地址变换成主存的物理地址

D．将作业的相对地址变换成主存的绝对地址

E．将作业的符号地址变换成地址空间的对应地址

15．以下对主存储器的理解准确的是（　　）。

A．以"字"为单位进行编址

B．是中央处理机能够直接访问的唯一的存储空间

C．与辅助存储器相比速度快、容量大、价格低的一类存储器

D．只能被 CPU 访问的存储器

16．存储空间分配有哪些方式？

17．在请求分页存储管理中，有可能会出现页面抖动，请解释这一现象。

18．假设一台计算机有一个 cache、主存储器和用作虚拟存储器的磁盘，访问 cache 中的字需要 20ns 的定位时间；如果该字在主存而不在 cache 中，则需 60ns 的时间载入 cache，然后再重新开始定位；如果该字不在主存中，则需 15ms 的时间从磁盘中提取，然后需要 60ns 复制到 cache 中，然后再开始定位。cache 的命中率是 0.85，主存储器的命中率是 0.6，请问在该系统中访问一个被定位的字所需要的平均时间为多少（单位：ns）？

19．在请求分页系统中，主要的硬件支持包括哪些？

20．在可变式分区存储管理中的拼接技术能带来哪些好处？

21．请思考在静态重定位后是否仍然使用紧缩技术解决碎片问题？

22．请分析一下存储内零头与外零头产生的原因、解决的方法。

23．某页式管理系统中，地址寄存器的低 11 位表示页内地址，则页面大小为（　　）

A．1024B　　　　　B．512B　　　　　C．2KB　　　　　D．4KB

24．在采用分页存储管理系统中，地址结构长度为 18 位，其中 11～17 位表示页号，0～10 位表示页内位移量。若有一作业依次被放入 2、3、7 号物理块中，相对地址 1500 处有一条指令 store 1，2500。请问：

（1）主存容量最大可为多少 KB？分为多少块？每块有多大？

（2）上述指令和存储地址分别在几号页内？对应的物理地址又分别为多少？

第5章
输入、输出设备管理

现代计算机系统都配有种类繁多的 I/O 设备,因此,设备管理是操作系统的一个重要组成部分。I/O 设备是计算机系统中较复杂的部分,是与具体系统密切相关的。而且几乎没有一个系统具有与另一个系统同样的 I/O 结构,这就使得设备管理成为操作系统中最繁杂且与硬件密切相关的部分。

本章的学习目标:

- 理解设备管理的基本任务以及设备的基本类型;
- 理解和掌握 I/O 控制的几种常见方式:程序直接控制、中断控制、DMA 控制以及通道控制;
- 掌握缓冲的概念以及常见的几种缓冲技术:单缓冲、双缓冲、环形缓冲和缓冲池;
- 掌握中断的概念以及中断处理的过程;
- 理解设备分配的几种策略:独占分配、共享分配以及虚拟分配;
- 了解 SPOOLing 系统的组成及其特点。

5.1 设备管理概述

5.1.1 设备的分类

外部设备的种类繁多,用途各异,现存的各种仪器设备均有可能成为计算机系统的外部设备。依据不同的方式可对设备有不同的分类,下面是几种常见的分类方法。

1. 按操作特性分类

按这种方法可把外部设备分为存储设备和输入/输出(I/O)设备。存储设备是计算机用来存储信息的设备,如硬盘、光盘、U 盘等;I/O 设备包括输入设备和输出设备两类。输入设备的作用是将外部带来的信息输入计算机,如键盘、鼠标等。输出设备的作用是将计算机加工好的信息输出到外部,如显示器、打印机等。

2. 按传输数据数量分类

外部设备按传输数据的数量,分为字符设备和块设备。

(1)字符设备。每次传输数据以字节为单位的设备为字符设备,如打印机、键盘等低速设备。

(2)块设备。以数据块为单位进行传输的设备称为块设备,如磁盘等高速外存储器等。

3. 按所属关系分类

外部设备按所属关系可分为系统设备和用户设备。

(1)系统设备。这是指在操作系统生成时已经登记在系统中的标准设备,如磁盘、打印机等。

时钟也是一种特殊的系统设备，它的功能就是按事先定义的时间间隔发出中断。

（2）用户设备。这是指在系统生成时未登记在系统中的非标准设备。这类设备通常是由用户提供的，因此该类设备的处理程序也应该由用户提供，并通过适当的手段把这类设备登记在系统中，以便系统能对它实施统一管理。

4. 按设备的共享属性分类

从设备的共享属性角度来看，外部设备又可分为独占设备、共享设备和虚拟设备三类。

（1）独占设备。为了保证信息传输的连贯性，通常该类设备一经分配给某个进程，在该进程释放它之前，其他进程不能使用。多数的低速 I/O 设备都属于独占设备，如打印机，它只能为某一个进程所独占，而不允许多个进程同时使用。

（2）共享设备。这是指允许若干个进程同时使用的设备。实际上，几个进程可以同时交替地使用一台设备，如几个进程交替地从磁盘上读写数据。显然，共享的效果是可以获得较高的设备利用率。

（3）虚拟设备。通过假脱机输入/输出（Spooling）技术把原来的独占设备改造成可为若干个进程所共享的设备，以提高设备的利用率，这种设备即为虚拟设备。

5.1.2　设备管理的任务和功能

设备管理的基本任务是，按照用户的要求来控制 I/O 设备，完成用户所希望的输入输出要求，以减轻用户编制程序的负担。现代操作系统允许多个进程并发执行，但由于进程数多于 I/O 设备数，必将引起进程对资源的争夺。因此，设备管理的另一个重要任务是，按照一定的算法把一个设备分配给对该类设备提出请求的进程，以保证系统有条不紊地工作。此外，现代大中型计算机系统一般都拥有种类繁多的 I/O 设备，这些设备所花费的投资往往要占整个系统的 50%~80%。因此，如何充分而有效地使用这些设备，尽可能提高它们与 CPU 的兼容程度是设备管理的第三个重要而艰巨的任务。为实现上述任务，设备管理应具有下述功能。

（1）进行设备的分配

按照设备的类型（独占、共享或虚拟）和系统中所采用的分配算法，设备管理程序决定把一个 I/O 设备分配给哪一个要求该类设备的进程。另外，在分配设备的同时，还应分配相应的设备控制器和通道，以保证 I/O 设备与 CPU 之间有传递信息的通路；凡未分配到所需设备或控制器或通道的进程，应进入相应的等待队列。设备分配程序就是用来实现这一功能的。

（2）实现真正的 I/O 操作

为完成该功能，设备管理程序应具有下述几个子功能：① 在设置了通道的系统中，应根据用户提出的 I/O 要求，构成相应的通道程序，提供给通道去执行；② 启动指定的设备进行 I/O 操作；③ 对通道发来的中断请求作出及时的响应和处理。

（3）实现其他功能

为提高 CPU 和 I/O 设备之间并行操作的程度，减少中断次数，大多数 I/O 操作都会涉及缓冲区，因此，设备管理程序应具有对缓冲区进行管理的功能。此外，为改善系统的可适应性和可扩展性，应使用户程序与实际使用的物理设备无关。

5.2　设备控制器

设备控制器是 CPU 与 I/O 设备之间的接口，它接收从 CPU 发来的命令，并控制 I/O 设备的工作，使 CPU 从繁杂的设备控制事务中解脱出来。设备控制器是一个可编址设备，当仅控制一个设备时，它只有一个唯一的设备地址；若控制器连接多个设备时，则应具有多个设备地址，使每一个地址对应一个设备。设备控制器的复杂性因设备而异，相差很大。设备控制器一般可分为两大类：一类用于控制字符设备的控制器；另一类用于控制块设备的控制器。

5.2.1　设备控制器的功能

设备控制器主要具有以下一些功能。

1．接收和识别命令

CPU 可以向控制器发送多种不同的命令，设备控制器应能接收并识别这些命令。为此，在控制器中应具有相应的寄存器，用来存放接收的命令和参数，并对所接收的命令进行译码。例如，磁盘控制器可以接收 CPU 发来的 Read、Write、Format 等多条不同的命令，并且这些命令还带有参数；相应的，磁盘控制器就有多个寄存器和命令译码器等。

2．数据交换

数据交换是指 CPU 与设备控制器之间、设备控制器与设备之间的数据交换。前者通过数据总线，由 CPU 并行把数据写入设备控制器的缓冲区，或从设备控制器的缓冲区中并行地读取数据。对于后者，是用设备将数据输入到设备控制器的缓冲区，或从设备控制器的缓冲区传送给设备的。为此，设备控制器中需设置数据寄存器或缓冲区。

3．标识和报告设备的状态

设备控制器应记录下设备的状态供 CPU 查询。例如，仅当该设备处于发送就绪状态时，CPU 才能启动设备控制器从设备中读取设备状态。为此在设备控制器中应设置一状态寄存器，用其中的每一位来反映设备的某一种状态。当 CPU 将该寄存器的内容读入后，即可了解该设备的状态。

4．地址识别

如同内存中的每一个单元都有一个地址一样，系统中的每一个设备也都有一个地址，而设备控制器又必须能够识别它所控制的每个设备的地址。此外，为使 CPU 能从寄存器中读取或写入数据，这些寄存器也应具有唯一的地址。因此，设备控制器应配置地址译码器。

5．数据缓冲

I/O 设备的速率较低，而 CPU 和内存的速率却很高，故在控制器中必须设置一缓冲器。在输出时，用此缓冲器暂存由主机高速传来的数据，然后才以 I/O 设备所具有的速率将缓冲器中的数据传送给 I/O 设备；在输入时，缓冲器则用于暂存从 I/O 设备送来的数据，待接收到一批数据后，再将缓冲器中的数据高速地传送给主机。

6．差错控制

设备控制器还兼管对由 I/O 设备传送来的数据进行差错检测。若发现传送中出现了错误，通常将差错检测码置位，并向 CPU 报告，于是 CPU 将本次传送来的数据作废，并重新进行传送。这样便可保证数据输入的正确性。

5.2.2　设备控制器的组成

由于设备控制器处于 CPU 与设备之间，它既要与 CPU 通信，又要与设备通信，还应具有按照 CPU 发来的命令去控制设备工作的功能。因此，现有的大多数设备控制器都是由以下 3 部分组成的，如图 5.1 所示。

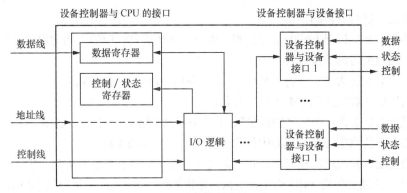

图 5.1 设备控制器的组成

1. 设备控制器与 CPU 的接口

该接口用于实现 CPU 与设备控制器之间的通信。共有三类信号线：数据线、地址线和控制线。其中数据线通常与两类寄存器相连接，第一类是数据寄存器，在控制器中可以有一个或多个数据寄存器，用于存放从设备送来的数据输入或从 CPU 送来的数据输出；第二类是控制/状态寄存器，在控制器中可以有一个或多个这类寄存器，用于存放从 CPU 送来的控制信息或设备的状态信息。

2. 设备控制器与设备的接口

在一个设备控制器上，可以连接一个或多个设备。相应地，在控制器中便有一个或多个设备接口，一个接口连接一台设备。每个接口都存在数据、控制和状态三种类型的信号。

3. I/O 逻辑

设备控制器中的 I/O 逻辑用于实现对设备的控制。它通过一组控制线与处理机交互，处理机利用该逻辑向控制器发送 I/O 命令；I/O 逻辑对收到的命令进行译码。每当 CPU 要启动一个设备时，一方面将启动命令发送给控制器；另一方面又同时通过地址线把地址发送给控制器，由控制器的 I/O 逻辑对收到的地址进行译码，再根据所译出的命令对所选设备进行控制。

5.3　输入、输出的控制方式

5.3.1　程序直接控制方式

程序直接控制方式是指用程序直接控制内存或 CPU 和外围设备之间进行信息传送的方式，通常又称为"忙—等"方式或循环测试方式。

在数据传送过程中，必不可少的一个硬件设备是 I/O 控制器，它是操作系统软件和硬件设备之间的接口，它解释 CPU 的命令，并控制 I/O 设备进行实际的操作。

I/O 控制器有两个寄存器：控制状态寄存器和数据缓冲寄存器。控制状态寄存器有几个重要的信息位：启动位、完成位、忙位等。启动位置 1，设备可以立即工作；完成位置 1，表示外设已完成一次操作；"忙位"用于表示设备是否处于忙碌状态。

数据缓冲寄存器是进行数据传送的缓冲区。当输入数据时，先将数据送入数据缓冲寄存器，然后由 CPU 从中取走数据。反之，当输出数据时，先把数据送入数据缓冲寄存器，然后及时由输出设备将其取走，进行具体的输出。

下面讲述程序直接控制方式的工作过程。由于数据传送过程中输入和输出的情况比较类似，下面只给出输出数据时的工作过程。

（1）把一个启动位为"1"的控制字写入该设备的控制状态寄存器。

（2）将需输出的数据送到数据缓冲寄存器。

（3）测试控制状态寄存中的"完成位"，若为0，则采用第（2）步，否则，采取第（4）步。

（4）输出设备将数据缓冲寄存器中的数据取走进行实际的输出。

程序直接控制方式虽然比较简单，也不需要多少硬件支持，但它存在以下明显的缺点。

（1）CPU与外围设备只能串行工作，CPU利用率低。由于CPU的工作速度远远高于外围设备的速度，使得CPU大量时间处于等待和空闲状态，CPU利用率大大降低。

（2）外设利用率低，因为外设之间不能并行工作。

5.3.2　中断控制方式

为了克服程序直接控制方式的缺点，提高CPU的利用率，应使CPU与外设并行工作，于是便出现了中断控制方式。这种方式要求在I/O控制器的控制状态寄存器中存在相应的"中断允许位"。

中断控制方式下的数据输入按以下步骤进行。

（1）进程需要数据时，将允许启动和中断的控制字写入设备控制状态寄存器中，启动该设备进行输入操作。

（2）该程序放弃处理机，等待输入的完成。操作系统进程调度程序调度其他就绪进程使用处理机。

（3）当输入完成时，输入设备通过中断请求向CPU发出中断请求信号。CPU在接收到中断信号之后，转向中断处理程序。

（4）中断处理程序首先保护现场，然后把输入缓冲寄存器中的数据传送到某一特定单元中，同时将等待输入完成的进程唤醒，进入就绪状态，最后恢复现场，并返回被中断的进程继续执行。

（5）在以后的某一时刻，操作系统进程调度程序选中提出的请求并得到获取数据的进程，该进程从约定的内存特定单元中取出数据继续工作。

此方式下的输出操作与输入操作基本类似。在中断控制方式中，CPU在执行其他的进程时，假如该进程也要求输入或输出操作，CPU也可以发出启动不同设备的启动指令和允许中断指令，从而做到设备与设备间的并行操作以及设备和CPU间的并行操作。

中断控制方式与程序直接控制方式相比，CPU的利用率大大提高且能支持外设间的并行操作，避免了CPU循环测试控制状态寄存器的工作。但中断控制方式仍存在许多问题，其中最大的缺点是：每台设备输入/输出数据时，相应的中断CPU的次数也会增多，这会使CPU的有效计算时间大大减少，同时也增加了系统的时空开销。为解决这一问题，又产生了DMA控制方式和通道控制方式。

5.3.3　DMA控制方式

DMA方式又称直接存储器访问（Direct Memory Access）方式，其基本思想是在外设和主存之间开辟直接的数据交换通路。

在 DMA 方式中，I/O 控制器有比上两种方式更强的功能。DMA 控制器除了有控制状态寄存器和数据缓冲寄存器外，还包括传送字节记数器和内存地址寄存器等。DMA 控制器可用来代替 CPU 控制内存和外设之间进行的成批数据交换。

DMA 方式的特点如下。

（1）数据传送的基本单位是数据块。即 CPU 与 I/O 设备之间，每次传送的至少是一个数据块。

（2）所传送的数据是从设备送入内存的，或者与之相反。

（3）仅在传送一个或多个数据块的开始和结束时，才需中断 CPU，请求干预，整块数据的传送是在 DMA 控制器控制下完成的。

从 DMA 方式的特点可以看出，DMA 方式较之中断控制方式成百倍地减少了 CPU 对 I/O 控制的干预，进一步提高了 CPU 的使用效率，同时也提高了 CPU 与 I/O 设备的并行操作程度。

在 DMA 方式下，DMA 控制器与 CPU，内存及 I/O 设备之间的关系如图 5.2 所示。

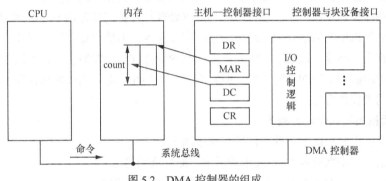

图 5.2　DMA 控制器的组成

DMA 方式下的数据输入处理过程如下：

（1）当某一进程要求设备输入数据时，CPU 把准备存放输入数据的内存起始地址及要传送的字节数据分别送入 DMA 控制器中的内存地址寄存器和传送字节计数器。

（2）将控制状态寄存器中的数据允许位和启动位置"1"，启动设备进行成批的数据输入。

（3）该进程进入等待状态，等待数据输入的完成，操作系统进程调度程序调度其他进程占用 CPU。

（4）在 DMA 控制器的控制下，按内存地址寄存器中的内容把数据缓冲寄存器的数据源源不断地写入到相应的主存单元，直至所有的数据全部传送完毕。

（5）输入完成时，DMA 控制器通过中断请求线发出中断信号，CPU 接收到后转交中断处理程序进行善后处理。

（6）中断处理结束时，CPU 返回被中断进程处执行。

（7）当操作系统进程调度程序调度到该进程时，该进程按指定的内存起始地址和实际传送的数据对输入数据进行加工处理。

虽然 DMA 方式比以前两种方式有了明显的进步，但它仍存在一定的局限性：首先，DMA 方式对外设的管理和某些操作仍由 CPU 控制；另外，多个 DMA 控制器的同时使用可能会引起内存地址的冲突，同时也是不经济的。为了克服以上缺点，于是出现了通道控制方式。

5.4 中断技术

5.4.1 中断的基本概念

1. 什么是中断

中断（Interrupt）是指计算机在执行期间，系统内发生非寻常的或非预期的急需处理事件，使得 CPU 暂时停止当前正在执行的程序而转去执行响应的事件处理程序，待处理完毕后又返回原来暂停处继续执行或调度新的程序执行的过程。

现代计算机系统一般都具有处理突发事件的能力。例如，从外设上读入一组信息，当发现读入信息有错误时，重读该组信息以克服错误，得到正确的信息。

这种处理突发事件的能力是由硬件和软件协作完成的。首先由硬件的中断装置发现产生的事件，然后，中断装置中止现行程序的执行，引出处理该事件的程序进行处理。计算机系统不仅可以处理由硬件或软件错误而产生的事件，而且可以处理某种预定处理伪事件。例如：外围设备工作结束时，也会发出中断请求，向系统报告它已完成任务，系统根据具体情况作出相应处理。引起中断的事件称为中断源。发现中断源并产生中断的硬件称为中断装置。在不同的硬件结构中，通常有不同的中断源和不同的中断装置，但它们有一个共性，即：当中断事件发生后，中断装置能改变处理器内操作执行的顺序。

2. 与中断相关的几个重要概念

（1）中断源：引起中断发生的事件被称为中断源。

（2）中断请求：中断源向 CPU 发出的请求中断处理的信号。

（3）中断响应：CPU 收到中断请求后转相应的事件处理程序。

（4）禁止中断（关中断）：CPU 内部的处理机状态字 PSW 的中断允许位已被清除（即该位为"0"），不允许 CPU 响应中断。

（5）中断屏蔽：在中断请求产生之后，系统用软件方式有选择地封锁部分中断而允许特殊部分的中断仍能得到响应。

5.4.2 中断的分类和优先级

根据中断产生的条件，中断可分为以下两种。

1. 外中断

外中断是指来自处理机和内存以外的中断，包括 I/O 设备发出的 I/O 中断、外部信号中断、各种定时器引起的时钟中断以及调试程序中设置的断点中断等。

2. 内中断

内中断主要指在处理机和内存内部产生的中断，一般又被称为陷入（trap）或异常。它包括程序运算引起的各种错误、如地址非法、校验错、页面失效、存取访问控制错、算术操作溢出、数据格式非法、除数为零、非法指令、用户程序执行特权指令、分时系统中的时间片中断以及用户态到核心态的切换等。

为了按中断源的轻重缓急处理响应中断请求，操作系统对不同的中断赋予了不同的优先级。为了禁止中断或屏蔽中断，CPU 的处理机状态字 PSW 中也设置有相应的优先级。如果中断源的优先级高于 PSW 的优先级，则 CPU 响应该中断源的中断请求；反之，CPU 屏蔽该中断源的中断请求。

各中断源的优先级在系统设计时给定，在系统运行时是固定的。而处理机的优先级则根据执行情况由系统程序动态设定。

5.4.3　中断处理的过程

中断处理过程，如图 5.3 所示，通常分为以下几个步骤。

（1）CPU 检查响应中断的条件是否满足。CPU 中断的条件是：有来自中断源的中断请求、CPU 允许中断。如果中断响应条件不满足，则中断处理无法进行。

（2）如果 CPU 响应中断，则 CPU 关中断，使其进入不可再次响应中断的状态。

（3）保存被中断进程的现场。为了在中断处理结束后能使进程正确地返回到中断点，系统保存当前处理机状态字 PSW 和程序计数器等的值。这些值一般保存在特定堆栈或硬件寄存器中。

（4）分析中断原因，调用中断处理子程序。在多个中断请求同时发生时，处理优先级最高的中断源发出的中断请求。

（5）执行中断处理子程序。

（6）退出中断，恢复被中断进程的现场或调度新进程。

（7）开中断，CPU 继续执行。

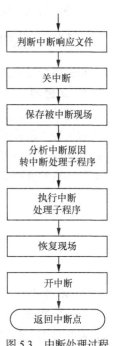

图 5.3　中断处理过程

5.5　缓冲技术

在现代操作系统中，设备与内存交换数据为提高 I/O 速度和设备的利用率及并行程度大都需要借助缓冲技术来实现。缓冲可分为硬件缓冲及软件缓冲两种。硬件缓冲可用硬件缓冲器来实现，除一些关键部位，一般情况下不采用硬件缓冲器。软件缓冲器是应用广泛的一种缓冲机制，它是指在内存划出一个具有 n 个单元的专用缓冲区，以便 I/O 操作时用来临时存放输入/输出的数据。下面介绍软件缓冲技术。

5.5.1　缓冲的引入

在操作系统中，引入缓冲的主要原因可归结为以下几点。

1. 改善 CPU 与 I/O 设备间速度不匹配的矛盾

众所周知，程序通常都是时而计算、时而输出的。例如一个程序，它时而进行长时间的计算而没有输出，时而又阵发性把输出送到打印机。由于打印机的速度跟不上 CPU，使得 CPU 长时间的等待。如果设置了缓冲区，程序输出的数据先送到缓冲区暂存，然后由打印机慢慢地打印，这时，CPU 不必等待，可以继续执行程序，从而实现了 CPU 与 I/O 设备之间的并行工作。事实上，凡在数据传送速率不同的地方，都可设置缓冲，以缓和它们之间因速度不匹配而造成的矛盾。

2. 可以减少对 CPU 的中断频率，放宽对中断响应时间的限制

如果 I/O 操作每传送一个字节就要产生一次中断，那么设置了 n 个字节的缓冲区后，则可以等到缓冲区满才产生中断，这样中断次数就减少到 1/n，而且中断响应的时间也可以相应的放宽。

3. 提高 CPU 和 I/O 设备之间的并行性

缓冲的引入可显著提高 CPU 和设备的并行操作程度，提高系统的吞吐量和设备的利用率。

5.5.2 缓冲的种类

根据系统设置的缓冲器的个数，可把缓冲技术分为：单缓冲、双缓冲、环形缓冲和缓冲池。

1. 单缓冲

所谓单缓冲，是指在设备和处理机之间设置一个缓冲区。设备向处理机交换数据时，先把被交换数据写入缓冲区，然后，需要数据的设备或处理机从缓冲区中取走数据，如图 5.4 所示。由于缓冲区属于临界资源，即不允许多个进程同时对一个缓冲区操作，因此，尽管单缓冲能匹配设备与处理机的处理速度，但是，处理机和设备之间不能通过单缓冲达到并行操作。

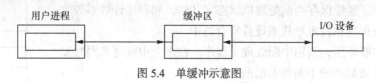

图 5.4　单缓冲示意图

2. 双缓冲

在单缓冲的情况下，当操作系统把数据存放到系统缓冲区后，假如又有新的数据从设备中读入，而此时用户进程还没有把数据送到用户数据区，操作系统就不得不暂停从设备读数据，直至将缓冲区中的数据全部送到用户数据区。这种情况明显地影响了 CPU 与设备之间的并行程度。为此，可采用双缓冲方式。

所谓双缓冲，就是在操作系统中为某一设备设置两个缓冲区，当一个缓冲区中的数据尚未被处理时可用另一个缓冲区存放从设备读入的数据，以此来平滑 CPU 与 I/O 设备之间的速度差异。

如图 5.5 所示，设备首先把数据放入缓冲区 A 中，当用户进程正对该数据进行处理时，如果从设备读出一些数据，此时操作系统将会把数据暂时存放到缓冲区 B 中，待用户进程处理完 A 中的数据后，就从 B 中读取数据，而下次操作系统又可以把设备读入的数据放入缓冲区 A 中。这就是说，用户进程处理第 i 个数据与操作系统从设备读入第 $i+1$ 个数据的工作是重叠的。操作系统和用户进程轮流地使用两个缓冲区 A 和 B，以达到并行工作的目的。

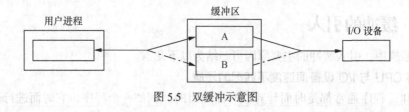

图 5.5　双缓冲示意图

3. 环形缓冲

当输入、输出或生产者—消费者的速度基本相匹配时，采用双缓冲能获得较好的效果，可使生产者和消费者基本上能并行操作。但若两者的速度相差甚远时，双缓冲的效果则不够理想，但可以增加缓冲区的数量，使情况有所改善。因此，又引入了多缓冲，并将多缓冲组织成环形缓冲形式。

　　环形缓冲技术是在主存中分配一组大小相等的存储区作为缓冲区，并将这些缓冲区链接起来，每个缓冲区中有一个指向下一个缓冲的指针，最后一个缓冲区的指针指向第一个缓冲区，这样 N 个缓冲区就形成了一个环形，而且系统中有个缓冲区链首指针 Start 指向第一个缓冲区。当环形缓冲用于输入（输出）数据时，除了 Start 指针指向第一个缓冲区外，还需要有另外两个指针 In 和 Out。输入过程，先从设备接收数据到缓冲区中，In 指针指向可输入数据的第一个空缓冲区；若要输出数据，则取一个装满数据的缓冲区从中取出数据，Out 指针指向可提取数据的第一个满缓冲区。环形缓冲区结构如图 5.6 所示。

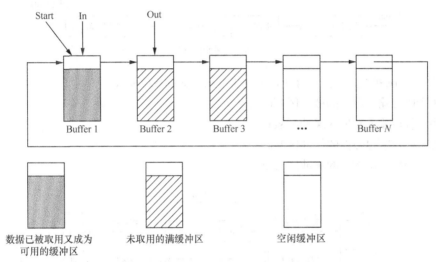

图 5.6　环形缓冲区结构

　　系统初始化时，三个指针 Start=In=Out。当输入数据时，数据输入到 In 指针所指向的缓冲区，输完后，In 指针指向下一个可用的空缓冲区；当数据输出时，进程从 Out 指针所指向的满缓冲区中提取数据，操作完后，Out 指针指向下一个满缓冲区。

　　在环形缓冲这一方案中，为保证并行操作必须有这样一种约束条件，即 In=Out。在一般情况下，Out<In。当 Out 即将赶上 In 时，进程从缓冲区提取数据的操作必须等待，当 In 即将赶上 Out 时，从设备输入数据的操作也必须等待。

　　虽然，环形缓冲可解决双缓冲中所存在的一些问题，但当系统较大时，要有许多这样的环形缓冲，不仅耗费大量的内存空间，而且利用率也不高。为提高缓冲区的利用率，目前广泛采用的是缓冲池技术。

4. 缓冲池

　　从主存中分配一组缓冲区即可构成缓冲池。在缓冲池中每个缓冲区的大小可以等于物理记录的大小，它们作为公共资源被共享，缓冲池既可用于输入，也可用于输出。下面来介绍缓冲池技术的几个方面。

　　（1）缓冲池的组成

　　缓冲池中的缓冲区一般有以下三种类型：空闲缓冲区、装输入数据的缓冲区和装输出数据的缓冲区。为管理方便，系统将同类型的缓冲区连成队列，于是就有了以下 3 个队列，如图 5.7 所示。

- 空缓冲区队列 emq，队首指针为 F（emq），队尾指针为 L（emq）；
- 输入缓冲队列 inq，队首指针为 F（inq），队尾指针为 L（inq）；
- 输出缓冲队列 outq，队首指针为 F（outq），队尾指针为 L（outq）。

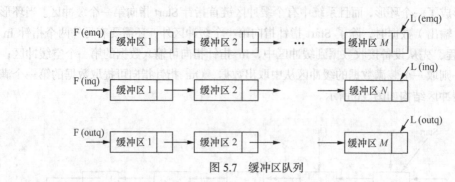

图 5.7　缓冲区队列

除上述 3 个队列外，还应具有 4 种工作缓冲区，如图 5.8 所示。

- 用于收容输入数据的缓冲区 hin；
- 用于提取输入数据的缓冲区 sin；
- 用于收容输出数据的缓冲区 hout；
- 用于提取输出数据的缓冲区 sout。

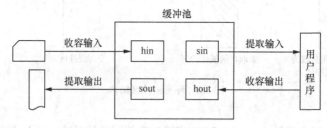

图 5.8　缓冲池中的缓冲区

（2）缓冲池的工作方式

缓冲区可以在收容输入、提取输入、收容输出和提取输出 4 种方式下工作。

- 收容输入

当输入进程需要输入数据时，系统从 emq 队列的队首摘下一空缓冲区，把它作为收容工作缓冲区 hin。然后，将数据输入其中，再将它挂在队列 inq 的末尾。

- 提取输入

当计算进程需要输入数据进行计算时，系统从输入队列中取得相应的一缓冲区作为提取输入工作缓冲区 sin，计算机进程从中提取数据，当进程用完该缓冲区数据后，再将它挂到空缓冲区队列 emq 末尾。

- 收容输出

当计算机进程需要输出数据时，系统从空缓冲队列 emq 的队尾取得一空缓冲区，将它作为收容输出工作缓冲区 hout。然后把数据输出其中，再将它排在队列 outq 的末尾。

- 提取输出

当要进行输出操作时，从输出队列 outq 的队首取得一缓冲区，作为提取输出工作缓冲区 sout。当数据提取完毕后，再将该缓冲区挂在空缓冲区队列 emq 的末尾。

5.6　设备分配技术

在现代操作系统中，要求分配设备的进程总是多于设备的数量，所以往往有多个进程同时要求占有某个设备的使用权，而这个设备一次只能分配给一个进程使用，到底分配给哪一个进程，就会涉及设备的分配问题。在多道程序设计环境下，系统中的设备不允许用户自行使用，而必须由系统统一分配。每当进程向系统提出 I/O 请求时，只要是可能和安全的，设备分配程序便能按照一定的策略把其所需的设备分配给该进程。有的系统为了确保 CPU 与设备之间能进行通信，还应分配相应的设备控制器和通道。为了实现设备的分配，系统中还必须设置相应的数据表。

5.6.1　设备分配中的数据表

在进行设备分配时，通常都要借助于一些表格。在表格中记录了相应设备或控制器的状态以及对设备或控制器进行控制所需的信息。在进行设备分配时所需的数据结构表格主要有：设备控制表、控制器控制表、通道控制表和系统设备表等。

1. 设备控制表（Device Control Table），DCT

系统为每一个设备都配置了一张设备控制表，用于记录本设备的情况，如图 5.9 所示。

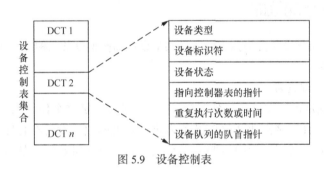

图 5.9　设备控制表

设备控制表中除了有用于指示设备类型的字段 type 和设备标识符字段 deciveid 外，还有以下一些字段。

（1）设备状态。当设备自身正处于使用状态时，应将设备的忙状态置为 "1"。若与该设备相连接的控制器或通道正忙，则不能启动该设备，此时应将设备的等待标志置为 "1"。

（2）指向控制器表的指针。该指针指向该设备所连接的控制器的控制表。在具有多条通路的情况下，一个设备将与多个控制器连接。此时，DCT 中还应多设置几个控制器表指针。

（3）重复执行次数或事件。外部设备在传送数据时容易发生信息传送错误的情况，因此在许多系统中，如果发生传送错误，系统并不立即认为传送失败，重新传送，而是并由系统规定设备在工作中发生错误时应重复执行的次数。在重复执行时，若能恢复正常传送，则仍认为传送成功。仅当屡次失败而致使重复执行次数达到规定值时才认为传送失败。

（4）设备队列的队首指针。凡因请求本设备而未能满足的进程，其 PCB 都应按照一定的策略排成一个队列，称该队列为设备请求队列（简称设备队列）。其队首指针指向队首进程的PCB。

2. 控制器控制表（Cotroller Control Table），COCT

系统为每一个控制器都设置了一张用于记录本控制器情况的控制表，如图 5.10 所示。

3. 通道控制表（Channel Control Table），CHCT

每个通道都配有一张通道控制表，如图 5.11 所示。

4. 系统设备表（System Device Table），SDT

这是系统范围的数据结构，其中记录了系统中全部设备的情况。每个设备占一个表目，其中包括设备类型、设备标识符、设备控制表及设备驱动程序的入口等，如图 5.12 所示。

图 5.10　控制器控制表

图 5.11　通道控制表　　　　　　　　图 5.12　系统设备表

5.6.2　设备分配策略

根据设备的特性可把设备分为独占设备、共享设备和虚拟设备三种。下面分别就这三种设备类型讨论其分配策略。

1. 独占设备的分配策略

所谓独占设备就是指这类设备被分配给了一个作业后，被这个作业独占使用，其他的任何作业都不能再使用，直到该作业释放该设备为止。常见的独占设备有打印机、扫描仪等。通常独占设备在使用前或使用过程中需要人工干预，如为打印机装纸、从打印机上取下打印结果等。

针对独占设备，系统一般采用静态分配方式。即在一个作业执行前，就将它所需要的所有设备一次性全部分配给它，这样作业在执行期间就不会再提出其他新的设备分配请求，当作业结束撤离时，系统才将分配给它的独占设备收回。静态分配方式简单，容易实现，而且不会发生死锁，但采用静态分配方式进行设备分配时往往会造成设备利用率不高。

2. 共享设备的分配策略

所谓共享设备就是允许多个用户同时使用的设备，如磁盘等，可由多个进程同时进行访问。设备共享有两层含义：一是指对设备介质的共享，如多个用户可以把信息存于同一设备的不同扇区上，这种共享一般是以文件的形式存放的；二是指对磁盘等驱动器的共享，多个用户访问这些设备上的信息是通过驱动器来实现的。对磁盘等设备采用共享分配，可将这些设备交叉分给多个用户或多个进程使用，从而提高该设备的利用率。

对共享设备的分配一般采用动态分配方式。所谓动态分配是指在进程执行过程中，当进程需要使用设备时，通过系统调用命令向系统提出设备请求，系统按一定的策略给进程分配所需设备，进程一旦使用完毕就立即将其释放。显然，这种分配方式能大大提高设备的利用率，但可能会导致死锁。因此，在选择分配方式时应极力避免死锁的发生。

常见的共享设备分配策略主要有以下两种。

● 先来先服务

当多个进程对某一设备提出 I/O 请求或者在同一设备上进行多次 I/O 操作时，该算法根据进程对设备提出请求的先后次序，将这些进程排成一个设备请求队列，当设备空闲时，设备分配程序总是把设备首先分配给队首进程，队首进程就可以在该设备上进行 I/O 操作了。

● 优先级高者优先

发出 I/O 请求命令的进程，如果进程的优先级高，则它的 I/O 请求的优先级也高，这有利于进程尽快运行完毕并尽早释放它所占用的资源。因此，优先级高者优先算法是把进程请求某设备的 I/O 命令按进程的优先级排成队列，优先级最高的进程排在该列队的队首。当设备空闲时，设备分配程序将该设备分配给队首进程，队首进程就可以进行 I/O 操作。如果两个进程的优先级相同，则按先来先服务的方法依次排队。

3. 虚拟设备的分配策略

系统中独占设备的数量有限，且独占设备的分配往往采用静态分配方式，使得许多进程会因为等待某些独占设备而处于等待状态。而获得了独占设备的进程，在其整个运行期间往往是占有这个设备而不是频繁使用这些设备，因而使得这些设备的利用率很低。为了克服这一缺点，可通过共享设备来模拟独占设备以提高设备利用率及系统效率，于是就有了虚拟设备。

虚拟设备用于代替独占设备的部分存储空间及有关的控制结构。对虚拟设备采用虚拟分配，其分配过程为：当进程请求独占设备时，系统将共享设备的一部分存储空间分配给它，进程与设备交换信息时，系统把要交换的信息存放在这部分存储空间，在适当的时候对信息做相应的处理。如打印机忙时，把要打印的信息送到某个存储空间中，在打印机空闲时再将存储空间上的信息送到打印机上打印出来。

5.6.3　设备分配程序

1. 设备分配程序的工作步骤

对于具有 I/O 通道的系统，在进程提出 I/O 请求后，系统的设备分配程序可按以下步骤进行分配。

（1）分配设备

首先根据物理设备名，查找系统设备表 SDT，从中找出该设备的设备控制表 DCT，根据 DCT 中的设备状态字段，可知该设备是否正忙。若忙，便将请求 I/O 的进程的 PCB 挂在设备队列上；否则，便按照一定的算法来计算本次设备分配的安全性，如果不会导致系统进入不安全状态，便将设备分配给请求进程，否则仍将其 PCB 插入设备等待队列。

（2）分配控制器

在系统把设备分配给请求 I/O 的进程后，再到其 DCT 中找到与该设备连接的控制器的控制表 COCT，从 COCT 内的状态字段中可知该控制器是否忙。若忙，便将请求 I/O 的进程的 PCB 挂在该控制器的等待队列上；否则，将该控制器分配给进程。

（3）分配通道

在 COCT 中又可找到与该控制器连接的通道控制表 CHCT，再根据 CHCT 内的状态信息可知该通道是否忙。若忙，便将请求 I/O 进程挂在该通道的等待队列上；否则，将该通道分配给进程。

只有在设备、控制器和通道三者都分配成功时，本次的设备分配才算成功。然后，便可启动该 I/O 设备进行数据传送了。

2. 设备分配程序的改进

设备分配程序一般可从以下两方面来加以改进，以使独占设备的分配程序具有更大的灵活性，提高分配的成功率。

（1）增加设备的独立性

为了获得设备的独立性，进程应用逻辑设备名请求 I/O。这样，系统首先从 SDT 中找出第一个该类设备的 DCT。如果该设备忙，又查找第二个该类设备的 DCT，仅当所有该类设备都忙时，才把进程挂在该类设备的等待队列上。而只要有一个该类设备可用，系统便可进一步计算分配该设备的安全性。

（2）多通道情况

为了防止在 I/O 系统中出现"瓶颈"现象，通常都采用多通路的 I/O 系统结构。此时对控制器和通道的分配，同样要经过几次反复。即若设备所连接的第一个控制器忙，应查看其所连接的第二个控制器，仅当所有控制器都忙时，此时的控制器分配才算失败，才把进程挂在控制器的等待队列上。而只要有一个控制器可用，系统便可将它分配给进程。对通道的分配与控制器的分配完全类似。

5.7 SPOOLing 技术

5.7.1 什么是 SPOOLing

前面介绍了脱机输入/输出技术，这是为了缓和 CPU 的高速性与 I/O 设备的低速性之间的矛盾而引入的。该技术利用了专门的外围机将低速 I/O 设备上的数据传送到高速磁盘上；或者相反。事实上，当系统中出现了多道程序之后，完全可以利用其中的一道程序来模拟脱机输入时的外围控制机的功能，把低速 I/O 设备上的数据传送到高速磁盘上；再用另一道程序来模拟脱机输出时外围控制机的功能，把数据从磁盘传送到低速输出设备上。这样，便可以在主机的控制下，实现脱机输入/输出功能。此时的外围机操作与 CPU 对数据的处理同时进行，把这种在联机情况下实现的同时外围操作称为 SPOOLing（Simultaneaus Perihernal Operations On-Line），或称为假脱机操作。

5.7.2 SPOOLing 系统的组成

SPOOLing 系统是对脱机输入/输出工作的描述，它必须有高速随机外存的支持，通常采用磁盘。SPOOLing 系统主要由以下 3 部分组成。

1. 输入井和输出井

这是在磁盘上开辟的两个大存储空间。输入井模拟脱机输入时的磁盘，用于收容 I/O 设备输入的数据。输出井模拟脱机输出时的磁盘，用于收容用户程序的输出数据。

2. 输入缓冲区和输出缓冲区

在内存中要开辟两个缓冲区：输入缓冲区和输出缓冲区。输入缓冲区用于暂存由输入设备送来的数据，以后再传送到输入井；输出缓冲区用于暂存输出井送来的数据，以后再传送给输出设备。

3. 输入进程和输出进程

输入进程模拟脱机输入时的外围控制机，将用户要求的数据从输入设备通过输入缓冲区再送到输入井。当 CPU 需要输入数据时，直接从输入井读入内存。输出进程模拟脱机输出时的外围控制机，把用户要求输出的数据，先从内存送到输出井，待输出设备空闲时，再将输出井中的数据，经过输出缓冲区送到输出设备上。SPOOLing 系统的组成如图 5.13 所示。

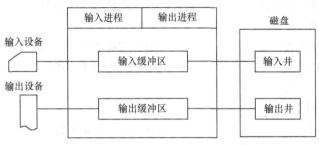

图 5.13　SPOOLing 系统示意图

5.7.3　SPOOLing 系统的特点

SPOOLing 系统的特点主要有以下几点。

1. 提高了 I/O 速度

对数据进行的 I/O 操作，已从对低速 I/O 设备进行的 I/O 操作演变为对输入井或输出井中数据的存取，如同脱机输入/输出一样，提高了 I/O 速度，缓和了 CPU 与低速 I/O 设备之间速度不匹配的矛盾。

2. 将独占设备改造为共享设备

因为 SPOOLing 系统实际上并没有为任何进程分配设备，而只是在输入井或输出井中为进程分配一块存储区并建立一张 I/O 请求表。这样，便把独占设备改造为了共享设备。

3. 实现了虚拟设备功能

宏观上，虽然多个进程在同时使用一台独占设备，然而对每一个进程而言，它们都认为自己独占了一台设备，当然，该设备只是逻辑上的设备。SPOOLing 系统实现了将独占设备变换为若干台对应的逻辑设备的功能。

习　题

一、选择题

1. 在以下几个问题中，哪几个应是设备分配过程中应考虑的问题（　　　）

（A）安全性　　　　　（B）及时性　　　　　（C）设备的固有属性

（D）与设备的无关性　　　　　（E）共享性

2. 下面哪一个不会引起进程创建（　　　）

（A）用户登录　　　（B）作业调度　　　（C）设备分配　　　（D）应用请求

3. 当分配一通道给进程，由该进程传送完之后才能给别的进程占用，这种情况属于哪一种通道类型（　　　）

（A）字节多路通道　　　　　　　　（B）数组选择通道

（C）数组多路通道　　　　　　　　（D）PIPE

4. 从设备的物理角度看，I/O 设备可分为（　　　）

（A）脱机和联机　（B）用户和系统　（C）独占和共享　（D）虚拟与逻辑

5. 通道程序（　　　）

（A）由一系列机器指令构成　　　　　（B）由一系列通道指令构成

（C）可以由高级语言编写　　　　　　（D）就是通道控制器

6. I/O 控制方式有（　　　）

（A）程序 I/O 方式　　　　　　　　　（B）中断驱动 I/O 控制方式

（C）DMA I/O 控制方式　　　　　　　（D）缓冲管理方式

（E）设备分配算法

7. 引入缓冲的原因（　　　）

（A）内存不够　　　　　　　　　　　（B）减少中断次数

（C）减少占用通道的时间　　　　　　（D）解决 I/O 设备与 CPU 速度匹配问题

（E）设备没有数据区

8. 对 I/O 通道设备的正确描述（　　　）

（A）通道能大大减少 CPU 对 I/O 的干预

（B）建立独立的 I/O 操作

（C）在 CPU 和设备控制器之间才能增设通道

（D）I/O 通道是一种特殊的处理机

（E）在通道完成了规定的 I/O 任务后，才向 CPU 发出中断信号

9. 缓冲区管理的主要职责是（　　　）

（A）决定缓冲区的数量　　　　　　　（B）实现进程访问缓冲区的同步

（C）限制进程的数量　　　　　　　　（D）缓冲区的组织、分配和回收

10. 一个正在访问临界资源的进程由于申请等待 I/O 操作而被阻塞时（　　　）

（A）可以允许其他进程进入该进程的临界区

（B）不允许其他进程进入临界区和抢占处理机执行

（C）可以允许其他就绪进程抢占处理机，继续运行

（D）不允许其他进程抢占处理机执行

二、填空题

1. 设备分配应保证设备有_____和避免_____。

2. 设备管理中采用的数据结构有_____、_____、_____、_____四种。

3. 设备分配中的安全性是指_____。

4. 常用的 I/O 控制方式有_____、_____、_____和_____。

5. 通道是一个独立于_____的专管_____，它控制_____与_____之间的信息交换。

三、问答题

1. 什么是缓冲？常用的缓冲技术分为哪几种？

2. 简述 DMA 的工作过程。DMA 传送是怎样与 CPU 并行工作的？

3. 为什么要引入设备的独立性？设备的独立性怎样实现？

4. 什么是磁盘的提前读、延迟写和虚拟盘？

第6章
文件管理

一个现代的计算机系统除了包含中央处理器、主存储器以及各种输入/输出设备等各种硬件资源外，还应具有另一种重要资源，即所谓的软件资源。软件资源包括各种系统程序（如操作系统、汇编程序、编辑程序、编译程序、装配程序等）、标准子程序库和某些常用的应用程序。这些软件资源都是一组相关联的信息（程序和数据）集合。从管理角度可以把它们看成一个个文件，并把它们保存在某种存储介质上。

在文件管理中，核心是文件，主要涉及文件的类型和属性、文件的结构和存储文件的常用设备、文件的存取方式、文件目录和存储文件的空闲块的管理、文件的共享和保护等。

本章的学习目标：

- 理解文件及其相关概念；
- 掌握文件的逻辑结构和物理结构；
- 了解文件的存取方式和文件的存取设备；
- 掌握常用的几种存储文件的空闲块的管理方法；
- 理解文件的目录结构以及文件目录的管理方法；
- 掌握常用的文件共享和保护方法。

6.1 文件系统概述

6.1.1 文件和文件系统

1. 文件的定义

文件是具有标识符（文件名）的一组相关信息的集合。标识符是用来标识文件。不同的系统对标识符的规定有所不同。文件的确切定义有两种：

（1）文件是具有标识符的相关字符流的集合；

（2）文件是具有标识符的相关记录的集合。

文件的两种解释定义了两种文件形式：第一种形式的文件称为无结构文件或流式文件。UNIX操作系统采用这一形式；第二种形式的文件称为有结构或记录式文件，组成文件的基本信息单位是记录，记录式文件主要用于信息管理。

2. 文件系统的定义

文件系统是操作系统中负责存取和管理文件信息的机构。它是由管理文件所需的数据结构

（如文件控制块，存储分配表等）和相应的管理软件以及访问文件的一组操作组成。

6.1.2　文件的类型和属性

1. 文件的分类

为了便于管理和控制文件，文件可分为若干种类型。下面是几种常见的分类方法。

（1）按用途分类

按用途分类，文件可分为以下 3 种。

- 系统文件。它是由系统软件构成的文件，对用户不直接开放，只允许用户调用。
- 用户文件。用户委托系统保存的文件，如源代码、目标程序等。
- 库文件。它是由标准子程序和常用的应用程序组成的文件，只允许用户调用，而不允许用户修改。

（2）按文件中的数据形式分类

文件按此种分类方法可分为以下 3 类。

- 源文件。它是由源程序和数据构成的文件，通常从终端输入或输出，一般由 ASCII 代码或汉字组成。例如，用 C 语言编写的源文件（源程序.C）。
- 目标文件。它是由相应的编译程序编译而成的文件，由二进制代码组成，扩展名为.obj。
- 可执行文件。它是由目标文件链接而成的文件，扩展名一般为.exe。

（3）按操作保护方式分类

文件按保护方式可分为以下 3 类。

- 只读文件。仅允许对其进行读操作的文件。
- 读写文件。允许用户对其进行读或写操作的文件。
- 不保护文件。允许所有用户存取的文件。

（4）按文件的性质分类

UNIX 操作系统按此分类方法来对所属文件进行分类。

- 普通文件。它是由内部无结构的一串平滑的字符构成的文件。这种文件既可以是系统文件，也可以是库文件或用户文件。
- 目录文件。它是由文件目录构成的一类文件，对它的处理（读、写、执行）在形式上与普通文件相同。
- 特殊文件。它是由输入/输出慢速字符设备构成的文件。这类文件对于查找目录、存取权限验证等的处理与普通文件相似，而其他部分要针对设备特殊要求做相应的特殊处理。

（5）按文件的物理结构分类

- 顺序文件。它是指把逻辑文件中的记录顺序地存储到连续的物理盘块中，这样，在顺序文件中所记录的次序与它们在存储介质上存放的次序是一致的。
- 链接文件。它是指文件中的各个记录可以存放在不相邻接的各个物理盘块中，通过物理块中的链接指针，将它们连接成一个链表。
- 索引文件。它是指文件中的各个记录可存储在不相邻接的各个物理盘块中，但需要为每个文件建立一张索引表来实现记录与物理盘块之间的映射。在索引表中为每个记录设置一个表项，其中存放该记录的记录号及其所在的物理盘块号。

2. 文件的属性

可进一步通过文件属性来深入认识文件。文件的属性包括以下几种。

（1）文件类型。可从不同的角度确定文件的类型。

（2）文件长度。文件的当前长度。（即文件的大小，通常以字节来计算文件的大小）

（3）文件的位置。文件在哪一设备上或在设备的什么位置。

（4）文件的存取控制。对文件的读、写或执行等控制。

（5）文件的建立时间。文件最后的修改时间。

6.1.3　文件系统的基本功能

从用户使用角度或从系统外部来看，文件系统主要实现了"按名存取"。从系统管理角度或从系统内部来看，文件系统主要实现了对文件存储器空间的组织和分配、对文件信息的存储以及对存入的文件进行保护和检索。具体来说，文件系统要借助组织良好的数据结构和算法有效地对文件信息进行管理，提供简明的手段，使用户方便地存取信息。综合上述两方面的考虑，操作系统中的文件管理部分应具有以下功能：

（1）用户可执行创建、修改、删除、读写文件的命令；

（2）用户能以合适的方式构造所需要的文件；

（3）用户可在系统的控制下，共享其他用户的文件；

（4）用户可对文件存储空间进行管理；

（5）系统应具有转存和恢复文件的能力，以防止意外事故的发生；

（6）系统应能提供可靠的保护及保密措施。

6.2　文件结构与存储设备

人们常以两种不同的观点去研究文件的结构。一种是从用户观点出发，主要研究文件的组织形式、用户可以直接处理的数据及结构，它独立于物理特性，常称之为逻辑结构。另一种是实现的观点，主要研究存储介质上的实际文件结构，如文件在外存上的存储组织形式，常称之为物理结构。本节将分别介绍文件的逻辑结构和物理结构。

6.2.1　文件的逻辑结构

文件的逻辑结构可分为两大类：一是有结构文件，它是指由一个以上的记录构成的文件，因此又称为记录式文件；二是无结构文件，它是指由字符流构成的文件，因而又称为流式文件。

1. 有结构文件

在记录式文件中，所有的记录通常都用于描述一个实体集，有着相同或不同数目的数据项，记录的长度可分为定长和不定长两种。

（1）定长记录文件。它是指文件中所有记录的长度都是相等的。所有记录中的各数据项都处在记录中相同的位置，具有相同的顺序及相同的长度。文件的长度用记录数目来表示。定长记录文件处理起来十分方便，系统开销小，被广泛用于数据处理中。

（2）变长记录文件。它是指文件中各记录的长度不相同。在有些记录中，数据项本身的长度就是不确定的，如病历记录中的病因、病史，科技情报记录中的摘要等。

2. 无结构文件

在实际应用中，大量的数据结构和数据库采用的是有结构的文件形式，而源程序、可执行程序、库函数等采用的则是无结构文件形式，即流式文件。流式文件的长度以字节为单位，对流式文件的访问则利用指针来指出下一个要访问的字符。有时也可以将流式文件看作是记录式文件的一个特例。在 UNIX 系统中，所有的文件均被看作是流式文件。

3. 选取文件逻辑结构应遵循的原则

在文件系统设计时，选择何种逻辑结构才能更有利于用户对文件信息的操作呢？一般情况下，选取文件的逻辑结构应遵循下述原则。

（1）当用户对文件信息进行修改操作时，给定的逻辑结构应能尽量减少对已存储好的文件信息的变动。

（2）当用户需要对文件信息进行操作时，给定的逻辑结构应使文件系统在尽可能短的时间内查找到需要查找的记录或基本信息单位。

（3）使文件信息占据最小的存储空间。

（4）便于用户进行操作。

显然，对于字符流的无结构文件来说，查找文件中的基本信息单位（如某个单词），是比较困难的。但反过来，字符流的无结构文件管理简单，用户可以方便地对其进行操作。所以，那些对基本信息单位操作不多的文件较适于采用字符流的无结构方式，例如源程序文件、目标代码文件等。除了字符流的无结构方式外，记录式的有结构文件可把文件中的记录按各种不同的方式排列，构成不同的逻辑结构，以便用户对文件中的记录进行修改、追加、查找和管理等操作。

6.2.2　文件的物理结构

文件的物理结构指文件在外存物理存储介质上的结构，和文件的存取方法密切相关。文件物理结构的好坏，直接影响到文件系统的性能。因此，只有针对文件或文件系统的适用范围建立起合适的物理结构，才能既有效利用存储空间，又便于系统对文件的处理。

为了有效地分配存储文件的外存空间，通常将它们分为若干存储块，并以块为单位进行分配和传送。每个块称为物理块，而块中的信息称为物理记录。物理块的长度通常是固定的。

文件在逻辑上都可以看成是连续的，但在物理介质上存放时，却可以有多种形式，通常可分为顺序结构、链式结构和索引结构三种，下面分别进行介绍。

1. 顺序结构

若一个逻辑文件的信息存放在文件存储器上的相邻物理块中，则称该文件为顺序文件，这样的结构称为顺序结构。早期存放在磁带上的文件，一般都采用顺序结构，也就是说逻辑记录 R_{i+1} 其物理位置一定紧接在逻辑记录 R_i 之后。而存放在磁盘上的文件可以是顺序结构的，也可以是非顺序结构的。图 6.1 为文件的顺序结构示意图。

顺序结构的优点是：一旦知道文件存储的起始块号和文件块数，就可以立即找到所需的信息，存取速度较快。其缺点是：文件长度一旦确定后不易改变，不利于文件的扩充，而且也不便于记录的增、删和修改操作。因此，提出了文件的链式结构。

2. 链式结构

链式结构不要求所分配的各物理块是连续的，也不必顺序排列。为了使系统能方便地找到逻辑上连续的下一块的物理位置，每个物理块都设置了一个指针，用于指向该文件的下一个物理块号。图 6.2 给出了一个链式结构文件的例子。

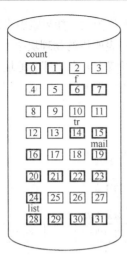

文件目录		
文件名	起始地址	块数
count	0	2
tr	14	3
mail	19	6
list	28	4
f	6	2

图 6.1　文件的顺序结构

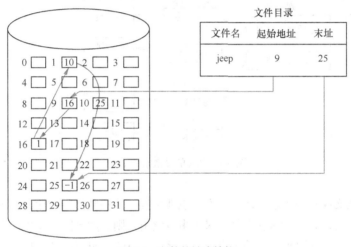

文件目录		
文件名	起始地址	末址
jeep	9	25

图 6.2　文件的链式结构

这种结构的优点是：文件可以动态增、删，也不必事先提出文件的最大长度；另外由于可以不连续分配物理块，所以存储空间的浪费较小。其缺点是：只能按指针方向顺序存取，不便于直接存取，效率较低。因此，又引入了文件的索引结构。

3. 索引结构

为了提高文件的检索效率，可以采用索引方法组织文件。采用索引结构，逻辑上连续的文件可以存放在若干不连续的物理块中，但对于每个文件，在存储介质中除存储文件本身外，还要求系统另外建立一张索引表，索引表记录了文件信息所在的逻辑块号和与之对应的物理块号。索引表也以文件的形式存储在存储介质中，索引表的物理地址则由文件说明信息项给出。文件的索引结构如图6.3所示。

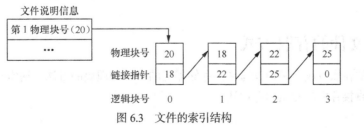

图 6.3　文件的索引结构

在很多情况下，有的文件很大，相应的文件索引表也就较大。如果索引表的大小超过了一个物理块，就可以采用间接索引（多重索引），也就是在索引表所指的物理块中不存放文件信息，而是存放这些信息的物理块地址。这样，如果一个物理块可装下 n 个物理块地址，则经过一级间接索引，可寻址的文件长度将变为 $n \times n$ 块。如果文件长度还大于 $n \times n$ 块，还可以进行类似的扩充，即二级间接索引，其原理如图 6.4 所示。

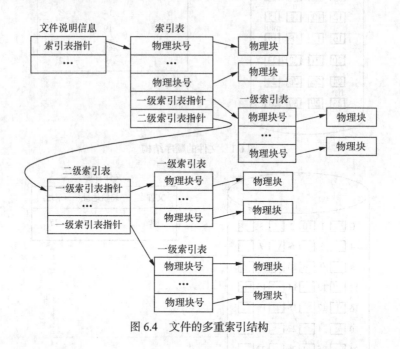

图 6.4　文件的多重索引结构

不过，大多数文件不需要进行多重索引，也就是说，这些文件所占用的物理块的所有块号可以放在一个物理块内。如果对这些文件也采用多重索引，则显然会降低文件的存取速度。因此，在实际中，系统总是把索引表的头几项设计成直接寻址方式，也就是这几项所指的物理块用于存放文件信息；而索引表的后几项被设计成多重索引，也就是采用间接寻址方式。在文件较短时，就可利用直接寻址方式找到物理块号而节省存取时间。

索引结构既适用于顺序存取，也适用于随机存取，并且访问速度快，文件长度可以动态变化。索引结构的缺点是：由于使用了索引表而增加了存储空间的开销；另外，在存取文件时需要至少访问存储器两次以上，其中，一次是访问索引表，另一次是根据索引表提供的物理块号访问文件信息。由于文件在存储设备的访问速度较慢，因此，如果把索引表放在存储设备上，势必大大降低文件的存取速度。一种改进方法是，当对某个文件进行操作之前，系统预先把索引表放入内存，这样，文件的存取就可直接在内存通过索引表确定物理块号，访问存储设备的动作也只需要一次。但当文件被打开时，为提高访问速度将索引表读入内存，故又需要占用额外的内存空间。

6.2.3　文件的存取方式

所谓文件的存取方法，是指读写文件存储器上的一个物理块的方法，通常有三类存取方法：顺序存取法、直接存取法和索引存取法。

1. 顺序存取法

在提供记录式文件结构的系统中，顺序存取法严格按物理记录排列的顺序依次存取。如果当前存取的记录为 R_i，则下次要存取的记录自动地确定为 R_{i+1}。在只提供无结构的流式文件系统中，顺序存取法按读写位移（offset）从当前位置开始读写，即每读完一段信息后，读写位移自动加上这段的长度，然后再根据该位移读写下面的信息。

2. 直接存取法

直接存取法允许用户随意存取文件中的任何一个物理记录，而不管上次存取了哪一个记录。在无结构的流式文件中，直接存取法必须事先用必要的命令将读写位移移到欲读写的信息开始处，然后再进行读写。

3. 索引存取法

第三种类型的存取是基于索引文件的索引存取方法。由于文件中的记录不按它在文件中的位置编址，而按它的记录键来编址。因此，只要用户提供给操作系统记录键后就可查找到所需记录。

通常记录按记录键的某种顺序存放，例如，按代表健的字母先后次序来排序。对于这种文件，除可采用按键存取外，也可以采用顺序存取或直接存取的方法。信息块的地址都可以通过查找记录键而换算得出。

实际中，系统大都采用多级索引，以加速记录查找的过程。

6.2.4　文件的存储设备

1. 顺序存储设备

顺序存储设备只能在前面的物理块被存取访问之后，才能存取后续的物理块的内容，存取速度较慢，主要用于后备存储，或存储不经常使用的信息。

磁带机是以前常用的一种顺序存储设备，它具有存储容量大、稳定可靠、卷可装卸、便于保存等优点。磁带的存储如图 6.5 所示。

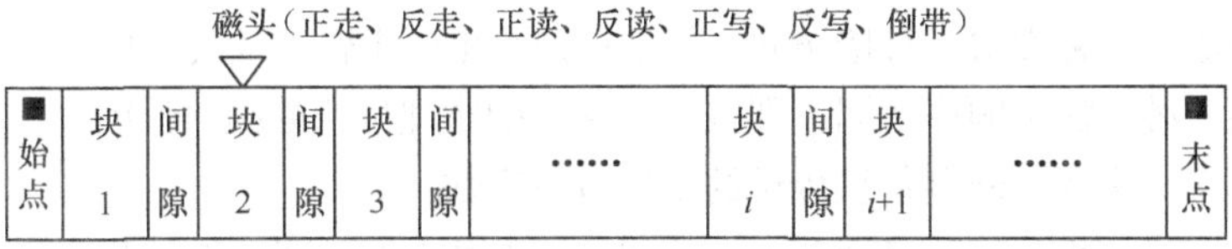

磁头（正走、反走、正读、反读、正写、反写、倒带）

始点	块1	间隙	块2	间隙	块3	间隙	……	块 i	间隙	块 $i+1$	……	末点

图 6.5　磁带的存储示意图

磁带的一个突出优点是物理块长的变化范围较大，块可以很小，也可以很大，原则上没有限制。为了保证磁带可靠性，块长适中较好，过小则不易于区别究竟是干扰还是信息，过大则难以发现和校正产生的误码。

2. 直接存储设备

磁盘是一种直接存储设备，又叫随机存储设备。磁盘设备允许文件系统直接存取磁盘上的任意物理块。它的每个物理记录有确定的位置和唯一的地址，存取任何一个物理块所需的时间几乎不依赖此信息的位置。磁盘的存储结构如图 6.6 所示，它可以包括用于存储数据的多个盘面，如硬盘。每个盘面有一个读写磁头，所有的读写磁头都固定在唯一的移动臂上同时移动。在一个盘面上有读写磁头的轨迹磁道，在磁头位置下的所有磁道组成的圆柱体称柱面。一个磁道又可被划分成一个或多个物理块。

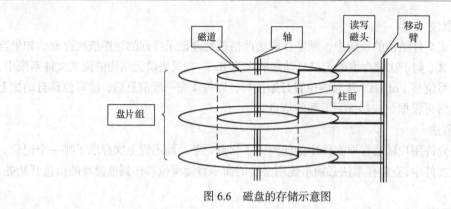

图 6.6　磁盘的存储示意图

6.3　文件存储空间的管理

一个大容量的文件存储器为系统本身和许多用户所共享。为了方便用户"按名存取"所需文件，系统应能自动地为用户分配存储空间，管理系统和用户的存储空间。为此，存储空间管理程序应解决如下几个问题：（1）如何登记空闲区的分布情况；（2）如何按需要给一个文件分配存储空间；（3）当某一个文件或某一部分不再需要保留时，如何回收它所占用的存储空间。

6.3.1　外存的主要技术参数

外存是保存文件的介质，是文件系统功能强弱的重要影响因素，常见的外存有磁带、磁盘、磁鼓等。外存的主要技术参数有以下几种。

（1）容量。存储数据的最大容量，常以字或字节为单位。

（2）物理尺寸。一是指外存的外形轮廓尺寸，另一个是指外存上可被编址的连续信息的最小单位。

（3）访问方法。一种方法是直接访问，即把用户给出的逻辑地址转换成物理地址，然后按物理地址访问；另一种方法是顺序访问，即按文件存放的物理位置的顺序访问。

（4）传输速率。主存和外存每秒传送的字节数或字数。

（5）查询时间。磁头在移动臂带动下运动到欲找磁盘面的时间。磁鼓和固定头磁盘不存在查询时间。

（6）延迟时间。外存读写的延迟时间。

（7）可拆卸性。外存是否可以随时拆卸，能随时拆卸的外存称为可拆卸性外存（如磁带、磁盘等）。

6.3.2　空闲块的管理

在实际应用过程当中，外存被分成若干个大小相等的物理块，并以块为单位交换信息。外存上物理块分为已被分配的物理块和空闲物理块，已分配物理块由文件目录管理。下面介绍几种对空闲块的管理方法。

1. 空闲文件目录

这种方法将外存上一片连续的空闲区看成是一个空闲文件。系统为所有的空闲文件单独建立一个目录，如表 6-1 所示，每个空闲文件在这个文件目录中均有一个表目。表目的内容包括第一个空闲块号、空闲块个数和空闲块号。

表 6-1　　　　　　　　　　　　　　　　空闲文件目录

序号	第一个空闲块号	空闲块个数	空闲块号
1	3	4	（3，4，5，6）
2	10	3	（10，11，12）
3	15	4	（15，16，17，18）
4	—	—	—

当系统为某一个文件分配存储空间时，先依次扫描空闲文件目录项，直到找到一个满足要求的空闲文件为止。

当删除一个文件时，需将其占用的存储空间释放，系统将其释放的物理块号，物理块个数以及第一个物理块块号置入空白文件的新表项中。

空闲文件目录法类似于内存分区式存储管理法。当请求的块数正好等于目录表目中的空闲块数时，就把这些块全部分配给该文件并把该项标记为空项。如果该项中的块数多于请求的块数，则把多余的块号保留在表中，并修改该表目中的各项。同样，在释放过程中，如果被释放的物理块号与某一目录项中的物理块号相邻，则还要合并空闲文件。

这种方法仅当有少量空白文件时才有较好的效果。如果存储空间中有大量的小的空闲文件，则该目录会变得很大，因而效率也大为降低。其次，这种管理技术仅适合于连续文件。

2．空闲块链

这种方法是将外存上的所有空闲块链接在一起，当文件存储需要空闲块时，分配程序从链首摘取所需的一块或多块空闲块，然后调节链首指针。当删除文件回收空闲块时，将释放的空闲块依次插入到链首（或链尾）。空闲块链示意图如图 6.7 所示。

图 6.7　空闲块链示意图

这种方法的优点是简单、容易实现，但其工作效率较低，因为在空闲块链上增加或移动空闲块时需要做许多 I/O 操作。

3．位示图

这种方法是为文件存储器存储空间建立一张位示图，用以反映整个存储空间的分配情况。其基本思想是：用若干字节构成一张图，每个字节中的每一位对应文件存储器中的一个物理块。文件存储器上的物理块，依次编号为 0、1、2、……。在位示图中的第一个字节对应第 0、1、2、……、7 号块，第二个字节对应 8、9、……、15 号块，以此类推，如图 6.8 所示。若某位为 "1"，表示对应的物理块已分配；若某位为 "0"，则表示对应的物理块空闲，所以称之为 "位示图"。由于位示图能反映磁盘盘块的分配情况，所以也称为盘图。这种方法被应用到很多种操作系统中，例如NOVA 机的 RDOS，PDP-11 的 DOS 和微型机 CP/M 操作等。

位示图的大小由磁盘空间的大小（物理块总数）确定，而且仅用位示图的一位代表一个物理块，所以有可能用不太大的位示图就把整个磁盘空间的分配情况反映出来。这样，可以把它保存在内存中，当物理块分配时，只要把找到的空闲块所对应的位由 "0" 改为 "1" 即可；而在释放时，只要把被释放的物理块所对应的位由 "1" 改为 "0" 即可。分配和释放都可以在内存的位示图上完成，而且速度较快。这一优点使它能被广泛采用的主要原因。缺点是，尽管位示图较小，但还要占用存储空间。

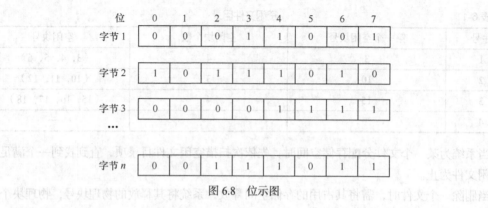

图 6.8　位示图

6.3.3　空闲块的分配策略

空闲块的分配有静态分配和动态分配两种。

在静态分配中，用户在建立文件时宣布文件的大小，系统一次性分配其所需要的全部区域。静态分配适合用于对连续文件的分配。它常用于早期操作系统，对外存进行静态分配存在与主存分配类似的问题，即碎片问题，且用户可能不知道文件的大小，从而不知道到底要求多大的存储空间。

在动态分配中，用户在建立一个文件时，系统并不分配存储空间，而是在每次写信息时才按信息的大小进行分配。动态分配方式适用于链接结构的文件和索引结构的文件。

6.4　文件目录的管理

6.4.1　文件目录

在计算机系统中有大量的文件，为了便于对文件进行存取和管理，必须建立文件名与文件物理位置的对应关系。在文件系统中将这种关系叫作文件目录，它是一种表格。把每一个文件占用的一个表目称为文件的目录项。一般情况下文件目录项包括以下信息。

- 文件名。文件的标识符。
- 文件的逻辑结构。对流式文件需说明文件的长度，对记录式文件需说明记录是否定长，记录长度及个数。
- 文件在辅存上的物理位置。对连续结构和链式结构的文件，登记文件的起始物理块号和指向第一个物理块的指针；对索引结构的文件，登记文件的索引表地址。
- 文件的日期及时间。登记文件建立或修改的日期及时间。
- 文件类型。指明文件的类型。
- 存取控制信息。指明用户对文件的存取权限。

由于系统中文件很多，文件目录项也很多，为了便于管理，通常将文件目录分为单级目录结构、二级目录结构及多级目录结构。

6.4.2　单级目录结构

单级目录结构是指把系统中的所有文件都建立在一个目录下,每个文件占用其中一个目录项。当建立一个文件时,就在文件目录下增加一个空的目录项,并填入相应的内容。当删除一个文件时,根据文件名查找到相应的目录项,将其中的内容全部置空。单级目录结构如图 6.9 所示。

文件名	文件的物理地址	文件说明	状态位
文件 1			
文件 2			
···			

图 6.9　单级目录结构

对于单级目录结构而言,它的优点是简单且能实现目录管理的基本功能——按名存取;缺点有以下几个。

(1)文件的查找速度慢。系统中文件很多,对应的目录项也很多,从目录中查找文件需从头到尾扫描目录项,而整个扫描过程所需的时间较长,因此文件的查找是一个很花费时间的过程。

(2)文件不允许有重名。所谓重名,是指在同一盘内同一目录下存在两个以上的文件有相同的名字。尽管系统可保证不会出现重名现象,但用户在实际的命名过程中由于系统中有很多的文件,而用户不可能记住所有已存在的文件名,因此极有可能造成与现存文件重名现象的发生。

(3)不便于实现文件共享。

6.4.3　二级目录结构

二级目录结构是指把系统中的目录分为二级,分别是主目录和用户文件目录。主目录由用户名和用户文件目录首地址组成,用户文件目录由用户文件的所有目录组成。二级目录结构如图 6.10 所示。

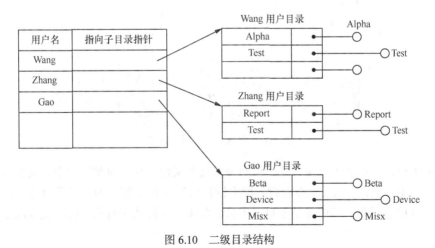

图 6.10　二级目录结构

在二级目录结构中,当一个新用户要建立一个文件时,系统在主目录中为其开辟一项,并为其分配一个存放用户文件目录的存储空间，同时要为新建立的文件在用户文件目录中分配一个目录项，用以分配文件空间，然后把用户名和用户文件目录首地址填到主目录中，将文件的有关信息填到用户文件目录项中。当一个老用户建立一个文件时，在对应的空的用户文件目录项中填入相应的内容即可。当用户要访问一个文件时，先用用户名在主目录中找到用户文件目录的首地址，然后再去查用户文件的目录项即可找到要访问的文件。

在二级目录结构中，搜索文件时需给出相应的用户名和文件名，即区别文件除了文件名以外还有用户名。由于用户名不同，因此即使不同的用户使用的文件名相同，也不会造成混乱。

二级目录结构与单级目录结构相比，有以下优点：

（1）文件的查找时间缩短了；

（2）较好地解决了重名问题；

（3）不同用户还可使用不同的文件名来访问系统中的同一个共享文件。

但二级目录结构也存在不足之处：缺乏灵活性，不能反映现实世界中的多层次关系。因此，又提出了多级目录结构。

6.4.4　多级目录结构

多级目录结构由根目录和多级目录组成。除最末一级目录外，任何一级目录的目录项可以对应一个目录文件，也可以对应一个数据文件。多级目录结构又称树型目录结构，文件一定是在树叶上。常见的诸如 MS-DOS、Windows、UNIX 等都是采用多级目录结构。多级目录结构如图6.11 所示。

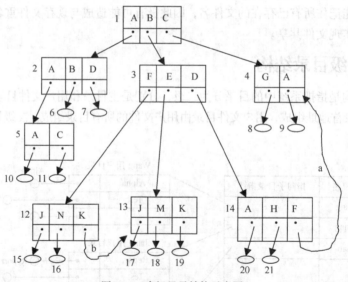

图 6.11　多级目录结构示意图

在图 6.11 中，方框表示目录文件，圆圈表示数据文件。在该树型目录中，主根目录中共有三个用户的主目录项 A、B、C。在总目录项中指针所指出的 B 用户的主目录 B 中，又有三个分别为 F、E、D 的子目录，其中各个子目录中又包含多个文件或子目录，这样就构成了树型多级目录。

在多级目录结构中，访问文件是通过路径名（path name）来实现的。从树的根（即主目录）开始，把全部目录文件名与数据文件名，依次地用"/"或"\"连接起来，即构成该数据文件的路径名。系统中的每一个文件都有唯一的路径名。例如，在图 6.11 中用户 B 为访问文件 J，应使用其路径名/B/F/J 来访问。在现代操作系统中，DOS 系统采用"\"，而 UNIX 系统采用"/"。

当一个文件系统含有多级目录时，每访问一个文件，都要使用从树根开始直到树叶（数据文件）为止的、包括各中间结点（目录）名的全路径名。这是相当麻烦的事，同时由于一个进程运行时所访问的文件，大多仅局限于某个范围，因而非常不便。基于这一点，可为每个进程设置一个"当前目录"，又称为"工作目录"。进程对各文件的访问都相对于"当前目录"而进行。此时各文件所使用的路径名，只需从当前目录开始，逐级经过中间的目录文件，到达要访问的数据文件。把这一路径上的全部目录文件名与数据文件名用"/"连接形成路径名，如用户 B 的当前目录是 F，则此时文件 J 的相对路径名仅是 J 本身。这样，把从当前目录开始直到数据文件为止所构成的路径名，称为相对路径名（relative path name），而把从树根开始直到数据文件的路径名称为绝对路径名（absolute path name）。

引入了当前目录后，在实际查找时，如给出的路径名以"/"开头，则从根目录开始按给定的路径查找，否则从当前目录开始按指定路径查找。

多级目录结构与前两种目录结构相比，有以下优点：

（1）层次清晰；

（2）解决了文件重名问题；

（3）查找速度快。

图 6.12 给出了 UNIX 操作系统的目录结构示意图。

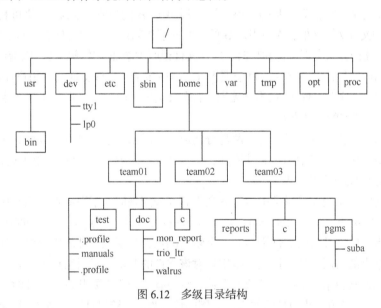

图 6.12 多级目录结构

6.5 文件的共享与保护

文件的共享和文件的保护是一个问题的两个方面。所谓文件共享，是指某一个或某一些文件由事先规定好的一些用户共同使用。文件的共享体现了系统内各用户之间以及用户和系统之间的协作关系，有助于系统资源的充分利用，而且每个用户也没必要由自己建立所有文件。另一方面，由于文件的共享可能导致文件被破坏或"被盗"，因此必须对文件进行保护。造成这种局面的原因是未经文件主授权而擅自存取，以及某些用户的误操作，当然也包括文件主本人的误操作。下面主要介绍进行文件共享和保护所采用的方法。

6.5.1 文件的共享

1. 早期实现文件共享的方法

在 20 世纪六七十年代，已经出现了不少实现文件共享的方法，而现代的一些文件共享方法也是在早期的方法基础上发展起来的。

（1）绕弯路法

绕弯路法是 MULTICS 操作系统采用过的方法。在该方法中，系统允许每个用户获得一个"当前目录"，用户对文件的访问都是相对于"当前目录"下的，可以通过"向上走"的方式去访问其上级目录。一般用"*"表示一个目录的父目录。在图 6.11 所示的多级目录中，假定当前的目录为 F，若用户要访问 E 目录下的文件 J（文件 17），可利用路径*/E/J，还可以利*/*/C/A 来访问文件 9，从而实现了文件的共享。但是这种文件共享方式是低效的。因为，为了访问一个不在当前目录下的共享文件，需要花费很多时间去访问多级目录，要绕很大的弯路。

（2）连访法

为了提高对共享文件的访问速度，可在相应的目录项之间进行链接，即使一个目录中的目录项直接指向另一个目录中的目录项，如图 6.11 所示。例如，为了实现用户 B 的作业 D 对用户 C 的文件 A 的访问，可以建立一条虚线 a 所表示的链接。假定用户 B 的当前目录为 F，则可利用路径名*/D/F 去访问用户 C 的文件 A。又如，为使用户 B 的作业 F 能访问作业 E 的文件 J，可建立如虚线 b 所示的链接。在采用连访方法实现文件共享时，应在文件说明中增加一连访属性，以指示文件说明中的物理地址是一指向文件或共享文件的目录项指针，也应包括共享该文件的"用户计数"（用于表示共有多少用户需要使用此文件）。仅当已无用户再需要此文件时，方可将此共享文件撤销。

2. 基于索引结点的文件共享

UNIX 系统中，文件的目录结构由两部分构成：目录项和索引结点，其中目录项由文件名和索引结点号组成。索引结点中包含文件属性、文件共享目录数、与时间有关的文件管理参数以及文件存放的物理地址的索引区等。

文件在创建时，系统在目录项中填入其文件名和分配相应的索引结点。当某用户希望共享该文件时，则在某目录的一个目录项中填入该文件的别名，而索引结点仍然填写创建时的索引结点。这时，两个具有不同文件名的文件指向同一个索引结点，共享该文件的用户对文件的操作都将引起对同一索引结点的访问，从而提供了多用户对该文件的共享。索引结点中包含一个链接计数，用于表示链接到该索引结点上的目录项的个数。每当有一个用户要共享该文件时，则索引结点中的链接计数就加 1，当用户使用自己的文件名删除该文件时，链接计数就减 1，只要链接计数不为 0，则该文件就一直存在。仅当链接计数为 0 时，该文件才被真正删除。

3. 基于符号链的文件共享

为共享一个文件，由系统创建一个 LINK 类项的新文件，将新文件写入用户目录中，以实现目录与文件的链接。新文件中只包含被链接文件的路径名，称这样的链接方法为符号连接。新文件的路径名只被看成是一个符号链。在利用符号链方法实现文件共享时，只有文件主才拥有指向其索引结点的指针，共享该文件的其他用户只有该文件的路径名，而没有指向索引结点的指针。

符号链实际上是一个文件，尽管该文件非常简单，却仍要有一个索引结点，也要用一定的磁盘空间。这种方法有一个很大的优点，就是它能跨越文件系统进行共享。

6.5.2 文件的保护

现代计算机系统存放了越来越多的宝贵信息供用户使用，给用户带来了极大的方便，但同时也带来许多不安全因素。影响文件安全性的主要因素有以下几种。

- 人为因素。由于人们有意或无意的行为，从而使文件系统中的数据遭受破坏或丢失。
- 系统因素。由于系统的某部分出现异常情况，而造成数据的损坏或丢失，特别是作为数据存储介质的磁盘，在出现故障或损坏时，会对文件系统的安全性造成极大影响。
- 自然因素。存放在磁盘上的数据，随着时间的推移而发生溢出或逐渐消失。

为了确保文件系统的安全性，可针对上述因素采取以下措施：

- 通过存取控制机制来防止由人为因素造成的文件不安全性；
- 通过系统容错技术来防止系统部分的故障所造成的文件不安全性；
- 通过"后备系统"来防止自然因素所造成的不安全性。

这一节主要讨论如何用存取控制机制和密码口令方法来保护文件的安全性。

1. 存取控制矩阵

存取控制矩阵是一个二维矩阵 B[i][j]，列出了系统中的全部用户和全部文件。其中用 i（$i=1$, 2, ……, N）表示系统中的用户，用 j（$j=1$, 2, ……, M）表示系统中的文件。如果系统允许用户 i 访问文件 j，则 B[i][j] = 1，否则 B[i][j] = 0。存取控制矩阵如图 6.13 所示。

文件 用户	1	2	3	4	5	…
1	0	1	1	0	0	…
2	1	0	0	1	0	…
3	0	0	1	0	1	…
4	1	1	0	0	1	…
5	1	0	1	0	0	…
…	…	…	…	…	…	…

图 6.13 存取控制矩阵示意图

存取控制矩阵的优点是简单、一目了然，然而在实际应用中存在很多问题。如当系统中存在很多用户和很多文件时，采用存取控制矩阵就会造成二维矩阵过于庞大，从而占用很大的存储空间。另外，B[i][j]值为 1 或 0 表示文件 j 是否允许用户 i 访问，不能表示用户对文件类型的访问，是只读还是只写都无法反映出来。所以存取控制矩阵是一种不完善的措施。

2. 存取控制表

针对存取控制矩阵的问题进行改进，可以按用户对文件的访问权限对用户进行分类，通常可分为以下几类。

- 文件主。一般情况下，它是文件的创建者。
- 指定的用户。由文件主指定的允许使用此文件的用户。
- 同组用户。与文件主属于某一特定项目的成员，与此文件是相关的。
- 其他用户。

用存取控制表对文件进行保护时，需将所有对某一文件有存取要求的用户按某种关系或工程项目的类别分成若干组，并且在把一组用户归入其他用户组的同时还需规定每一组用户的存取权限。这样，所有用户组的存取权限的集合就构成了该文件的存取控制表，如图 6.14 所示。

用户要求访问某一文件时，系统首先要检查存取控制表，只有合法的用户才能对该文件进行指定的权限操作。常见的文件存取权限一般有以下 8 种。

用户＼文件名	a, c
文件	RWE
A组	RE
B组	E
Wang	RWE
其他	None

图 6.14　存取控制表示意图

- 建立（C）：允许用户创建一个新文件，并同时打开它；
- 执行（E）：允许用户执行文件；
- 读（R）：允许用户从打开的文件中读数据；
- 写（W）：允许用户将数据写入已打开的文件；
- 删除（D）：允许用户删除一个已存在的文件；
- 查询（S）：允许用户查找目录文件；
- 修改（M）：允许用户修改文件；
- 打开（O）：允许用户打开一个已存在的文件；

以上权限可进行适当的组合。

3. 口令

用户为自己的每个文件规定一个口令，并附在用户文件目录中。凡请求该文件的用户必须先提供口令，只有当提供的口令与目录的口令一致时才允许用户存取该文件。当文件主允许其他用户使用他的文件时，必须将口令告诉其他用户。

使用口令的优点是：简便，节省空间。缺点主要有以下几种。

（1）可靠性差。口令容易被窃取。

（2）存取控制不易改变。文件主将口令告诉别人后，无法再收回以拒绝某用户继续使用该文件，他必须更改口令，然后将新口令再告诉其他允许使用该文件的用户。

（3）保护级别低。只有允许使用和不允许使用两种，针对允许使用而言，没有明确只读、只写等权限。

4. 加密

对文件进行保护的另一项措施是加密技术。一个简单的做法是当用户建立一个文件时，他利用一个代码键来启动一个随机数发生器，产生一系列随机数，由文件系统将这些相继的随机数依次加到文件的字节上去。译码时用相同的代码键启动随机数发生器，从存入的文件中依次减去所得到的随机数，文件就还原了。

在这种方法中，代码键不存入系统，只有当用户存取文件时，才需将代码键送入系统。文件主只将代码键告诉允许访问该文件的用户，而系统程序员是不知道的。所以此种方法的保密性强。

加密技术除保密性强外，还具有节省存储空间的优点，但它必须花费大量的编码和译码时间，从而增加了系统的开销。

习　题

一、填空题

1. 文件存储空间管理常用的技术有_____、_____、_____。

2. 按文件的逻辑结构分类，文件可分为＿＿＿＿和＿＿＿＿。

3. 文件的保密是指＿＿＿＿。

4. 常用的文件存取控制方法有＿＿＿＿、＿＿＿＿、＿＿＿＿、＿＿＿＿和＿＿＿＿。

5. 文件的共享方法有＿＿＿＿、＿＿＿＿、＿＿＿＿和＿＿＿＿。

6. 文件系统是采用＿＿＿＿来管理文件的，为了允许不同用户使用相同的文件名，通常在文件系统中采用＿＿＿＿。

7. 对文件空闲存储空间的管理，UNIX 采用的是＿＿＿＿法。

二、解答题

1. 什么是文件和文件系统？文件系统的功能有哪些？

2. 文件包含哪些主要属性？

3. 什么是逻辑文件？什么是物理文件？

4. 什么是顺序文件、链接文件和索引文件，它们的主要区别是什么？

5. UNIX 操作系统怎样实现文件管理？什么是 i 结点？

6. 有结构文件分为哪几类？其特点是什么？

7. 什么是文件目录？文件目录包含哪些信息？常用的目录结构形式有哪几种？

8. 文件的存储管理有哪几种方法？分别有什么特点？

9. 为什么要对文件进行保护？有哪些常用的方法？试比较各自的优缺点。

10. 文件系统是如何利用访问控制表和访问权限表来控制进程对文件的访问的？

第7章
操作系统接口

从前面的内容中得知，用户是通过操作系统提供的各种功能来实现对计算机系统操作的，也可以这样理解操作系统是用户与计算机硬件系统之间的接口，用户是通过操作系统提供的支持和帮助，快速、有效、安全、可靠地操纵计算机中的各类资源，满足自己所要求的用途。

为了使用户能方便地使用操作系统，操作系统又为用户提供了"用户接口"。这里的"接口"是指各类命令、系统调用等的总称。该接口支持用户与操作系统之间进行交互，即用户向操作系统请求提供所需要的服务，而系统则把服务的结果返回给用户。

用户接口可以以多种方式呈现在用户面前，一种是联机命令形式，供用户在终端上使用；另一种是系统调用，供用户在编程时使用，有到书中也称此为"程序接口"。随着系统的发展和广泛应用，20 世纪 90 年代又增加了一种基于图像信息的图形用户接口；现在又有一种面向网络应用的网络用户接口。

7.1　命令接口

操作系统为人们所使用的计算机提供了联机命令接口，用以实现用户与计算机间的交互，即允许用户在终端上输入命令来取得操作系统的服务，并控制自己的程序运行。当用户输入所需命令后，操作系统的命令解释程序（例如 Windows 操作系统的 command.com 程序、UNIX 操作系统的 Shell 程序等）对用户所输入的命令进行分析、解释等处理后，再交由计算机系统硬件执行，最后将执行结果输出给用户。

7.1.1　联机命令的类型

现代操作系统都提供了几十条甚至上百条联机命令。例如：DOS 操作系统的 date、copy、dir、UNIX 操作系统的 who、cal、cat 等命令。

根据这些命令所完成的功能不同，可以分为：

（1）系统访问类命令；

（2）磁盘操作类命令；

（3）文件操作（包括目录文件）类命令；

（4）通信类命令；

（5）其他命令。

现在分别对各类命令加以阐述。

1. 系统访问类命令

多用户系统为了保证系统的安全性，都设置了系统访问命令，例如 UNIX 操作系统中的注册命令 Login。用户每次开机或重新进入系统时，都必须使用该命令，以让系统识别该用户是合法用户，防止非法用户进入系统。

2. 磁盘操作命令

不论是早期的 DOS 还是现在的 Windows 或 UNIX 操作系统，都提供了多个有关磁盘操作的命令。例如 DOS 操作系统中格式化磁盘的命令 format，Unix 操作系统中的用于打开磁盘驱动器的 gdopen 过程、用于启动磁盘控制器的 gdstartegy 过程、用于磁盘中断处理的 gdintr 过程。

所谓过程，实际上就是执行一个子程序的操作。

3. 文件操作类命令

操作系统都提供了一组控制和管理文件的命令。通常，人们把目录也作为文件来看待，所以把控制和管理目录的命令也纳入文件操作命令类。通常，操作系统提供的文件管理命令非常丰富。例如 Windows（DOS）操作系统中的复制文件、比较文件等命令，UNIX 操作系统中的显示文件命令 cat、文件目录命令 ls、删除文件命令 rm、建立目录命令 mkdir、删除目录命令 rmdir 等。Windows 操作系统的文件管理命令就更为直观，通过鼠标单击相应的图标就能完成用户所需的操作。

4. 通信类命令

按照命令的使用环境来划分，通信命令可以分为两类：一类是用于计算机系统内部进程间的通信。系统为每一个进程建立一个信箱，源进程把信息送到目标进程的信箱中；目标进程可在任一时间去读取自己信箱中的信息。但这种通信方式是非交互式通信，也是非实时通信，它是一种间接通信。例如在计算机网络系统中，人们把计算机技术、通信技术和网络技术很好地结合，利用系统提供的命令来获取资源的共享。最常用的例子就是通过系统提供的相关命令发送电子邮件等。

另一类是日常通过键盘（如电话）等终端来实现通信的命令。

如果按照用途来划分，通信命令可分为①信箱通信命令；②对话通信命令；③消息接收与否控制命令等。

5. 其他命令

其他命令如 Unix 操作系统中的输入/输出重定向 ＞、＞＞，＜、＜＜命令和管道操作命令｜。

管道操作就是将一个程序的标准输出直接重新定向为另一程序的标准输入，而不增加任何中间文件，所有命令同时执行。也就是说：前一个命令的输出就是下一个命令的输入。

7.1.2　键盘终端处理程序

通常，为了实现人机交互，需在计算机或终端上配置相应的键盘终端处理程序以完成：

（1）接收用户输入的字符；

（2）字符缓冲，用于暂存所接收的字符；

（3）回送显示；

（4）屏幕编辑；

（5）特殊字符的处理（例如 Word 软件中天气预报的气温信息 "23℃"，这里表示度的符号就是特殊字符）。

为了实现人机交互功能，键盘终端处理程序必须可以接收从终端输入的信息，并将这些信息送给正在执行的用户程序。通常，用户通过键盘输入的信息（字符）一般都存放在字符缓冲区（即专用或共享缓冲区）中。采用缓冲区的目的是降低中断处理器的频率，达到处理机与 I/O 设备的速度匹配，使处理机的利用率更好。

为了便于用户了解所输入的内容，键盘终端处理程序应该具备回显功能，同时应该有屏幕编辑和对特殊字符（例如 Ctrl+C、Ctrl+D 等输入信息）的处理功能。

7.1.3 命令解释程序

1. 命令解释程序的概念

命令解释程序就是对用户所输入的命令进行解释（让计算机系统识别该命令是干什么的）的程序，计算机进行相应处理后在屏幕上产生提示符，等待用户输入相关命令，然后读入所输入的命令、识别命令、转到相应的命令处理程序入口地址，再把控制权交给该处理程序去执行，并将结果送到标准的输出设备上。

DOS 操作系统的命令解释程序为 command.com，而 UNIX 操作系统的命令解释程序则是 Shell。下面以 SCO Unix（Open Server）操作系统为例，介绍命令解释程序的有关内容。

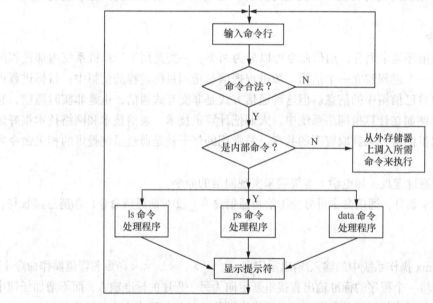

图 7.1　UNIX 操作系统中 Shell 程序的执行流程

2. 命令解释程序的功能

所谓 Shell，实际上是 UNIX 操作系统中较为特殊的一个实用程序。当某个用户注册进入系统时，相应的 Shell 就会自动运行。只有当用户从系统中注销后，与其相关的 Shell 程序才会停止运行。也就是说，在使用 UNIX 操作系统期间，任何用户在任何时刻都离不开 Shell 的支持。

Shell 通常称为命令解释程序，是用户与 Unix 操作系统核心的接口。当用户输入并执行一个命令时，并没有直接与操作系统的核心打交道，而是通过 Shell 去调用系统核心的某些功能来完成命令的执行过程。Shell 虽然不是操作系统核心的一部分，但是它可以调用系统核心的大部分功能去执行其他程序。

Shell 既是一种命令语言，又是一种程序设计语言。作为命令语言，Shell 可以交互式解释和执行用户所输入的命令；作为程序设计语言，Shell 可以定义各种变量和参数，并提供相应的程控结构。用户可以利用 Shell 的编程语句来编写自己需要的程序，这种程序被称为 Shell Script 文件。

在 UNIX 操作系统中，常用的 Shell 有如下几种：

（1）B Shell，即 Bourne Shell。B Shell 是第一个 Shell 程序，而且在所有的 UNIX 操作系统中都可以使用，因此也称为标准 Shell。它所对应的命令解释程序是/bin/sh。

（2）C Shell，是一种大多数 Unix 操作系统都可以使用的命令解释程序。其语法与 B Shell 不同，但与 C 语言相似，所以称为 C Shell。C Shell 所对应的命令解释程序是/bin/csh。

（3）K Shell，其语法与 B Shell 相同，并且兼容 B Shell 的所有功能，是 B Shell 的扩展集。K Shell 对应的命令解释程序是/bin/ksh。

每一种类型的 Shell 程序都能够在用户与操作系统核心之间完成接口工作，但其语法规则与具体功能却有所不同。各种 Shell 程序在运行时都会显示一个相应的提示符，表示系统正在等待用户输入命令。在默认情况下，B Shell 与 K Shell 的普通用户提示符均为 "$"，而 C Shell 程序的提示符为 "%"。而超级用户状态下的提示符均为 "#"。

3. 命令解释程序的组成

各类计算机的系统不同，所拥有的命令解释程序也有所不同，但命令解释程序基本上由三部分组成。

① 常驻部分。这一部分主要是一些处理中断的中断服务子程序，当用户（应用程序运行过程中）需要处理某一特殊事件时，就向系统发出中断请求，系统响应后再调用该事件的服务子程序来执行。

② 初始化部分。这部分紧随常驻部分，在系统启动时获得控制权。其主要功能是当系统启动时决定调用哪些子程序来执行，并决定应用程序在内在中的基地址。在一般系统中，该部分执行完成后就被命令解释程序覆盖。

③ 暂存部分。这部分主要是命令解释程序，同时包含了所有的内部命令处理程序、批文件处理程序和装入、执行外部命令的程序等。这些程序常驻内存，用户程序可以使用和覆盖这些程序，不过当用户程序执行时，常驻程序又会将被覆盖的程序重新从磁盘上调入内存，恢复暂存部分。

7.2　程序接口

通常，程序接口也称为系统调用，是操作系统内核中专门为用户程序设置的一组用于实现各种系统功能的子程序，提供给用户编程中使用的，此接口是用户获取操作系统服务的唯一途径。程序接口通常由诸多的系统调用组成，在每个系统中，都有各类的数百条系统调用。例如控制进程的系统调用，存储管理的系统调用，文件管理、设备管理、进程通信管理等的系统调用。系统调用提供了用户程序与操作系统之间的接口，应用程序通过系统调用实现与操作系统的通信，并可获得计算机系统的服务。

通常，在操作系统的核心中都设置了一组完成各种功能的子程序。在现代的操作系统中，这类子程序又有成百上千个供用户调用的子程序，用户可通过命令或程序的形式来调用这些子程序以满足自己的需要。在有的书中把子程序称为"过程"，所以说，系统调用实质上是一种特殊的程序调用，与一般调用有如下的不同。

（1）运行在不同的系统状态。一般程序调用，其调用和被调用的过程要么是子程序要么是系统程序，故都运行在同一系统状态（系统态或用户态）。而系统调用的调用过程是用户程序，它运行在用户态；其被调用的过程是系统过程，运行在系统状态。

（2）通过软中断进入。一般的程序调用可直接由调用过程转向被调用过程，而执行系统调用时，由于调用和被调用过程处于不同的系统状态，不允许由调用过程直接转向被调用过程，而大都通过软中断机制先进入操作系统的核心，经核心分析后，才能转向相应的命令处理程序。

（3）返回问题。一般的程序调用，在被调用过程执行完后将返回到调用过程继续执行。然而，如果在采用了抢占式剥夺调度方式的系统中，被调用过程执行完后，要对系统中所有要求运行的进程进行优先权分析。当调用进程仍具有最高优先权时，才返回到调用进程继续执行；否则，将重新调度进程，以便让优先权最高的进程优先执行。

（4）嵌套调用。系统调用在执行中可以再调用（嵌套）另一个子程序来满足需要。通常，系统调用的嵌套不宜太深（从理论上讲最大嵌套深度为6）。因为，每次调用子程序来执行，就必须先停下主程序（也就是要保护主程序的 CPU 现场），将执行权交给被调用的子程序，当该子程序执行完成后，系统收回其 CPU 执行权，又要恢复主程序的 CPU 现场……如果嵌套深度太深，就会加重系统的时空开销。

7.2.1 系统调用的类型

现代的操作系统都为应用提供了大量的系统调用，系统调用实质上是一种特殊的程序调用。

通常，现代的操作系统都有许多功能，这些功能都可以通过系统调用来实现。操作系统的系统调用可以分为：进程控制、文件操纵、资源管理、通信管理和系统维护等。

1. 进程控制类系统调用

下面以 Unix 操作系统中常用的几个系统调用为例，阐述系统调用的功能。

（1）创建一个新进程（fork）。进程可以利用 fork 系统调用来创建一个新进程，新进程作为调用进程的子进程，它继承了父进程已打开的所有文件、根目录和当前目录，即它继承了父进程的所有属性，并具有与父进程相同的进程映射（就是第 3 章讲的"进程实体"）。

（2）结束进程（exit）。进程可以利用 exit 系统调用实现自我终止。通常在父进程创建子进程时，会在子进程的末尾安排一条 exit 系统调用。这样，子进程在完成规定的任务后，便可自我终止。子进程终止后，留下一条记账信息 status（各种统计信息）。

（3）等待子进程结束（wait）。Wait 系统调用将调用进程挂起，直到它的某一个子进程终止。这样，父进程可以利用 wait 系统调用使自身的执行与子进程的终止同步。

（4）执行一文件（exec）。Exec 系统调用可使调用者进程的进程映射被一个可执行文件覆盖，即改变调用者进程的进程映射，也就是执行该进程实体。该系统调用是 Unix 操作系统中最复杂的系统调用。

2. 文件操纵类系统调用

（1）创建文件（creat）。利用 creat 系统调用来创建一个新文件或准备写一已存在的文件，并将文件打开，返回给用户一个文件描述符 fd。如果系统中不存在指定的文件，核心便以给定的文件名和权限创建一个新文件；如果系统中已有同名的文件，核心便释放其已有的数据块，用户就可以对该文件的数据块进行读/写。用户进程每次都利用 fd 对文件进行读/写操作。

（2）打开文件（open）。设置系统调用 open 的目的，就是为了方便及简化系统的处理。Open 系统调用的功能是把有关文件的属性从磁盘上拷贝到内存中，为用户与指名文件之间建立一条快捷的读/写通路，并给用户返回一个该文件的描述符 fd。文件被打开后，用户使用 fd 对文件执行读/写等操作。

（3）关闭文件（close）。断开用户程序与文件之间的快捷通路。由于一个文件可以被多个进程共享，在这种情况中，需控制共享的进程数，当没有进程共享文件（即 count=0）时，应该关闭被打开的文件，回收系统资源。

（4）读文件（read）。用户进程可利用打开文件后所获得的文件描述符 fd 和系统调用 read，从指定文件中读出给定数目的字符，并送入指定的缓冲区中。

（5）写文件（write）。用户程序利用 fd 和系统调用 write，从指定的缓冲区中将指定数目的字符写入指定的文件中。

Read 和 write 是对文件操纵使用最频繁的系统调用。

3．通信类系统调用

为了实现进程之间的通信，系统提供了一个用于进程之间通信的软件包，简称为 IPC，由消息机制、共享内存机制和信号量机制三部分组成。在每一种通信机制中，都提供了相应的系统调用来实现用户进程之间的同步与通信。

4．维护类系统调用

系统提供了许多用于自身维护的系统调用，可以满足各类用户对系统的日常维护。

通常，系统的维护涉及如下方面。

（1）设置时间（stime）。

（2）获得时间（time）。

（3）获得进程和子进程时间（times）。

（4）设置文件访问和修改时间（Utime）。

（5）获得当前 UNIX 系统的名称（Uname）。

例如，在 AIX 操作系统（运行在 IBM 大型计算机上的 Unix 操作系统的一个版本），就为系统维护提供了（供系统管理员使用）如下命令：

df——显示文件使用情况；

installp——安装程序；

kill（pid）——杀死用户指定通过命令 ps 查找到进程（PID）；

kill-99（PID）——无条件绝对杀死指定进程标识符 PID 的进程；

ps—ef——显示进程状态；

smit——系统管理接口工具。

7.2.2　系统调用的执行步骤

1．设置系统调用号和参数

每条系统调用命令都有唯一的调用号。设置系统调用的方法有两种。

（1）直接将参数送入相应寄存器（DOS 操作系统用此方法，即用 mov 指令将各个参数送入相应的寄存器中）。

（2）参数表示法。将系统调用所需的参数放入一张参数表中，再将指向该参数表的指针放在某个规定的寄存器中。UNIX 操作系统系统就应用的此种方式。

图 7.2 给出了系统功能调用的示意图。

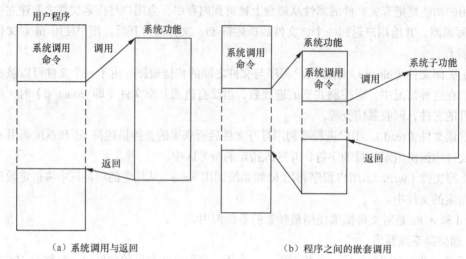

（a）系统调用与返回　　　　　　　　（b）程序之间的嵌套调用

图 7.2　系统功能的调用示意图

2．系统调用命令的进入

在 Unix 操作系统中执行 CHMK 命令；在 DOS 操作系统中执行 INT 21h 软中断。

3．执行过程

首先保护 CPU 现场，将处理机状态字 PSW、程序计数器个人计算机、系统调用号、用户栈指针 SP 及通用寄存器等内容压入堆栈；然后，将用户定义的参数送到指定的地方进行保护。UNIX 操作系统将参数表中的参数送到 User 结构的 U.U-arg（　）中。

为了使不同的系统调用能方便地转向相应的命令处理程序，在系统中设置了一张系统调用入口表，每个表项都对应一条系统调用命令，包含该系统调用自带参数的数目、系统调用命令处理程序的入口地址等。操作系统的核心可利用系统调用号去查找该表，即可找到相应命令处理程序的入口地址而转去执行它。

对于不同的系统调用命令，其处理程序将执行不同的功能。以 creat 命令为例：进入 creat 命令处理程序后，操作系统核心将根据用户给定的文件路径名 path 并利用目录检索过程去查找指定文件的目录项。查找目录的方式可以用顺序查找法，也可用 Hash 查找法。就是在记录的存储位置和它的关键词之间建立一个确定的对应关系 f，使每个关键词和结构中一个唯一的存储位置相对应。因而在查找时，只要根据这个对应关系 f 找到给定值 k 的像 f（k）。若结构中存在关键词和 k 相等的记录，则必定在 f（k）的存储位置上，由此，不需要比较便可直接取得所查记录。对应关系 f 为 Hash 函数，按这个思想建立起来的表为 Hash 表。

如果找到了所需文件，表明用户要用一个已存在的文件来建立一新文件；如果该文件不允许写属性或创建者不具有对该文件的修改权，系统进行出错处理；若不存在访问权限问题，便将已存在文件的资料盘块释放，准备写入新的数据文件。

如果未找到指定文件，则表明要创建一新文件，系统核心便从其父目录文件中找出一个空目录项并对其进行初始化（包括填写文件名、文件属性、文件建立日期等），然后将建立的新文件打开。

7.2.3　主程序被中断时的环境保护

在 UNIX 操作系统 V 版本的内核中，有一个 trap .S 文件（程序），它是中断和陷入的总控程序。该程序主要用于中断和陷入的一般性处理。为了提高系统的运行效率，该程序用汇编语言编写。由于 trap .S 文件（程序）中包含了绝大部分的中断和陷入向量的入口地址，故每当系统发生中断和陷入情况时，都会先运行 trap .S 文件（程序）。

图 7.3 给出了当运行程序被中断时 CPU 的运行轨迹。

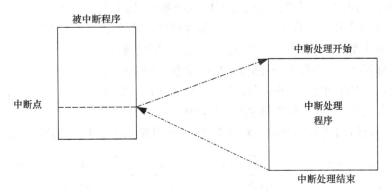

图 7.3　中断时 CPU 的运行轨迹

1. CPU 现场保护

当用户程序处在用户态，在执行系统调用命令（即 CHMK 命令）之前，应该在用户空间提供系统调用所需的参数表，并将该参数表的地址送入 R0 寄存器。在执行 CHMK 命令后，处理机将由用户态转为核心态，并由硬件自动地将处理机状态长字（PSL）、程序计数器（PC）和代码操作数（code）压入用户核心栈，再从中断和陷入向量表中取出 trap .S 文件（程序）的入口地址，然后便转入中断和陷入总控程序 trap .S 文件（程序）中执行。

trap .S 文件（程序）中执行后，继续将陷入类型 type 和用户栈指针 usp 压入用户核心栈，接着还要将被中断进程的 CPU 环境中的一系列寄存器（如 R0～Rn）的部分或全部内容压入栈中。

2. AP 和 FP 指针

为了实现系统调用的嵌套，需要在系统中设置两个指针，一个是系统调用参数表指针 AP，用于指示正在执行的系统调用所需参数表的地址，通常这个地址存放在某一寄存器中；另一个是调用栈帧的指针 FP，所谓调用栈帧就是指每个系统调用需要保存而被压入用户核心栈的所有数据项。FP 用于指示本次系统调用所保存的数据项。每当出现新的系统调用时，需要将 AP 和 FP 压入栈中。图 7.4 给出了用户核心栈的有关信息。

3. 中断和陷入硬件机构

（1）什么是中断和陷入。中断是指 CPU 对系统中发生某一事件的一种响应：CPU 暂停正在执行的程序，保护该程序的 CPU 现场后自动转去调用该事件的服务程序来执行，待该服务程序执行完成后，又返回原来被暂停程序的中断点、恢复该程序的 CPU 现场，继续从该程序的断点开始执行。执行过程如图 7.4 所示。

通常，把中断分为内中断和外中断。内中断是指由于 CPU 内部事件所引起的中断，例如程序出错（非法指令、地址越界）、电源故障等。外中断是指因外部设备事件所引起的中断，例如磁盘中断、键盘（鼠标）中断等。

内中断（trap）也译为"捕获"或"陷入"。陷入是由于执行了现行指令所引起的，而中断则是由系统中某事件引起的，该事件与现行指令无关。

（2）中断和陷入向量。为了方便处理，通常针对不同的设备编制不同的中断处理程序，并把该程序的入口地址放在某一特定的内存单元中，同时对不同的设备设置不同的处理机状态字 PSW，将其放在与中断处理程序入口指针相邻的特定存储单元中。在进行中断处理时，只要有了特定单元的内容，就可以转入相应的中断处理程序，重新装配处理机的 PSW 和优先级，进行对该设备的处理。因此把这特定单元的内容称为中断向量，把存放中断向量的存储单元称为中断向量单元。类似地，对于陷入，也有陷入向量。所有的中断向量和陷入向量构成了中断和陷入向量表，分别如图 7.5 和图 7.6 所示。

由中断和陷入总控程序压入

陷入时由硬件压入

| AP |
| FP |
| R0 |
| ⋮ |
| R*n* |
| Usp |
| type |
| code |
| PC |
| PSL |

图 7.4　用户核心栈信息

中断向量单元	外设种类	优先级	中断处理程序入口地址
045	打印机	3	Foceall
087	磁盘	2	Anydd
075	U 盘	2	Ffice
088	音响	3	ccbtv

图 7.5　中断向量

陷入向量单元	陷入种类	优先级	陷入处理程序入口地址
003	总线超时	7	trap
011	非法指令	7	trap
024	地址错	7	trap
035	电源故障	8	trap
055	trap 指令	5	trap
…	…	…	…

图 7.6　陷入向量

7.3　图形用户接口

图形用户接口也称为图形用户界面（Graphical User Interface，GUI）。是指采用图形方式显示系统信息的计算机操作环境的用户接口（例如 Windows 操作系统的界面）。与早期计算机系统使用的命令行界面相比，图形界面对于用户来讲更直接、方便和易懂，无比灵活。

除了 MDI 和 Mac 操作系统外，大多数操作系统"窗口数量=任务数量"。在系统中对任务的管理特别重要。Windows 操作系统在桌面上设置一个长条状的"任务栏"，此中存放各种窗口的图标和标题，这样可以保证系统的可操作性和可视性，方便对窗口的管理。也可以在桌面菜单中添加各个窗口管理菜单，在桌面上显示任务的图标，用虚拟桌面的方式增加桌面数量。Mac 操作系统中采用 Dock 进行任务管理、Expose 对窗口进行浏览。

GUI 的广泛应用是当今计算机系统发展的重大成就之一，它极大地方便了非专业用户，人们不需要记住大量命令只通过鼠标单击某一图标就完成了希望的操作。

通常，图形界面是以窗口、菜单等构成的。现代操作系统把图标与菜单相结合，形成了有主图标、子图标，主菜单、子菜单等多界面。

图形接口 GUI 主要由桌面、窗口、标签和菜单等构成。

1. 实现图形用户接口的方法

由于图形的处理环境、应用目的和要求等存在很大的差异，编程人员可以针对特定的图形设备输出接口，自行开发相关的功能函数；购买针对特定嵌入式系统的图形中间软件包；采用源码开放的嵌入式 GUI 系统；使用独立软件开发商提供的嵌入式 GUI 产品，来满足图形处理的需要。

2. 在图形用户接口 GUI 的应用中应该遵循的准则

由于图形处理设备和应用环境都比纯文字信息处理要复杂，所涉及的知识非常广泛。在从事图形用户接口的开发时，应该尽量减少用户的认知负担，保持界面的一致性；满足不同目标用户的创意需求，保持用户界面的友好性、图标识别的平衡性、图标功能的一致性，建立良好地界面交互体验。

3. 图形用户接口 GUI 应用领域

由于现代计算机应用已经普及到 IT 的整个领域，图形的识别、感觉等效果给用户带来了无穷的好处，图形用户接口已经广泛应用于手机通讯移动产品、电脑操作平台、软件产品、PDA（个人数字助理）产品、数码产品、车载系统产品、智能家电产品、游戏产品等。

4. 加速图形接口 AGP

加速图形接口（Accelerate Graphical Port，AGP）随着显示芯片的日益发展，PCI 总线已无法满足需求。英特尔于 1996 年 7 月正式推出了 AGP 接口，它是一种显示卡专用的局部总线。严格来说，AGP 不能称为总线，它与 PCI 总线不同，AGP 是点对点连接，即连接控制芯片和 AGP 显示卡，但在习惯上依然称其为 AGP 总线。AGP 接口是基于 PCI 2.1 版规范扩充修改而成，工作频率为 66MHz。AGP 总线直接与主板的北桥芯片相连，且通过该接口让显示芯片与系统主内存直接相连，避免了窄带宽的 PCI 总线形成的系统瓶颈，且增加 3D 图形数据传输速度，同时在显存不足的情况下还可以调用系统主内存。所以 AGP 拥有很高的传输速率，这是 PCI 等总线无法与其相比拟的。

由于采用数据读写的流水线操作减少了内存等待时间，数据传输速度有了很大提高，具有 133MHz 及更高的数据传输频率。地址信号与数据信号分离可提高随机内存访问的速度；采用并行操作，在 CPU 访问系统 RAM 的同时 AGP 显示卡可以访问 AGP 内存。显示带宽也不与其他设备共享，从而进一步提高了系统性能。

AGP 标准在使用 32 位总线时，有 66MHz 和 133MHz 两种工作频率，最高数据传输率为 266Mbit/s 和 533Mbit/s，而 PCI 总线理论上的最大传输率仅为 133Mbps。目前在最高规格的 AGP 8X 模式，数据传输速度达到了 2.1GB/s。AGP 接口的发展经历了 AGP1.0（AGP1X、AGP2X）、AGP2.0（AGP Pro、AGP4X）、AGP3.0（AGP8X）等阶段，其传输速度也从最早的 AGP1X 的 266MB/S 的带宽发展到了 AGP8X 的 2.1GB/S。所以，AGP 标准分为 AGP1.0（AGP 1X 和 AGP 2X）、AGP2.0（AGP 4X）、AGP3.0（AGP 8X）。

3D 游戏做得越来越复杂，使用了大量的 3D 特效和纹理，使原来传输速率为 133MB/s 的 PCI 总线越来越不堪重负，英特尔公司为解决计算机处理（主要是显示）3D 图形能力差的问题而开发了 AGP。AGP 是在 PCI 图形接口的基础上发展而来的。AGP 是一种接口方式，它完全独立于 PCI 总线之外，直接把显卡与主板控制芯片联在一起，使得 3D 图形数据省略了越过 PCI 总线的过程，从而很好地解决了低带宽 PCI 接口造成的系统瓶颈问题。可以说，AGP 代替 PCI 成为新的图形端口是技术发展的必然。

1996 年 7 月 AGP 1.0 图形标准问世，分为 1X 和 2X 两种模式，数据传输带宽分别达到了 266MB/s 和 533MB/s。这种图形接口规范是在 66MHz PCI2.1 规范基础上经过扩充和加强而形成的，其工作频率为 66MHz，工作电压为 3.3V，在一段时间内基本满足了显示设备与系统交换数据的需要。这种规范中的 AGP 带宽很小，现在已经被淘汰了。

近几年显示芯片的发展实在是太快了，图形卡单位时间内所能处理的数据呈几何级数增长，AGP 1.0 图形标准越来越难以满足技术进步的需要，于是 AGP 2.0 便应运而生。1998 年 5 月，AGP 2.0 规范正式发布，工作频率依然是 66MHz，但工作电压降低到了 1.5V，并且增加了 4X 模式，这样它的数据传输带宽达到了 1066MB/s，数据传输能力大大地增强了。

AGP PRO 接口与 AGP 2.0 同时推出，这是一种为了满足显示设备功耗日益加大的现实而研发的图形接口标准。应用该技术的图形接口主要的特点是比 AGP 4x 略长一些，其加长部分可容纳更多的电源引脚，使得这种接口可以驱动功耗更大（25～110W）或者处理能力更强大的 AGP 显卡。这种标准其实是专为高端图形工作站而设计的，完全兼容 AGP 4x 规范，使得 AGP 4x 的显卡也可以插在这种插槽中正常使用。AGP Pro 在原有 AGP 插槽的两侧进行延伸，提供额外的电能，用以增强（而不是取代）现有 AGP 插槽的功能。根据提供能量的不同，可以把 AGP PRO 细分为 AGP Pro110 和 AGP Pro50。

2000 年 8 月，intel 推出 AGP3.0 规范，工作电压降到 0.8V，并增加了 8X 模式，这样它的数据传输带宽达到了 2133MB/s，数据传输能力相对于 AGP 4X 成倍增长，能较好地满足当前显示设备的带宽需求。

习　题

1. 为什么说操作系统是用户与计算机系统间的接口？
2. 通常，操作系统接口分为几类？
3. UNIX 操作系统中，Shell 是怎样工作的？
4. 系统调用有几种类型？举例说明系统调用的执行过程。
5. 全面了解加速图形接口 AGD 的信息。

第8章
UNIX 操作系统

UNIX 操作系统是一种多用户、多任务的分时计算机操作系统。是当今世界应用最广泛和深入的大型计算机系统软件。UNIX 有不少的版本，但这里所讲解的内容是以 AT&T 贝尔实验室、加利福尼亚大学伯克利分校开发的 BSD 版本为基础的。

8.1　UNIX 操作系统概述

8.1.1　UNIX 操作系统的发展过程

1969 年美国 AT&T（电报电话公司）贝尔实验室的两位研究人员 Ken Thompson 和 Dennos Ritchie 开始开发 UNIX 操作系统。当时，Ken Thompson 正在开发一个称为"太空旅行"的程序，该程序模拟太阳系的行星运动，程序运行在配备了 MULTICS 操作系统（MULTiplexed Information and Computing System 多路信息与计算系统）的 PDP-7 小型计算机环境上（数字设备公司—DEC Digital Equipment Corporation 生产的系列计算机中的一种，该机功能较弱）。

该系统是一个非常简易的仅有两个用户的多任务操作系统。整个系统完全用汇编语言编写，没有引用更新的技术，主要是对 MULTICS 的技术做了科学合理的删减，取名为 UNIX。

由于 UNIX 程序最初是用汇编语言编写的，要把该程序移植到其他类型的机器（如 PDP-11）上运行就遇到了麻烦？因为 PDP-7 与 PDP-11 计算机的指令不完全兼容。其原因就是汇编语言的不兼容，该语言编写的程序可读性差、维护困难。科研人员急需找一种可读性和可移植性好的高级语言来修改 UNIX 的源程序。

1973 年 Dennos Ritchie 为移植 UNIX 程序而使用 C 语言与 Ken Thompson 一起改写了约 95% 的 UNIX 源程序。UNIX 的源程序约有 10000 多条，其中只有不到 10% 的 1000 多条语句是汇编语言编写（人们把这部分称为 UNIX 系统的内核）。所以把 UNIX 移植到其他的机型，只需要修改其中的 1000 多条汇编指令就行了。

DEC 公司生产的 PDP-11 计算机是 20 世纪 70 年代的主流机型，被广泛用于大学和科研单位的实验室。为了使 UNIX 程序得到验证和应用，贝尔实验室把 UNIX 的 C 语言源程序和说明书赠送给美国的许多大学，让大学生根据 UNIX 的 C 语言源程序和说明书来进行修改和功能扩充。当时近 95% 有计算机专业的美国大学几乎都开设了 UNIX 操作系统课程，使得 UNIX 操作系统成为许多大学的计算机专业课程范例。学生们可以根据自己所掌握的知识和需求来修改 UNIX 系统的相关语句。这样，学生们熟悉了 UNIX 系统的编程环境，毕业后又把 UNIX 操作系统的技术带入商业和科研领域，为 UNIX 操作系统和 C 语言成为全球通用的计算机技术打下了良好基础。UNIX 操作系统本身就是 C 语言程序设计在计算机系统软件领域成功应用的典范，UNIX 操作系统推动了 C 语言的普及，使得 C、C++和 Java 等诸多计算机高级编程语言得到了广泛应用。

有关表 8.1 中的内容说明如下。

1. AT&T 发布的标准 UNIX 系统 V，是基于 AT&T 内部使用的 UNIX 系统开发的。在 1987 年发布的 UNIX 系统 V 第 3 版和 1989 年发布的 UNIX 系统 V 第 4 版都改进和增加了许多新的特性。UNIX 系统 V 第 4 版融合了 Berkeley UNXI 等的特性和功能。

2. 美国加利福尼亚大学伯克利分校计算机系统研究中心对 UNIX 操作系统进行了重大改进，加入了许多新特性，此版本称为 UNIX 操作系统的 BSD 版本。

3. Linux 是 UNIX 兼容的、可以自由发布的一种 UNIX 版本，是由芬兰赫尔辛基大学计算机科学专业的学生 Linus Torvalds 为基于 Intel 处理器的个人计算机开发的（可免费使用）。

4. UNIX Ware 是 Novell 公司基于 UNIX 系统 V 开发的，其商业名称为 UNIXWare。后来 Novell 公司将 UNIXWare 卖给 SCO 公司，现在所用 UNIXWare 及相关产品都来自于 SCO 公司。UNIXWare 分两个版本：UNIXWare 个人版本和 UNIXWare 应用服务器版本，分别用于 Intel 处理器的台式机和服务器。

表 8.1   UNIX 系统的发展过程

1969	Ken Thompson 和 Dennis Ritchie 在贝尔实验室的 PDP-7 计算机上开始编写 UNIX 操作系统软件
1973	用 C 语言重写 UNIX 操作系统的源程序，使其具有更好的移植性
1975	UNIX 操作系统开始向外推出，这个版本称为第六版，BSD 的第一版就起源于此版本
1979	改进后的 UNIX 操作系统第七版本发布，此版可以移植到不同型号的计算机上运行
1980	加利福尼亚大学伯克利分校受美国国防部委托，为其开发了一个标准的 UNIX 系统——UNIX BSD4（BSD——BerKeLey Software Distribution 的缩写），同年微软推出 Xenix
1982	AT&T 的 USG（UNIX System Group）发布了 UNIX X 系统 III，这是第一个公开对外发布的 UNIX 版本
1983	AT&T 支持的 UNIX 系统 V 发布，计算机研究组（Computer Research Group，CRG）和 UNIX 系统组（USG）合并为 UNIX 系统开发实验室（UNIX System Development Lab）
1984	UNIX SVR2（系统 V 第 2 版）和 BSD4.2 推出
1986	UNIX BSD4.3 推出。IEEE 制定了称为 POSIX（Portable Operation System Interface，可移植性操作系统接口）标准的 IEEE P1003 标准
1988	POSIX.1 发布，Open Software Foundation（OSF）和 UNIXInternational（UI）成立
1989	UNIX SVR4（系统 V 第 4 版）推出
1992	UNIX System Laboratories（USL）发布 SVR4.2（系统 V 第 4.2 版）
1993	UNIX BSD4.4 发布，USL 被 Novell 公司兼并，Novell/USL 发了 SVR4.2MP，这是系统 V 的最后一个版本
1995	X/Open（是欧洲几家计算机公司的合体）推出 UNIX 95。Novell 将 UNIX Ware 卖给 Santa Cruz Operation（SCO）
1996	Open Group 成立
1997	Open Group 推出 Single UNIX Specification 的第 2 版，网上可获取该版本的软件
1998	Open Group 推出 UNIX 98，包括 Base、Worksation 和 Server 等产品
2001	Single UNIX Specification 的第 3 版推出

随着许多基于 UNIX 操作系统的系统软件推向计算机应用市场,加之有更多的应用程序出现,UNIX 操作系统的标准化问题摆在了人们面前。AT&T 的 UNIX 系统 V 第 4 版是 UNIX 操作系统标准化的结果,它推动了可在所有 UNIX 版本上运行的应用程序的开发。

8.1.2　UNIX 操作系统的主要版本

在 20 世纪 90 年代早期,存在的 UNIX 版本有 BSD、AT&T/Sun UNIX、PRE-OSF UNIX 和 OSF UNIX 版本。

通常,在一些讲述 UNIX 操作系统的书会把上述情况归结为:

- AT&T UNIX 系统 V;
- Berkeley UNIX(BSD)版本,主要用于工程设计和科学计算;
- Microsoft 和 SCO 公司开发的 SCO XENIX、SCO UNIX 和 SCO OpenServer 等,主要应用在基于 Intel x86 体系结构的系统上;
- 开放源代码的 Linux,UNIX 的体系结构,加 Microsoft Windows 形式的图形用户接口,主要应用在基于 Intel x86 体系结构的系统上,其他版本都是基于这两个版本发展起来的。

也就是说,目前为止,UNIX 操作系统有下面三种主要的变种版本:

1. 商业的非开放的系统,基于 AT&T 的 System V 或 BSD;
2. 基于 BSD 的系统,其中最著名的有 FreeBSD;
3. Linux 操作系统,可以通过网络下载源代码的自由版本。

8.1.3　UNIX 操作系统的特征

1. 可移植性强

- UNIX 操作系统大量代码为 C 语言编写;
- C 语言具有跨平台特性。

2. 多用户、多任务的分时系统

- 人机间实时交互数据;
- 多个用户可同时使用一台主机;
- 每个用户可同时执行多个任务。

3. 软件复用

- 每个程序模块完成单一的功能;
- 程序模块可按需任意组合;
- 较高的系统和应用开发效率。

4. 与设备独立的输入/输出操作

打印机、终端等文件输入/输出操作与设备独立。

5. 界面方便高效

- 内部:系统调用丰富高效;
- 外部:Shell 命令灵活、方便、可编程;
- 应用:GUI 清晰直观、功能强大。

6. 安全机制完善

- 具有口令、权限、加密等措施完善;
- 具有抗病毒结构;

● 具有误操作局限和自动恢复功能。

7. 支持多处理器

在 20 世纪 90 年代，UNIX 系统支持 32～64 个处理器，而现在则支持成千上万个处理器构成的巨型计算机系统。

8. 网络和资源共享

● 内部：多进程结构易于资源共享；

● 外部：支持多种网络协议。

9. 系统工具和系统服务

● 100 多个系统工具（即命令），可以完成各种功能；

● 系统服务用于系统管理和维护。

8.1.4　UNIX 操作系统的结构

1. UNIX 操作系统的结构图

UNIX 系统主要由系统的"内核"（kernel）、Shell、各类应用工具（程序）和用户应用程序等组成。图 8.1 给出了 UNIX 系统的结构示意图。

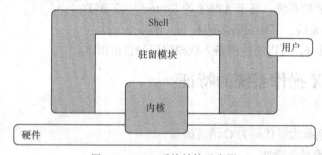

图 8.1　UNIX 系统结构示意图

通常，UNIX 系统分为四个层次。最低层是计算机系统的硬件，也是整个系统的基础。第二层是操作系统的内核（kernel），它有文件子系统、进程控制子系统和系统调用接口等部件组成，能提供进程管理、存储管理、设备管理和文件管理等系统功能。第三层是操作系统与用户的接口（Shell）、编译程序等中间部分。最外层是应用程序（用户程序）。

内核：是 UNIX 系统的核心部分，能与硬件直接交互，常驻内存。

驻留模块（有的书上也称为基本模块）：能提供对输入/输出、文件、设备、内存和处理器时钟的管理，常驻内存。

系统工具：通常称为 Shell，是 UNIX 操作系统的一部分（其功能类似于 DOS 操作系统的 command.com 文件），是用户与 UNIX 系统交互的一种接口。常驻磁盘，在用户登录时即调入内存。

2. UNIX 操作系统的核心框图

UNIX 操作系统的核心（也称为"内核"），由如下几部分组成。

（1）进程控制子系统

本子系统负责对处理机和存储器的管理，实现进程控制。在 UNIX 系统中提供了一系列用于进程控制的系统调用，例如应用程序可以利用系统调用 fork()创建一个新进程；用系统调用 exit()结束一个进程的运行。此外，本子系统还提供了进程通信、存储器管理和进程调度等功能。

- 进程通信：是实现进程间通信的消息机制。
- 存储器管理：实现在 UNIX 系统环境下的段页式存储器管理，利用请求调页和置换实现虚拟存储器管理。
- 进程调度：UNIX 系统采用动态优先数轮转调度算法（也称为"多级反馈队列轮转调度算法"），按优先数最小者优先从就绪队列中选一进程把 CPU 的一个时间片分配给它使之运行。如果进程在此时间片结束时还没有运行完，内核就把此进程送回就绪队列中的第二个队列末尾。多级反馈队列轮转调度算法的详细内容见本书第 3 章。

（2）文件子系统

文件子系统完成系统中所有设备（指输入/输出设备）和文件的管理。它所实现的功能如下。

文件管理：为文件分配存储空间，管理空闲磁盘块，控制文件的存取和用户数据的检索。

高速缓冲机制：为使核心与外设之间的速率相匹配而设置了多个缓冲区，每个缓冲区与盘块一样大小，这些缓冲区被分别链入空闲缓冲区链表等各种链表，以供进程调用。

设备驱动程序：UNIX 系统把设备分为块设备和字符设备，因此驱动程序也分为两类，文件子系统在缓冲机制的支持下，与块设备的驱动程序实行交互。

图 8.2 给出了 UNIX 系统的核心架构图，是系统结构图的另一种表示，它主要突出了核心级的组成部分。

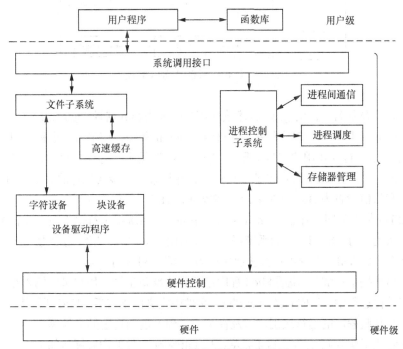

图 8.2　UNIX 操作系统核心架构图

8.1.5　UNIX 操作系统的启动流程

每次启动 UNIX 系统时，系统首先运行 boot 程序（除非是在系统出现提示符时，用户输入了其他命令而转到其他系统工作环境）进行引导，把/stand 目录下的 boot 文件用/etc/default/boot 文件中定义的配置参数来装入操作系统的默认内核程序；其次是检测计算机系统中能找到的硬件、初始化各种核心表，安装系统的根文件系统（rootfs）、打开交换设备及打印配置信息。接着系统形成 0 号进程，再由 0 号进程来产生子进程（即 1 号进程，当产生 1 号进程后，0 号进程则转为对换进程，1 号进程就是所有用户进程的祖先）。1 号进程为每个从终端登录进入系统的用户创建一个终端进程，这些用户进程又利用"进程创建"系统调用来创建子进程，这样就形成进程间的层次体系，也就是通常所称的"进程树"。

UNIX 操作系统的 1 号进程是一个系统服务进程，一旦创建便不会自行结束，只有在系统需要撤销它们提供的系统功能或关机的情况下才会发生 1 号进程的结束。

在 UNIX 操作系统启动时，系统的常驻部分（kernel 内核）被装入内存。而操作系统的其余部分仍然在磁盘上，只有用户请求执行这些程序时，才把将其调入内存。用户登录时，Shell 程序也被装入内存。

UNIX 系统完成启动后，init 初始化程序为系统中的每个终端激活一个 getty 程序，getty 程序在用户的终端上显示"login:"提示，并等待用户输入登录名，如图 8.3 所示。

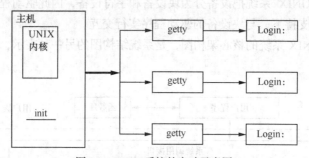

图 8.3　UNIX 系统的启动示意图

当用户输入其登录名时，由 getty 程序读取用户输入内容并启动 login 程序，由 login 程序完成登录过程。getty 程序将用户输入的字符串传递给 login 程序，该字符串也称为用户标识符。接着，login 程序开始执行并在用户屏幕上显示"password"提示，等待用户输入登录口令。

在用户输入口令后，login 程序验证用户口令，并检查下一步要执行的 Shell 程序。通常系统把这个程序的默认值设置为 Bourne Shell（简称为 BShell）。

UNIX 系统的版本不同，所配的 Shell 也有所不同，其系统提示符也不同。通常 AT&T 贝尔实验室的 UNIX 系统配有 BShell，它的系统提示符普通用户为"$"，超级用户为"#"；BSD 版本的 UNIX 系统配的是 CShell，系统提示符普通用户为"%"，超级用户为"#"。

当屏幕上出现提示符$时，说明 Shell 程序已经完成准备工作，用户可以输入命令。

在系统初始化过程中，完成/etc/default/boot 文件中定义的配置后，接着开始执行/etc/inittab 文件。该文件定义某些程序的运行级别，以及在某个进程上启动指定的进程等。

为了使读者能了解 boot 文件，这里把/etc/default/boot 文件的内容展示如下。

```
$cat /etc/default/boot(按【Enter】键)
# @ (#) boot.df1 26.1 98/06/12
#
# copyright (c) 1988-1996 The Santa Cruz Operation, Inc.
#    ALL Rights Reserved.
#
#  default/boot-system boot operation:boot (F)
#
```

```
# Let ScoAdmin know about any new parameters:
# ScoAdminInit BBOTMNT {RO RW NO} RO
#
DEFBOOTSTR = hd (40) UNIX swap = hd (41) dump = hd (41) root = hd (42)
AUTOBOOT = YES
FSCKFIX = YES
MULTIUSER = YES
PANICBOOT = NO
MAPKEY = YES
SERIAL8 = NO
SLEEPTIME = 0
BOOTMNT = RO
#_
```

boot 文件内容的含义如下。

（1）DEFBOOTSTR = hd（40）UNIX swap = hd（41）dump = hd（41）root = hd（42）命令行，当出现启动提示符时，系统装载哪个程序将取决于 DEFBOOTSTR = hd（40）UNIX 选择项。

（2）AUTOBOOT = YES，表示程序自动加载 DEFBOOTSTR 中所定义的 UNIX 核心；如果设置为 NO，则用户必须通过按【Enter】键来回答系统给出的提示。否则，引导程序无期限地等待用户对提示符的响应。通常，把 AUTOBOOT 的默认值设置为 NO。

（3）FSCKFIX = YES，表明程序对根文件系统自动进行修补；如果设置为 NO，表明由用户自己控制程序的修补。

（4）MULTIUSER = YES，表明当系统在引导过程中不进行操作时，系统自动进入多用户模式；如果为 MULTIUSER = NO，则系统只能在单用户模式（即系统维护模式）下工作。

（5）PANICBOOT = NO，表明系统在 PANIC 之后不需要重新引导，这是默认值；如果设置为 YES，表明系统在 PANIC 之后要重新引导。

（6）MAPKEY = YES，表明控制台设备设置成 8 位，即无校验；如果设置为 NO，init 程序将调用 mapkey 程序为用户设置控制台。

（7）SERIAL8 = NO，表明允许 init 程序在一个通过串口配置的控制台上使用 8 位字符（无校验）。

（8）SLEEPTIME = 0，该变量的单位为秒，默认值为 0 秒，表明禁止进行周期检查。init 程序定期检查 inittab 文件内容是否有变化，其定期的时间间隔由该变量的值确定。

（9）BOOTMNT = RO，表明确定引导文件系统只按读方式安装 boot 文件系统；除 RO 外，RW 为按读写方式安装 boot 文件系统；NO 为不安装 boot 文件系统。

在系统初始化过程中，在完成/etc/default/boot 文件中定义的配置后，接着开始执行/etc/inittab 文件，该文件定义某些程序可以一在什么运行级别上存在，以及在某个进程上启动指定的进程等。

为了让读者对 inittab 文件有一定的了解，下面给出了/etc/inittab 文件的内容。

为了让学生更多地了解 UNIX 操作系统，图 8.4 给出了 UNIX 操作系统的启动过程。

```
#cat /etc/inittab(按【Enter】键)
# @ (#) init.base 25.6 96/04/22
#
#  copyright (c) 1988-1996 The Santa Cruz Operation, Inc.
#     ALL Rights Reserved.
#
```

```
    #  The information in this file is provided for the exclusive # use of the licensees
of The Santa Cruz Operation,Inc.

    #  Such user have the right to use,modify,and incorporate this # code into other products
for purposes authorized by the    # license agreement provided they include this notice
and the # associated copyright notice with any such product.

    # The information in this file is provided"AS IS"without # warranty.

    #

    # /etc/inittab on 286/386 processors is built by Installable

    # Drivers (ID) each time the kernel is rebuilt./etc/inittab # is replaced by
/etc/conf/cf.d/init.base appended with the # component files in the /etc/conf/init.d
directory by the #/etc/conf/bin/idmkinit command.

    #

    # To comment out an entry of /etc/inittab, insert a # at start # of line.

    #
bchk::sysinit:/etc/bcheckrc </dev/console>/etc/console 2>&1
ifor::sysinit:/etc/ifor_pmd </dev/null>/usr/adm/pmd.log 2>&1
tcb::sysinit:/etc/smmck </dev/console> /dev/console 2>&1
ck::234:bootwait:/etc/asktimerc </dev/console> /dev/console 2>&1
ask::wait:/etc/authckrc </dev/console> /dev/console 2>&1
is:s:initdefault:
r0:056:wait:/etc/rc0 1> /dev/console 2>&1 </dev/console
r1:1:wait: /etc/rc1 1> /dev/console 2>&1 </dev/console
r2:2:wait: /etc/rc2 1> /dev/console 2>&1 </dev/console
r3:3:wait: /etc/rc3 1> /dev/console 2>&1 </dev/console
sd:0:wait:/etc/uadmin 2 0 >/dev/console 2>&1 </dev/console
fw:5:wait:/etc/uadmin 2 2 >/dev/console 2>&1 </dev/console

rb:6:wait:/etc/uadmin 2 1 >/dev/console 2>&1 </dev/console
c0:2345:respawn:/etc/getty tty01 sc_m
c01:1:respawn:/bin/sh -c"sleep 20; exec /etc/getty tty01 sc_m"
c02:234:off:/etc/getty tty02 sc_m
c03:234:respawn:/etc/getty tty03 sc_m
c04:234:respawn:/etc/getty tty04 sc_m
c05:234:respawn:/etc/getty tty05 sc_m
c06:234:respawn:/etc/getty tty06 sc_m
c07:234:respawn:/etc/getty tty07 sc_m
c08:234:respawn:/etc/getty tty08 sc_m
c09:234:respawn:/etc/getty tty09sc_m
c10:234:respawn:/etc/getty tty10 sc_m
c11:234:respawn:/etc/getty tty11 sc_m
c12:234:respawn:/etc/getty tty12 sc_m
sdd:234:respawn:/tcb/files/no_luid/sdd
tcp::sysinit:/etc/tcp start </dev/null> /dev/null 2>&1
Sela:234:off:/etc/getty tty1a m
SelA:234:off:/etc/getty-t60 tty1A 3
Se2a:234:off:/etc/getty tty2a m
Se2A:234:off:/etc/getty-t60 tty2A 3
http::sysinit:/etc/scohttp start
sc1:b:once:/etc/rc2.d/p86scologin start no_switch
sc1b:2:bootwait:/etc/scologin init
#_
```

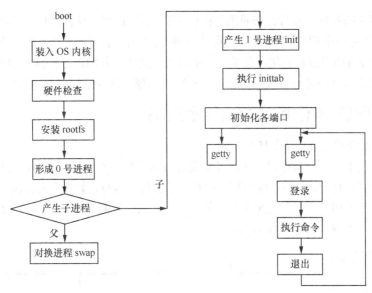

图 8.4　UNIX 系统的启动流程图

8.1.6　UNIX 操作系统用户和职责的划分

1. UNIX 操作系统的用户分类

在多用户的 UNIX 操作系统中，有无数个将本系统作为应用平台的用户，如果按类型来划分，可分为超级用户和普通用户两类。

（1）超级用户。通常，把超级用户称为 root 用户，或者根据完成的工作被称为系统管理员。它是在安装 UNIX 系统时自动建立的。

（2）普通用户。普通用户也称为非 root 用户，它是根据用户的应用程序或应用环境的要求，由超级用户建立的。

2. 用户的职责

在 UNIX 系统中，各类用户必须严格遵循系统的管理规定，各负其责各尽其能，不得越雷池一步。

（1）超级用户的职责。超级用户是整个系统的维护和管理者，UNIX 系统应至少有一名系统管理员来负责系统的日常维护和管理，以保证系统能安全而平稳的运行，同时完成仅有系统管理员才能完成的一些机上的特殊工作（主要受 UNIX 操作系统执行权限的限制）。例如：

- 增加/修改用户（指普通用户）；
- 浏览整个系统的运行日志，掌握系统的运行情况；
- 掌握系统的引导情况；
- 负责文件系统的备份；
- 检查系统异常运行的进程（程序）；
- 检查硬盘空间，确保文件系统有足够的空闲空间；
- 检查系统所配置的 I/O 设备，确保用户的作业能顺利进行；
- 检查整个系统上普通用户的登录情况，了解它们的运行状况等。

系统管理员应有浏览整个系统运行日志的好习惯，掌握系统的运行情况，发现异常或问题应及时分析、处理。

（2）普通用户的职责。通常，普通用户在进入系统之前，应由超级用户给该普通用户建立一个账号，同时给它一个用户登录名（又称为注册名或用户标识 uid），并为该用户设立密码（password），该普通用户就可利用此登录名登录系统，这样，此用户才能算 UNIX 系统的合法用户，才能进入属于自己的文件系统内，应用 UNIX 的大部分命令来完成自己所担负的工作。

8.1.7　UNIX 操作系统的运行示意图

UNIX 操作系统的运行环境如图 8.5 所示。

在 UNIX 系统中，登录与退出是用户经常要进行的操作。不论是超级用户还是普通用户都必须用自己的用户名进行登录，待系统对用户的相关信息进行验证。如果完全无误，方可进入系统，否则不能登录。普通用户（尤其是金融行业的用户）在较长时间离开自己的工作机器时，必须从系统工作状态退出到登录状态（即 login：）。

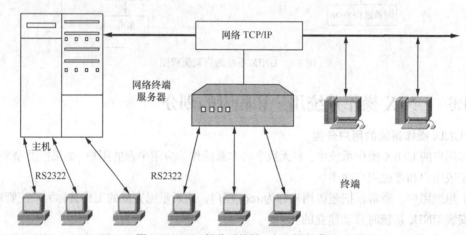

图 8.5　UNIX 操作系统的运行环境示意图

从图 8.5 可以看出，UNIX 操作系统既可以作为用户的独立运行平台，又可以作为网络平台。

8.1.8　UNIX 操作系统用户的登录与退出

1．普通用户的启动与登录

当用户第一次打开计算机（终端）电源后，UNIX 操作系统的引导程序（boot）被装入内存并执行，终端屏幕上显示相关的系统提示信息：

```
SCO OpenServer™ Release 5.0
Boot
:
```

用户在此冒号（：）后可以直接按【Enter】键或输入相关命令。如果用户输入"？"并按【Enter】键，系统显示当前可用的设备清单。屏幕上所显示的设备和文件名的格式如下：

xx　(m)　filename

其中：xx 是设备名（硬盘为 hd，软盘为 fd。m 是次设备号）filename 是标准的 UNIX 路径名。默认设备为 hd（40）。

当用户直接按 Enter 键，系统就进入 UNIX 系统，执行相应的引导程序。启动程序运行完毕，在终端屏幕上显示：

```
Login: _
```

用户可在此输入自己的"登录名"进行登录。如果遇到屏幕未出现"login"时，在未发现异常情况时，多按几次按【Enter】键，就可出现"login"提示符。

在输入"登录名"后，屏幕接着显示：

`Password: _`

用户输入自己的登录密码，如果连续输入三次都不正确，系统则返回上一层"login:"状态。如果密码正确，系统则显示：

`$_`

当系统显示提示符"$"时，表明普通用户已登录成功，该用户已成为系统的合法用户，可以在自己的合法范围内执行相关的命令或程序了。

上述普通用户的所有操作，都是基于主机（UNIX）系统工作正常的情况下完成的。

2. 超级用户的登录

超级用户要进入系统，必须进入系统维护模式才可以执行超级命令，这时的系统状态被称为系统维护状态，也称为单用户模式。超级用户可以在系统中进行查询文件系统、用户设备维护、安装或系统版本升级等系统管理员工作。

由于此工作模式的访问权限最高，用户对系统文件和程序的访问不受任何限制，普通用户是不能登录这种工作模式的。

超级用户可以通过两种方式进入系统维护状态：一是当系统的引导程序执行中显示如下信息：

`INIT:SINGLE USER MODE`
`Type CONTROL-d to proceed with normal strartup,`
`(or give root password for system maintenance): _`

直接按【Enter】键，进入单用户模式。

二是可按【<ctrl + d>】组合键进入多用户模式。当然，超级用户用"root"登录，也同样能进入单用户模式。

`Entering System Maintenance mode`（系统进入维护模式）

屏幕出现提示符：

`Login: _`

用户以"root"登录。

`Passwd: _`

输入自己的密码，如果输入正确，系统出现提示符，否则返回到"login:"状态。

`# _`

屏幕出现系统提示符#,则表明已进入系统维护模式，系统管理员可以进行各种管理和维护操作了。

系统维护状态又称为单用户模式，只有当普通用户已经退出，才能对系统进行维护的工作状态。在此种模式启动过程中，系统未执行/ect/rc 文件中的应用程序和启动程序，与多用户模式相比，其占用系统资源要少。

3. 系统的退出

UNIX 系统的退出操作分为超级用户和普通用户退出两种。这两种操作所完成的任务是截然不同的。

（1）超级用户退出系统。超级用户退出系统时，可利用命令：

shutdown 和 haltsys 来终止系统的运行。shutdown 即"terminate all processing"，意思是结束所有的进程；haltsys 来源于"halt system"，即"close out file systems and shut down the system"，

意思是停止文件系统的工作、关闭系统。

shutdown 命令是在多用户工作模式下，由系统管理员使用的退出命令；而 haltsys 命令则是在单用户状态下系统管理员所使用的退出系统的命令。

```
# shutdown  或 haltsys（按【Enter】键）
Login: _
```

到此系统已退出，要想进入系统，必须重新登录。

有关退出系统的命令将在后面详细介绍。

（2）普通用户退出系统。普通用户可以通过 exit 命令或按【<ctrl + d>】组合键退出系统，退回提示符"login"状态下。exit 即 end the application，意指终止应用程序。

任何普通用户在完成自己的工作需要离开时，务必通过此方法退出系统，如果不退出可能会发生意想不到的情况。即：

```
$ exit（按【Enter】键）
```

系统在屏幕上显示：

```
SCO OPENServer™Release 5.0 scosysv tty05
Login: _
```

这时，用户可以重新输入用户名进行登录或关机。

8.2　UNIX 操作系统的文件系统和文件

本节描述与 UNIX 操作系统建立文件目录相关的基本概念及系统中对树型层次目录的组织管理。同时介绍 UNIX 文件系统相关术语和建立文件系统的相关命令。

8.2.1　磁盘组织

现代计算机系统中，磁盘尤其是硬盘，是计算机系统的主要存储部件，操作系统的绝大部分文件和用户的应用软件（程序和数据）均以文件的形式存放在硬盘上。通常，用户是以文件名来查找或读取文件的内容。由于现在的磁盘（硬盘）内容非常大，为了便于查找和管理文件，用户利用操作系统提供的磁盘操作命令，把硬盘划分为若干区域（在 UNIX、DOS 操作系统中称为目录，在 Windows 操作系统中叫做文件夹）。

这几种操作系统都允许用户在硬盘上建立目录（文件夹）和子目录（子文件夹），这样，便实现了目录（文件夹）嵌套。操作系统为用户提供了若干管理和维护目录的相关命令。

8.2.2　文件系统

由文件和目录构成了 UNIX 操作系统的文件系统，包含与管理文件有关的程序和数据。其功能是建立、撤销、读写、修改和复制文件以及完成对文件进行按名存取和对存取权限进行控制等。

UNIX 系统的整个文件系统是由多个子文件系统组成的。

在 UNIX 操作系统内部，利用 i（inode）节点来管理系统中的每个文件。一个 i 节点号代表一个文件（也就是说，每个文件与一个 i 节点号相对应），i 节点内存储着描述文件的所有数据。目录就是存储在该目录下的各个文件的文件名和 i 节点号所组成的数据项。众多个 i 节点存放在 i 节点表中。

如果一个目录的 i 节点号为零，则表明该目录为空。

UNIX 操作系统将物理设备（如磁盘）或光盘的一部分视为逻辑设备，例如硬盘的一个分区、一张软盘、USB 接口的 Flash 盘和 CD-ROM 盘。这些逻辑设备都对应一块设备文件，如/dev/hdc4、/dev/cdrom 等，在每个逻辑设备上可以建立一个独立的子文件系统。UNIX 系统在这些设备上建立 UNIX 系统格式的子文件系统时，把整个逻辑设备以 512 字节为块进行划分（不同版本的 UNIX 操作系统所取块值不同，通常是 512～4096B），块的编号为 1、2、3……。

UNIX 操作系统将每个文件系统存储在逻辑设备上，一个逻辑设备对应一个文件系统。较大的磁盘可存储多个文件系统。每个文件系统都具有相同的基本结构：引导块、超级块、i 节点表和文件存储区。文件系统的结构示意图如图 8.6 所示。

下面对文件系统的各个部分进行介绍。

图 8.6　UNIX 操作系统的文件系统结构示意图

1. 引导块（boot block）

引导块也称为 0 号块，是每个文件系统的第一块，所存储的信息在系统启动时用于引导执行操作系统的内核程序。当整个文件系统由多个文件系统构成时，只有根文件系统的引导块才有效。

2. 超级块（super block）

超级块即 1 号块，通常也称为管理块，是每个文件系统的第二块。它是文件系统的头，存放的内容包含安装和存取该文件系统的全部管理信息，包括文件系统的大小、文件系统所在的设备区名、i 节点区的大小、空闲空间的大小和空闲链表的头等。这些信息是整个文件系统对块设备进行分配和回收操作的重要依据。

例 8.1　某系统给出了如下的数据：18144，/dev/hd02，5800，99，#10，#11，…

表明：该文件系统大小为 18144 块；

文件系统所存储的盘区是 0 号硬盘第二逻辑分区（该盘区名为 /dev/hd02）；

该文件系统占用硬盘空间 5800 块；

现在可用的空闲 i 节点编号分别为#10，#11…

当用户使用该文件系统时，其超级块被装入内存，供用户安装和存取文件系统时使用。

3. i 节点表（index node）

i 节点表是超级块后紧随的由若干块构成的一片磁盘区域。i 节点表的大小须在超级块中指明。如上例的 5800 块用于存放 i 节点信息。

通常，每块取 512B（字节）大小，而每个 i 节点占用 64B 的空间，所以一块磁盘区域可存放 8 个 i 节点（512/64 = 8）。

下表给出了 UNIX 操作系统的文件目录结构。从中可以看出，该文件目录由文件名和 i 节点号组成，一个文件对应一个 i 节点号。

表 8.2　　　　　　　　　　　　UNIX 操作系统的文件目录结构

文件名	i 节点
Fycfile1	20
Fycff0	340
City12	120

存放在文件存储区的每个文件有一个 i 节点号。目录表由目录项构成，目录项就是一个"文件名"和"i 节点号"的配对。因此，可以在同一目录表中有两个目录项，有不同的文件

名，但有相同的 i 节点号（通过链接命令"ln"处理后的文件的 i 节点是相同的）。在不同的目录表中也可以有两个目录项有相同的 i 节点号。每个目录项指定的文件名和 i 节点号的映像关系，就叫做硬连接。也就是说，一个具体的文件可以有多个文件名，但它仅有一个 i 节点号。

每个 i 节点有一个节点号，i 节点编号从 1 开始，不使用编号为 0 的 i 节点。文件对应的 i 节点号就是系统分配给该文件的内部名。

图 8.7 给出了 i 节点表的存取结构。

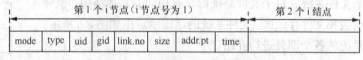

图 8.7　i 结点表的存取结构示意图

mode：占用标志位（0 代表空，1 代表占用）；

type：i 节点对应文件的类型；

uid：该文件的主属号；

gid：该文件的同组号；

link.no：该文件的链接数；

size：该文件的大小；

addr.pt：描述指向文件实际数据块的指针；

time：最近访问/修改该文件的日期、时间。

i 节点重要的信息是"索引"，也就是指针信息。这是由一组指针构成的索引表，指向文件存储区中实际存放数据的存储块。指针可直接或间接地指定磁盘中所需文件的信息，这是 UNIX 操作系统内核中的"文件管理"模块所实现的最重要的功能之一，即完成逻辑文件到物理块的映像。

4．文件存储区

文件存储区主要用于存放文件中的数据（俗称为文件体），包括了普通文件和目录表的相关信息。在一个文件系统所占用的逻辑设备上，除前三部分所占用的磁盘区外，余下的即为文件的实际数据存储区域。本区域占整个存储空间的绝大部分。

通常，用户调用命令 mkfs、mount 和 umount 来完成文件系统的建立、安装和卸载，也可利用命令 fsck 来检查文件系统的完整性和修复被损坏的部分。UNIX 操作系统提供了大量的文件操作命令，这些命令存放在/etc 目录中。

8.2.3　UNIX 操作系统的文件类型

在 UNIX 系统中，其文件是流式文件或称字节序列，可分为五大类，而有的书只介绍 UNIX 系统的三类文件，即普通文件、目录文件和特殊文件。

1．普通文件（ordinary file）

普通文件（也称为"常规文件"）用"-"或"f"表示（在命令"find"中作为查找文件类型的参数用）。这类文件为字节序列，如程序代码、数据、文本等。用 Ｖｉ 编辑器创建的文件是普通文件，用户通常管理和使用的大多数文件都属于普通文件。

普通文件大体上分为 ASCII 文件和二进制文件两大类，即可阅读的和不可阅读的或可执行的和不可执行的。

例 8.2 用命令"ls －l"显示文件的有关信息。

```
- rw- rw- r- -  1 bin bin 3452 may 2 2004  /etc/fyc1
```

信息开头的第一个字符"-"表明所列的文件 fyc1 是一个普通文件。紧接着的"rw-rw-r—"是该文件的属主、同组用户和其他用户对该文件的访问权限。

有关文件访问权限的具体内容,请参阅 UNIX 操作系统的专著。

2. 目录文件(directory file)

现代的操作系统对系统文件和用户的管理,基本上是按用途、分层次来实行的。把目录视为文件一样进行管理则是 UNIX 操作系统的一个基本特征。目录文件用"d"表示,是一个包含了一组文件名等信息的文件。目录文件不是标准的 ASCII 文件,是关于文件的管理信息(如文件名等),由许多根据操作系统定义的特殊格式的记录组成。一个目录是文件系统中的一块区域,用户可按 UNIX 操作系统有关文件命名的规则来命名目录文件。如果将磁盘比喻为一个文件柜,这个柜中就包含了若干个存放文件的抽屉(即文件夹/目录),这些用来存放和管理文件的文件夹在 UNIX 操作系统中就是目录。对文件和磁盘内容的管理,通常是通过对目录的管理来实现的。

UNIX 操作系统采用倒树型分层次的目录结构。这种结构允许用户组织和查找文件。最高层的目录称为根目录(root,用"/"表示),其他的所有目录直接或间接地从根目录分支出去。

例 8.3 用"ls －l"命令可显示文件的类型。

```
drw-r-r-- 2 zhang student 55 jun 15 12:12 source
```

这里的"d"说明 source 文件是一个目录文件。

图 8.8 给出了 UNIX 操作系统中常见的根目录、子目录和文件的结构关系。各个目录中既可以包含文件,还可以包含目录。图 8.9 给出了常见的 UNIX 操作系统的目录结构。

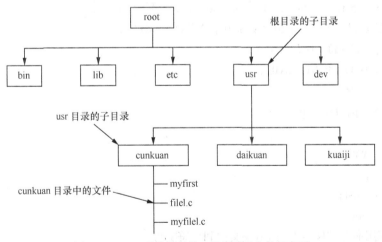

图 8.8 UNIX 系统中目录、子目录和文件示意图

3. 特殊文件

在 UNIX 系统中,将 I/O 设备视同文件对待,系统中的每个设备,如打印机、磁盘、终端等都分别对应一个文件,这个文件被称为特殊文件或设备文件。

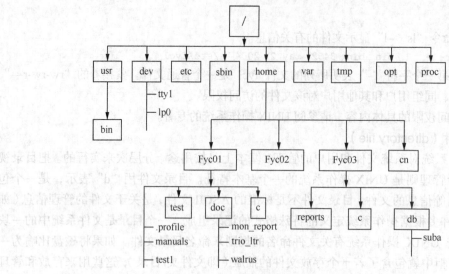

图 8.9　UNIX 操作系统常用目录的示意图

特殊文件，用 c（character 的缩写）和 b（block 的缩写）表示。也就是说，UNIX 系统中，特殊文件分为两种。打印机、显示器等外部设备是字符设备，所对应的设备文件（即驱动程序）称为字符设备文件，用 c 表示；磁带、磁盘等外部设备称为块设备，所对应的外部设备文件称为块设备文件，用 b 表示。这些文件中包含了 c 和 b 设备的特定信息。

特殊文件是与硬件设备有关的文件，通常，存放在 UNIX 系统的 "/dev" 目录中的文件几乎全是特殊文件，它们是操作系统核心存取 I/O 设备的 "通道"，是用户与硬件设备联系的桥梁。通过 "ls　-l　/dev" 命令，可以列出特殊文件的主要类型。

为了便于读者熟悉 I/O 设备的有关信息，下面给出 I/O 等设备的英文缩写及格式：

硬盘：hd（一整硬盘：hd0a，1 分区：hd00，2 分区：hd01…；

　　　二整硬盘：hd1a，1 分区：hd10，2 分区：hd11…）；

软盘：fd（A 盘 fd0，B 盘 fd1）；

终端：tty（tty00，tty01，tty02，…）；

主控台：console；

打印机：lp（lp，lp0，lp1，lp2）；

存储器：men；

盘交换区：swap；

时钟：clock；

盘用户分区：usr；

盘根分区：root。

例 8.4　利用命令 "ls　-l" 列出块文件和字符文件。

```
brw-rw-rw-  4 bin  bin 2,  5 jan 3 13:01 /dev/fd0
cw-w-w 3 bin  bin 6, 4  jan 4 13:45 /dev/lp
```

第一行开头的字符 "b" 表明文件/dev/fd0 是一个为块文件。

第二行开头的字符 "c" 表明文件 /dev/lp 是一个字符文件。

几乎所有的块设备都有一个字符型接口，该接口也称为原始接口。它们由执行操作系统维护功能的程序使用。块设备的字符原始接口也有一个字符特别文件。这些块设备的字符特别文件的名字都是在块特别文件的名字前加字母 "r"。

通常，硬盘块特别文件 "hd" 的字符特别文件为 "rhd"，软盘块特别文件 "fd" 的字符特别文件是 "rfd"。

4. 符号链接文件（Symbol link file）

符号链接文件用 "l" 表示。UNIX 系统通过命令 "ln -s"（该命令是 link 的缩写，这是建立符号链接，即软链接）或 "ln -f"（这是强制建立链接，不询问覆盖许可）来实现对文件的连接的。这种文件通常也称为软连接，最早是在 BSD UNIX 版本中实现的。符号连接允许给一个被链接的对象取多个符号名字（俗称别名），可以通过不同的路径名来共享这个被链接的对象。这种符号链接的构思广泛地应用于用名字进行管理的信息系统中。

符号链接文件中包括了一个描述路径名的字符串。在 UNIX 操作系统中，用一个 "符号链接文件" 来实现符号链接，此文件中仅包括了一个描述路径名的字符串。通常，也可以用 "ln -s" 来创建符号链接。

例 8.5　用户调用命令 "date"，把该命令的执行结果保存在以 "user_date" 命名的文件中，再利用命令 "ln -s" 为文件 user_date 取一个别名（将产生一个连接文件）user_date1。

`$date > user_date`（按【Enter】键）

本命令行的功能是把命令 date 所产生的输出重定向到文件 user_date 中保存起来。

`$ln -s user_date user_date1`（按【Enter】键）

在文件系统中，user_date1 不是普通的磁盘文件，它所对应的 i 节点中记录了该文件的类型为符号连接文件。

通过 "ln" 命令的处理，实际上是为源文件 "user_date" 建立一个以 "user_date1" 为文件名的目的文件（别名），它既不改变源文件的内容，又不改变源文件的 i 节点号。也就是说，通过命令 "ln" 处理后的符号链接文件与其源文件有相同的 i 节点号。

例 8.6　利用命令 "ls -l" 列出 /usr/user_date1，查看该文件的类型。

`$ls -l /usruser_date1`（按【Enter】键）

`lrwxrwxrwx 1 fyc usr  8 aug 4 12:21 /usr/user_date1`

这里的左边第 1 个字符 "l" 表示 user_date1 文件是一个符号链接文件。

如果用删除命令 "rm" 来对 "别名" 进行删除，只能删除符号链接文件（上例中的 user_date1 文件）而源文件 "user_date" 则不受损失。

但是，用 "rm" 删除命令删除源文件 "user_date" 后，再调用 "目的文件" 就可能出错。

5. 管道文件（pipe file）

当进程使用 fork( ) 创建子进程后，父子进程就有各自独立的存储空间，互不影响。两个进程之间交换数据就不可能像机器内的函数调用那样，通过传递参数或者使用全局变量来实现，而要通过其他的方式。因为，父子进程共同访问同一个磁盘文件来交换数据会非常不方便。为此，UNIX 操作系统提供了一种管道通信方法，这是一种很简单的进程间通信方式。有了管道机制，Shell 才允许用符号 "|" 把两个命令串接起来，实现以前面命令的输出作为后面命令的输入。

管道文件通常称为 pipe 文件，用 "p" 表示，就是将一个程序（命令）的标准输出（stdout）直接重新定向为另一个程序（命令）的标准输入（stdin），而不增加任何中间文件。也就是说，管道文件能够连接一个 write（写）进程和一个 read（读）进程，并允许它们以生产者——消费者方式进行通信。这一过程中，按先进先出的方式由写进程从管道的入端将数据写入管道，而读进程则从管道的出端读出数据。

对于管道的使用，必须是：①互斥使用；②同步读写关系；③确定对方是否存在，只有对方已存在时，才能进行通信。

在 UNIX 操作系统中，pipe 文件分为两种。

（1）无名管道。早期的 UNIX 操作系统只提供无名管道，这是一个临时文件，是利用系统调用 pipe( ) 建立起来的无名文件（指无路径名）。只用该系统调用所返回的文件描述符来标识该文件。因此，使用管道的基本方法是创建一个内核中的管道对象，进程可以得到两个文件的描述符，才能利用该管道文件进行数据传输。当这些进程不需要使用此管道时，系统核心收回其 i 节点（索引号）。

（2）有名管道。为了让更多的进程能利用管道传输数据，后期的 UNIX 版本中增加了有名管道。有名管道是利用 mknod 系统调用建立的，是可在文件系统中长期存在的具有路径名的文件，进程都可用 open 系统调用打开 pipe 文件。

例 8.7 利用命令 "ls –l" 可以列出文件的长格式。

```
$ls  –l（按【Enter】键）
prw-r--r--  1 fyc   usr  0  aug 4  11:45  pipe1
```

这里的 "p" 表明 pipe1 是一个管道文件。

在 UNIX 系统，管道操作符 "|" 与其他的命令一起合用，即在一命令行中用 "|" 把几各个命令串起来。

例 8.8 用户要浏览/etc 目录下的相关文件，用 ls 命令和管道操作符 "|" 一起完成相应操作。

```
$ls  –l | more（按【Enter】键）
total  87689
-rwx- -x - -x 1 bin  bin  54678  jan 4 2000  .cpiopc
-rw - - - - - - - 1 root  root  0   jan 2 12:23  .mnt.lock
…
```

例 8.9 查看/etc 目录中有多少个文件。

```
$ls  –l | wc（按【Enter】键）
563
```

在例 8.9 中如果不利用管道操作符，则需要三步才能完成：

```
$ls  –l > file1（按【Enter】键）     /*将命令 ls 的输出重定向到文件 file1 中*/
$wc file1（按【Enter】键）           /* 对文件 file1 进行计数*/
563
$rm file1（按【Enter】键）           /*删除临时文件 file1*/
```

在 UNIX 操作系统中，进程利用 pipe 系统调用来建立一无名管道的语法格式为：

```
int pipe(filedes);
int filedes[2];
```

UNIX 操作系统核心创建一条管道须完成的工作有：

（1）分配磁盘和内存索引结点；

（2）为读进程分配文件表项；

（3）为写进程分配文件表项；

（4）分配用户文件描述符。

由于 UNIX 操作系统是多用户、多任务的分时操作系统，主要运行在大、中型计算机中，其功能非常强大，可以供成百上千的用户同时使用一台主机。所以用户要在 UNIX 操作系统环境下工作，就需要具备比 Windows、DOS 操作系统更多的知识。

8.2.4　文件名和路径名

在 UNIX 操作系统中，用户要调用文件或执行命令，都应清楚所调用对象的名称以及它所在的位置（路径名）。

1. 文件名

文件名也包括目录名，因为在 UNIX 操作系统中，文件管理系统把目录视为文件一样进行管理，用户要完成对文件（程序）的操作，就必须给出文件名。UNIX 系统中文件名的长度可达 200个字符以上（早期的 UNIX 操作系统支持的文件名长度为 14 个字符），但对其文件名和扩展名（也称为后缀）为多少位则无规定。存放在 UNIX 操作系统/bin 和/usr/bin 目录中的可执行文件都不带后缀，但应用高级语言（如 C 语言）所编写的源程序必须有后缀（如 .C）。

（1）文件名所用的字符串可以大、小写或混用，同一字符的大、小写则分别代表不同的文件名。

（2）文件名中应避免使用如下的字符：

/ \ ＂ ' '* ; ? # [ ] -( )! $ { } < >。

因为这些字符在 Shell 命令解释程序中已被占用，都赋予了特定的意义。

（3）同一目录中不允许有同名文件。

（4）在查找或指定文件名时可用如下的通配符：

"*"：匹配任意一字符串；

"? "：匹配任意一字符；

"[ ]"：匹配一个字符组中的任意一个字符，在方括号中可用 "-" 表示字符范围，"*" 和 "? "在[ ]内失去作用，"-" 在[ ]外失去作用。

如 cheng1、cheng2、cheng3 和 cheng4 四个文件，可以用 cheng?来表示，也可用 cheng[1-4]表示；

对于 coor、coow、coox 和 cooz 四个文件，如果用 coo?表示就包括了所有的四个文件，如果只想调用最后两个文件，可用 coo[xyz]或 coo[x-z]表示。

2. 路径名

路径名即为查找文件或目录所经过的路径。如果使用当前目录下的文件，可以直接引用文件名；如果要使用其他目录中的文件，就必须指定该文件所在的目录，如果此目录又是另一个目录的子目录，这样文件名前就会出现若干个目录名。

路径名由目录名序列和文件名组成，之间用 "/" 分隔。在 UNIX 操作系统中，路径名分为：

（1）绝对路径名。就是从根目录开始到用户所要查找的文件的路径名。

例如：/usr/bin/tools

（2）相对路径名。就是从用户当前所在目录开始的路径名。

例如：lib/csource/file.c

在 UNIX 操作系统中，除根目录外，每个目录在刚建立的时候就有两个看不见的目录文件 "."和 ".."。

"."是当前目录的别名，".."是当前目录的上一级目录（父目录）的别名。

因此，相对路径名常常以 "." 或 ".." 开始，用以指明从当前目录开始或从当前目录的上一级目录开始的路径。

例如：相对路径 ./bin/csource/file1.c 和../kjxt/kehu.txt。

例如：由于普通用户是"/usr"目录的子目录，用户 xdxt 在
自己的注册（登录）目录下，该普通用户就有如图 8.10 所示的对
应关系。

相对路径	绝对路径
.	/usr/xdxt
..	/usr
./khx1	/usr/xdxt/khxt1

图 8.10　文件系统的路径示意图

在 Linux 操作系统中，普通用户是/home 目录的子目录。

8.2.5　文件和目录的层次结构

UNIX 操作系统通过目录来管理文件，本操作系统中有若干个目录。表 8.3 列出了常用的重要目录。

1. UNIX 操作系统所拥有的目录及用途

表 8.3 列出了 UNIX 操作系统常用的主要目录。

表 8.3　　　　　　　　　　　　　　　　UNIX 操作系统常用的主要目录

路径和目录	说明（所存放的文件）
/	是整个系统的最高层目录（通常称为根目录）
/usr	包含用户的主目录，对于 Linux 和其他版本的 UNIX 操作系统，该目录可能是/home 目录，它可能还包含了其他一些面向用户的目录。如存放各种文档的/usr/docs、存放帮助信息的/usr/man、存放 UNIX 程序的/usr/bin、存放游戏程序的/usr/games 以及存放仅系统管理员才能访问的系统管理的/usr/sbin 等目录
/etc	存放供系统维护管理用的命令和配置文件。这类文件仅系统管理员能访问。例如：文件/etc/passwd 存放有用户相关的配置信息，文件/etc/issue 存放用户登录前在 login 之上的提示信息，文件/etc/motd 存放登录成功后显示给用户的信息；该目录中还有文件系统的管理文件 fsck、mount、shutdown 等以及大量的系统维护命令
/bin	存放 UNIX 系统的程序文件，bin 是 binaries 的缩写，这些文件是可执行文件。例如 ls、ln、cat 等命令
/dev	存放设备文件，这些文件是特殊文件，代表计算机的物理部件，如打印机、磁盘等
/sbin	存放系统文件，通常由 UNIX 操作系统自行运行
/tmp,/usr/tmp	存放临时文件
/usr/include	C 语言头文件存放的目录
/usr/bin	存放一些常用命令，如 ftp、make 等
/lib,/usr/lib	存放各种库文件，包括 C 语言的连接文件，动态链接库等
/usr/spool	存放与用户有关的一些临时文件，如打印队列和收到尚未读的邮件

2. 根目录、主目录和工作目录

（1）根目录

在 UNIX 操作系统中，有一个根目录（通常是系统管理员通过 root 登录进入的，所以也称为 root 目录），其他的所有目录都是它的子目录。

（2）主目录

系统管理员在系统中创建所有的用户账号，并为每个用户账号分配一个特定的目录，这个目

录就是用户的主目录。当用户登录系统时，就会自动处于自己的主目录（也称为注册目录或 login 目录）下。系统中的每一个用户都有一个唯一的起始目录（主目录）。

（3）工作目录

不管是超级用户还是普通用户在 UNIX 操作系统中工作时，总是处于某个与工作相关的目录中，这个目录就是用户目前的工作目录，也称为当前目录。

8.3　进程的描述和控制

8.3.1　进程的 PCB

在 UNIX 操作系统 V 中，采用段页式存储管理方式。一个进程实体由若干个区组成（程序区、数据区、栈区、共享存储区），每个区可分若干页。为了方便对进程的管理和控制，系统为每个进程配置了一个进程控制块（PCB）。PCB 由四部分组成。

（1）进程表项。包括最常用的核心数据。

（2）U 区。存放进程表项的一些扩充信息。

（3）进程区表。存放各段的起始地址、指向系统区表中对应区表项的指标。

（4）系统区表项。存放各个段在物理内存中的位置。

图 8.11 给出了 U 区、本进程区表和系统区表。

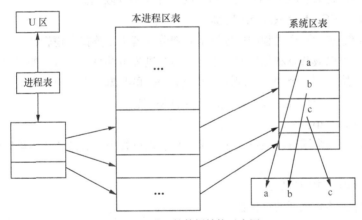

图 8.11　进程的数据结构示意图

1.　进程表项（Process Table Entry）

这部分内容类似于第二章讲述的 PCB 中的内容。

由于描述和控制进程的信息太多，而常用的进程标识符、进程状态等一般是存放在进程表项中，常驻内存。进程表项包含如下的内容。

（1）进程标识符（PID）。是唯一标识进程的整数；

（2）用户标识符（UID）。标识拥有该进程的用户；

（3）进程状态。表示该进程的当前状态；

（4）事件描述符。记录使进程进入睡眠状态的事件；

（5）进程和 U 区在内存或外存的地址。核心可利用这些信息做上下文切换；

（6）软中断信号。记录其他进程发来的软中断信号；

（7）计时域。给出进程的执行时间和对资源的利用情况；

（8）进程的大小。核心根据进程的大小来为其分配存储空间；

（9）偏置值 nice（加权系数）。供计算该进程的优先数使用，用户可自定义；

（10）P__Link。指向就绪队列中下一个 PCB 的指针；

（11）指向 U 区进程正文、数据及栈在内存区域的指针。

2. U 区的内容（U Area）

每个进程都有一个私用的 U 区，其中包含如下内容。

（1）进程表项指针。指向当前（正在执行的）进程的进程表项。

（2）真正用户标识符 u-ruid（real user ID）。它是超级用户分配给普通用户的标识符，以后每次用户登录进入系统时，均必须输入此标识符。

（3）有效用户标识符 u-euid（effective user ID）。可用系统调用 setuid 改变为其他用户，以获得对该用户的文件访问权；

（4）用户文件描述符表。记录该进程已打开的所有文件。

（5）当前目录和当前根。进程所在的文件系统环境。

（6）定时器。记录进程在核心态和用户态的运行时间。

（7）内部 I/O 参数。给出要传输的数据量，源（或目标）数据的地址，文件的输入/输出偏移量。

（8）限制字段。指对进程大小及其"写"的文件大小的限制。

3. 系统区表项（System Region Table）

UNIX 操作系统 V 把一个进程的虚地址空间划分为若干个连接的逻辑区：正文区、数据区、栈区等。这些区是可以被共享和保护的独立体。多个进程可共享一个区，如多个进程共享一个正文区，即几个进程执行同一个程序；同样，多个进程也可共享一个资料区。为了对区进行管理，在系统核心中设置了一个系统区表，以记录区的有关信息。

（1）区的类型和大小。

（2）区的状态。一个区有：锁住、在请求、在装入过程中、有效（表示该区已装入内存）等状态。

（3）区在物理内存中的位置。

（4）引用指针。共享该区的进程数。

（5）指向文件索引结点的指针。

4. 本进程区表（Per Process Table）

为了记录进程的每个区在进程中的虚地址，并由此找到该区在物理内存中的实地址，系统为每个进程配置了一张进程区表。表中每一项记录一个区的起始虚地址及系统区表中对应的区表项。这样，核心通过查找进程区表项和系统区表，便可将该区的逻辑地址转换为物理地址。这里使用两张表实现区的共享。

图 8.12 说明了共享过程。

A、B 进程都具有进程区表和系统区表。A 进程区表中的正文区、数据区和栈区的指标，分别指向相应的 a、b、c 系统区表项。B 进程区表中的正文区、数据区和栈区，分别指向相应的 a、d、e 三个系统区表项。由于 A 和 B 进程共享正文区，所以它们都指向同一个正文区 a。

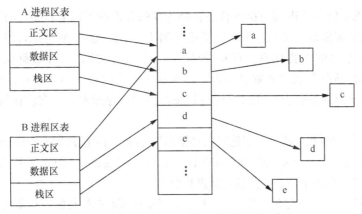

图 8.12　进程区表项、系统区表项和区的关系

8.3.2　进程的状态与进程映射

UNIX 操作系统的内核为了更详细分析进程的状态，实现进程的管理和控制，为要运行的进程设置了九种状态，即核心态执行、用户态执行、内存中就绪、被剥夺状态、就绪/换出状态、内存中睡眠、睡眠/换出状态、创建状态和僵死状态。各状态之间的转换如图 8.13 所示。

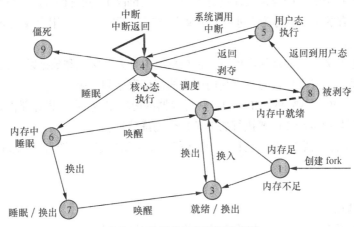

图 8.13　进程的状态转换示意图

1. 进程状态

（1）执行状态。这表明进程已经获得处理机而正在执行。UNIX 操作系统把进程执行状态分为两种——用户态执行和系统态执行。前者是进程正处于用户状态中执行，运行可被中断；后者是在核心状态执行（系统调用中断后便进入核心状态），运行不能中断。处于用户状态执行时，进程所能访问的内存空间和对象受到限制，这时该进程所获得的处理机可能被别的进程抢占；而处于核心状态执行的进程，能访问所有的内存空间和对象，而且占用的处理机是不能被抢占的。

（2）就绪状态。是指进程只需获得处理机就可执行的状态。由于 UNIX 操作系统提供了对换功能，因而又把"就绪状态"分为"内存中就绪"和"就绪且换出"两种状态。当调度程序调度到"内存就绪"状态的进程，该进程就立即执行；而调度到"就绪且换出"状态的进程时，则须先将该进程映像全部调入内存，再执行该进程。

（3）睡眠状态。使一个进程由执行状态转换为睡眠状态的原因有许多，如因进程请求使用某种资源而未能得到满足；又如进程执行了系统调用 wait( )后，便主动暂停自己的执行，以等待某事件的出现。UNIX 操作系统有 64 种睡眠原因，也设置了 64 个睡眠队列。同样，睡眠状态也分为"内存睡眠"和"睡眠且换出"两种状态。当内存空间紧张时，在内存中睡眠的进程可能被内核换出到外存上，此时进程的状态便由"内存睡眠"状态转换为"睡眠且换出"状态。

（4）"创建"与"僵死"状态。创建状态是指利用 fork( )系统调用来创建子进程时，被创建的新进程所处的状态。僵死状态是指进程在执行了 exit( )系统调用后所处的状态。此时该进程实际上已经不存在了，但还留下一些信息供父进程收集。

（5）"被抢占"状态。也称为"被剥夺"状态。当正在核心态执行的进程要从核心态返回到用户态执行时，如果此时已经有一个优先级更高的进程正在等待处理机，如果所采用的进程调度算法又是抢占式，则此时内核可以抢占已经分给正在执行进程的处理机，去调度一个优先级更高的进程把处理机分配给它而执行。这时，被抢占了处理机的进程便转换为"被剥夺"状态。处于"被剥夺"状态的进程与处于"内存中就绪"状态的进程是等效的，都可以排列在同一个就绪队列等待再次被调度。

2. 进程映射

在 UNIX 操作系统中，进程是进程映射（Process Image）的执行过程。进程映像也就是正在执行的进程实体，有的书上也称为"进程上下文"，它由三部分组成：用户级上下文，寄存器上下文和系统级上下文。

（1）用户级上下文：主要是用户程序，它在系统中分为正文区和数据区。正文区是只读的，主要存放一些程序。在进程执行时，可利用用户栈区保存中间结果。

（2）寄存器上下文：主要是由 CPU 中一些寄存器的内容组成。主要寄存器由如下寄存器构成。

- 程序寄存器：存放 CPU 要执行的下条指令的虚位址。
- 处理机状态寄存器（PSR）：其中包括运行方式（用户态、系统态）、处理机当前的运行级等相关信息。
- 栈指针。
- 通用寄存器。

（3）系统级上下文：其中包括操作系统为管理该进程所用的信息。

- 静态部分：在进程的整个生命期中，系统级上下文大小保持不变，它由三部分组成。

① 进程表项：每个进程占一个表项（记录进程的状态等相关信息）。

② U 区。

③ 进程区表项、系统区表项、页表，用于实现进程的虚地址到物理地址的映像。

- 动态部分：是可变的，它包括两部分。

① 核心栈。

② 若干层寄存器上下文。

进程上下文实际上就是进程执行过程中顺序关联的静态描述。

8.3.3 进程控制

为了对进程的运行实现管理和控制，UNIX 操作系统向用户提供了一组用于进程控制的系统调用，用户可以利用这些系统调用来实现对进程的控制。由于 UNIX 操作系统只设置了进程，故系统中仅有进程调度和用于对换的对换调度（进程是独立拥有资源、独立调度的基本单位）。

UNIX 系统中常用的系统调用有：

（1）fork——创建一个新进程；

（2）exec——改变进程的原有代码；

（3）exit——实现进程的自我终止；

（4）wait——将调用进程挂起，等待子进程终止；

（5）getpid——获取进程标识符；

（6）nice——改变进程的优先级。

下面对 fork、exec、exit 和 wait 系统调用进行介绍（getpid、nice 由读者自行理解和分析）。

1. fork 系统调用

在 UNIX 操作系统中，只有 0 进程是在系统引导时被创建的，在系统初启时由 0 进程创建 1 进程，以后 0 进程变为对换进程，1 进程成为系统中的始祖进程。UNIX 操作系统利用 fork 为每个终端创建一子进程为用户服务（如等待用户登录、执行 Shell 命令解释程序等）。每个终端又可用 fork 来创建其子进程，从而形成一棵进程树。系统中除 0 进程外的所有进程都是用 fork 创建的。fork 的系统调用格式为：

```
int fork();
```

fork 系统调用设有参数，如果执行成功，则创建一个子进程。

核心为 fork 完成如下操作：

（1）为新进程分配一进程表项和进程标识符；

（2）检查同时运行的进程数目；

（3）复制进程表项中的数据；

（4）子进程继承父进程的所有文件；

（5）为子进程创建进程上下文；

（6）子进程执行。

2. exec 系统调用

fork 系统调用只是将父进程的用户级上下文复制到新进程中，而 exec 系统调用将可执行的二进制文件覆盖在新进程的用户级上下文的存储空间上。exec 系统调用完成的操作包括：

（1）对可执行文件进行检查；

（2）回收内存空间；

（3）分配存储空间；

（4）复制参数。

3. exit 系统调用

UNIX 操作系统利用 exit 来实现进程的自我终止。核心需为 exit 完成如下操作：

（1）关闭软中断；

（2）回收资源；

（3）写相关信息；

（4）置进程为"僵死"状态。

4. wait 系统调用

wait 系统调用用于进程挂起。核心为 wait 完成的操作包括：

（1）查找调用进程是否有子进程，若无，则返回出错信息；

（2）若找到一个"僵死状态"的子进程，则将子进程的执行时间加到父进程的执行时间上，并释放子进程表项；

（3）若未找到处于"僵死状态"的子进程，则调用进程便在可被中断的优先级上睡眠，待其子进程发来软中断信号时被唤醒。

8.3.4　进程调度与切换

1. 进程调度

由于 UNIX 操作系统是分时系统，系统仅设置进程调度和对换调度。对就绪队列中的进程采用多级回馈队列轮转调度方式进行调度。

（1）引起进程调度的原因

系统中的时钟中断处理程序每隔一定时间，就对要求进程调度程序进行调度的标志 run 予以置位，以引起调度程序重新调度。当进程执行了 wait、exit、sleep 等系统调度后要释放处理机时，也会引起进程调度程序重新调度一个新的进程而执行。当进程执行完系统调用功能后从核心态返回到用户态时，如果系统中出现了一更高优先级的进程在等待处理机，内核就会抢占当前进程的处理机，这样也会发生进程调度。

（2）进程优先级的分类

在 UNIX 操作系统中，把优先级分为两类，第一类是核心优先级，又可分为可中断、不可中断两种。当一个软中断信号到达时，若有进程正在可中断优先级上睡眠，该进程将立即被唤醒；若有进程处于不可中断优先级上，则该进程继续睡眠。"对换"、"等待磁盘 I/O"、"等待缓冲区"等优先级属于不可中断优先级；而"等待输入"、"等待终端输出"、"等待子进程退出"等优先级属于可中断优先。第二类是用户优先级，它分成 $n+1$ 级，其中第 0 级为最高优先级，第 n 级的优先级最低。

（3）优先级的计算

UNIX 系统 V 中的用户优先级是可变的，占用 CPU 的时间越长优先级就越低。核心每隔 1 秒钟便按如下公式计算各进程的用户优先级：

优先数= [最近使用 CPU 的时间/2] +基本用户优先数

（4）请求调页管理的数据结构

为了实现请求调页需求，UNIX 操作系统 V 中，内存空间分配和回收以页为单位（每页 512B～4KB）。将进程的每个区（实际就是平时说的"段"）分成若干虚页，把这些虚页分配到不相邻的页空间（有的书上称为"页框"）中，为此而设置一张页表。在表中的每一页表项记录每个虚页和页空间的对应关系。这样，一个进程只需将其一部分页调入内存便可运行。UNIX 操作系统的核心中专门设置了一个换页进程（Pape stealer），其主要任务为：①每隔一定时间由换页进程对内存中的所有有效页的年龄加 1；②当有效页的年龄达到规定值后便把它换出。

涉及请求调页的数据结构有页表、磁盘块描述表、页框数据表和对换使用表。

① 页表

页表中主要包含的内容有：页框号、年龄、访问位、修改位、有效位、写时副本、保护位等。

页框号	年龄	写时副本	修改位	访问位	有效位	保护位

图 8.14　UNIX 操作系统的页表项内容

页框号——内存中的物理块号；

年龄——指示该页在内存中最近已经有多少时间未被访问；

访问位——指示该页最近是否被访问过；

修改位——指示该页是否被修改过，此位在该页第一次被装入内存时置为 0；

有效位——指示该页内容是否有效；

写时副本——当有多个进程共享一页时，需设置此字段，指示在某共享该页的进程要修改该页时，系统是否已经为该页建立了副本；

保护位——指示该页所允许的访问方式，是读还是读/写。

② 磁盘块描述表（Disk Block Descriptor）

UNIX 操作系统的磁盘块描述表项如图 8.15 所示。

对换设备号	设备块号	内存类型

图 8.15　UNIX 操作系统的磁盘块描述表项内容

进程在执行中如果发现缺页，系统就会把所缺页调入内存。但是从何处调入内存？同一虚页，在不同的情况下应该从不同的地方调入内存。例如，对于进程中从未执行过的页面，在第一次调入内存时，应该从文件区取出再调入内存中。对于那些已经被执行过又被换出的页面，则应该从磁盘的对换区调入。为此，设置了磁盘块描述表，用来记录进程在不同时候每个页面在硬盘中的块号。这样，当进程在运行中发现缺页时，可通过查找该页表来找到需调入页面的位置。

一个进程的每一页对应一个磁盘描述表项。该表项描述了每一页的磁盘副本。当一个页面的副本在可执行文件的磁盘块中时，此时在盘块描述表中的内存类型为 file，设备块号是文件的逻辑块号。如果此页面的内容已经副本到对换设备上，则此时的内存类型为 disk。对换设备号指示该页面副本所存放的逻辑对换设备，而设备块号则指出该页面的副本存放在逻辑对换设备中的相应盘块号。

③ 页框数据表（Pape Frame Data Table）

每个页框数据表描述了内存的一个物理页。每个表项含有如下内容：

页状态——指示该页的副本是在对换设备上还是在可执行文件中；

内存引用计数——指出引用该页面的进程数目；

逻辑设备——指示含有此副本的逻辑设备是对换设备还是文件系统；

块号——当逻辑设备为对换设备时，此为块号；当逻辑设备为文件系统时，此为文件的逻辑块号；

指针 1——指向空闲页链表中的下一页页框数据表的指针；

指针 2——指向散队列中的下一页页框数据表的指针。

系统初启动时，核心将所有的页框数据表（见图 8.16）项链接一空闲页链表，形成空闲页缓冲池。为了给一区分配一个物理页，核心从空闲页链表之首取一个空闲页表项，修改其对换设备号和块号后，将它放到相应的散队列中。

页状态	内存引用计数	逻辑设备	块号	指针 1	指针 2

图 8.16　UNIX 操作系统的页框数据表

④ 对换使用表（Swap—Use Table）

对换设备上的每一页都占有对换使用表的一个表项，它给出了页表项、磁盘块描述项、页面数据表项和对换使用表四者间的关系。

例如，一个进程的虚地址为 3570K，由页表项可以知道其物理页号为 294，其副本在对换设备 1 的 2846 号盘块中。物理页 294 有一对应的页面数据项，在该表项中同样指出该页面在对换设备 1 上的 2846 号块中有一副本，其引用数为 1。图 8.17 给出了 4 种数据结构之间的关系。

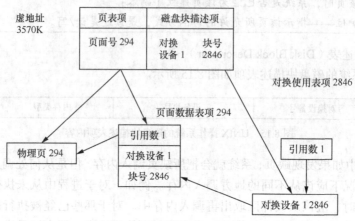

图 8.17　四种数据结构之间的关系

2. 进程切换

在 UNIX 操作系统中，进行中断处理和执行系统调用时，都涉及进程上下文的保存和恢复问题。此时系统所保存或恢复的上下文内容都属于同一个进程。而在进程调度之后，内核所执行进程上下文的切换，即内存把当前进程的上下文保存起来，而恢复的则是进程调度程序所选中的进程的上下文，以使该进程能恢复执行，这就是进程切换。

8.4　进程同步与通信

早期的 UNIX 操作系统为进程的同步与通信提供了 sleep 和 wakeup 同步机制、管道（pipe）机制和信号（signal）机制。后来在 UNIX 操作系统 V 中又增加了用于进程通信的软件包（IPC）。这个软件包中包括了消息机制、共享内存机制和信号量机制。

8.4.1　sleep 与 wakeup 同步机制

在 UNIX 操作系统中，进程可能由于多种原因而使自己进入睡眠状态。例如，在执行一般磁盘的读/写操作时，进程要等待磁盘进行的 I/O 操作完成，此时进程需要调用 sleep 语句使自己进入睡眠状态；当磁盘的 I/O 操作完成时，再由中断处理程序中的 wakeup 语句将其唤醒。又如当进程要访问一个上了锁的临界资源（如内存索引节点、超级块等）时，进程也会调用 sleep 语句将自己进入睡眠状态，只有当其他进程释放了该临界资源时，再调用 wakeup 语句来唤醒该进程。

1. sleep 语句执行过程

进入 sleep 语句后，核心首先保存进入睡眠时的处理机运行级，再提高处理机的运行优先级来屏蔽所有的中断，接着将该进程置为"睡眠"状态，将睡眠地址（对应着某个睡眠事件）保存在进程表项中，再将该进程放入睡眠队列中。

如果进程的睡眠是不可中断的，做了进程上下文切换后，进程便可安稳睡眠。当进程被唤醒并被调度执行时，将恢复处理机的运行级为进入睡眠时的值，此时允许中断处理机。

如果进程的睡眠是可被中断，但该进程并未收到软中断信号，则在做了进程上下文切换后，进程便可进入睡眠状态。当进程被唤醒并被调度执行时，应该再次检查是否有待处理的软中断信号；若没有，则恢复处理机的运行级为进入睡眠时的值，最后返回 0。

如果在进入睡眠前检测到有软中断信号，这时进程是否进入睡眠状态还要取决于该进程的优先级。如果进程是不可中断的优先级，进程进入睡眠，直到被 wakeup 语句唤醒；否则，若进程的优先级是可中断的，则进程便不再进入睡眠，而是响应软中断。

2. wakeup 语句执行过程

该过程的主要功能是唤醒在指定事件队列上睡眠的所有进程，并将它们放入可被调度的进程队列（如就绪队列）中。如果进程尚未被装入内存，这时应该唤醒对换进程，把所需的进程（可能是该进程的某些页）调入内存；如果被唤醒进程的优先级高于当前进程的优先级，则应该重置调度标志。最后，在恢复处理机的运行级后返回。

8.4.2　信号机制

有关信号机制方面的内容，在第 2、3 章已经有所论述。通常，信号机制主要用作同一用户中诸多进程间通信的简单工具。信号本身是一个数列中的某一整数。这个数可以代表某一种事先约定好的简单信息。当每个进程执行时，都需要通过信号机制来检查是否有信号到达。若有信号到达，表示某个进程已经发生了某种异常事件，这样便可立即中断正在执行的进程，转向由该信号（某一整数）所指示的处理程序去完成对所发生的事件（事先约定）的处理。处理完毕，再返回到此前的中断点继续执行。由此可见，信号机制是对硬中断的一种模拟，故在早期的 UNIX 系统版本中被称为软中断。

信号机制与中断机制间的相似之处表现在：信号和中断都同样采用异步通信方式，在检测出有信号或有中断请求时，都暂停正在执行的程序而转去执行相应的处理程序，处理完毕后都再返回到原来的断点；再就是两者对信号或中断可以进行屏蔽。

信号机制与中断机制间的差异是：中断处理有优先级，而信号机制处理则没有（即所有信号是平等的）；再就是信号处理程序是在用户状态下进行的，而中断处理程序是在核心态运行的；中断响应是及时的，而对信号的响应可以有一定的时间延迟。

8.4.3　管道机制

UNIX 系统的"管道"是 OS 的首创。这也是 UNIX 系统的一大特色。所谓"管道"，是指能够连接一个写进程和一个读进程的，并允许它们以生产者——消费者方式进行通信的一个共享文件（pipe 文件）。由写进程从管道的入端将数据写入管道，而读进程则从管道的出端读出数据。

1. 管道类型

（1）无名管道（Unnamed Pipes）。是一个临时文件，是利用系统调用 pipe(　)建立的无名文件。

（2）有名管道（Named Pipes）。可在文件系统中长期存放、具有路径名的文件。

2. 管道的建立

进程利用 pipe 系统调用来建立一无名管道。其语法格式为：

```
int pipe(filedes);
int filedes[2];
```
核心创建一条管道须完成的工作有：

（1）分配磁盘和内存索引结点；

（2）为读进程分配文件表项；

（3）为写进程分配文件表项；

（4）分配用户文件描述符。

3. 对 pipe 文件大小的限制：

为提高运行效率，pipe 文件只使用索引结点中的直接地址项 i__addr（0）~i__addr（9）。核心将索引结点中的直接地址项作为一个循环队列来管理，为它设置一个读指针和一个写指针，按先进先出顺序读、写。进程对管道的操作实行进程互斥管理。

- 依靠上锁/解锁来控制读、写进程访问 pipe 文件。

8.5 存储器管理

早期的 UNIX 系统为了提高内存的利用率，采用了内存和外存间的进程对换机制。在 UNIX 系统 V 中，除了保留内/外存对换机制外，又增加了请求调页的存储器管理方式，对内存的分配和回收均以页为单位进行。每个页面的大小随系统版本的不同而不同，通常为 512B~4KB。

8.5.1 请求调页管理的数据结构

1. 页表（Pape Table）

为了实现请求调页功能，UNIX 系统 V 中将进程的每个区（即前面所说的"段"）分为若干虚页，系统把这些虚页分配到不相邻的页框中，为此需要设置一张页表。在每个页表项中记录每个虚页和页框间的对照关系（见图 8.18）。通常，页表项包含如下内容。

- 页框号：即在内存中的物理块号；
- 年龄位：表示该页在内存中最近已经有多少时间没有被访问；
- 访问位：指示该页最近是否被访问过；
- 修改位：指示该页内容是否被修改过，修改位在该页第一次被装入时置为"0"；
- 有效位：指示该页内容是否有效；
- 写时副本（copy on write）字段：当有多个进程共享一页时，必须设置此字段，用于指示在某共享该页的进程要修改该页时，系统是否已经为该页建立了副本；
- 保护位：指示此页所允许的访问方式是只读还是读/写。

页框号	年龄位	写时副本	修改位	访问位	有效位	保护位

图 8.18 页表项内容

2. 磁盘块描述表（Disk Block Descriptor）

在请求调页机制中，进程在执行过程中若发现缺页，系统就将所缺页从磁盘上调入内存。但磁盘从何处将所缺页调入内存？对于同一虚页，在不同的情况下应该从不同的地方调入内存。例如：对于进程中的从未执行过的虚页，在第一次调入内存时，应该从可执行的文件中取出（即从磁盘的文件存储区调入）；对于那些已经执行过（即可能被换出到磁盘的对换区）的虚页，则应该从磁盘的对换区将所缺页调入内存。这样，当进程在运行中发现缺页时，可通过查找该页表的方法来找到所需调入页的具体位置。

一个进程的每一页对应一个磁盘描述表项（见图 8.19）。

对换设备号	设备号	存储器类型

图 8.19　磁盘块说明示意图

上图描述了每个虚页的磁盘副本。当一个虚页的副本在可执行文件的盘块中时，此时在盘块描述表中的存储器类型为 file，设备块号是文件的逻辑块号。若虚页的内容已经拷贝到对换设备上，则此时的存储器类型为 Disk。对换设备号和设备块号用于指示虚页的拷贝所驻留的逻辑对换设备和相应的块号。

3. 页框数据表（Pape Frame Data Table）

页状态	内存引用计数	逻辑设备	块号	指针 1	指针 2

图 8.20　页框数据内容

每个页框数据表项描述内存的一个物理页（见图 8.20），其内容说明如下：

页状态：指示该页的拷贝是在对换设备上还是在可执行文件中；

内存引用计数：指出引用该页面的进程数目；

逻辑设备：指含有该拷贝的逻辑设备（是对换设备还是文件系统）；

块号：当逻辑设备为对换设备时，就是盘块号；如果是文件系统时，则是指文件的逻辑块号；

指针 1：指向空闲页链表中的下一个页框数据表的指针；

指针 2：指向散队列中下一个页框数据表的指针。

4. 对换使用表（Swap—Use Table）

对换设备上的每一页都占有对换使用表的一个表项，表项中含有一个引用计数，其数值表示有多少页表项指向该页（见图 8.21）。例如：一个进程的虚地址是 2418KB，由页表项可以得知其物理页号为 3546，其副本在对换设备 1 的 3356 号盘块上。物理页 3546 有一个对应的页面数据表项，该表项同样指出该页在对换设备 1 上的 3356 号盘块中有一副本，其引用数为 1。

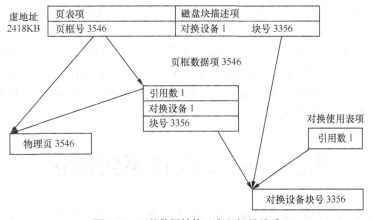

图 8.21　四种数据结构（表）间的关系

8.5.2　换页进程

UNIX 系统的核心中，专门设置了一个换页进程（Pape stealer），其主要任务为：

1. 每隔一定时间由换页进程对内存中的所有有效页的年龄加 1；

2. 当有效页的年龄达到规定值后便把它换出。

通常，当换页进程从内存的有效页中找到可换出的页面后，可以通过几种处理方式来实现换页。

（1）若对换设备上已经有被换出页的副本，且该页的内容未被修改，则核心只需将该页页表项中的有效位清零，并将页框数据表中的引用数减 1 即可，最后将该页框数据表项放入空闲页链表中。

（2）若对换设备上没有被换出页的副本，则换出进程应该将页写到对换设备上。为了提高换出效率，通常将要换出的页链入到一个要换出的页面链上，等到被换出的页够达到一定数量，核心才将这些页面写到对换区上。

（3）如果对换设备上已经有被换出页的副本，但该页的内容已经被修改，此时核心应该将该页在对换设备上原来占有的空间释放，再将被修改的页面副本写到对换设备上，使修改的内容有效。

8.5.3　请求调页

当执行进程需要访问某页面又未找到该页面时，将会产生一个请求调页信号。核心将为该进程从三个地址之一中调入所缺页面。

1. 缺页在可执行文件中。如果要访问虚页对应的磁盘块描述表项中的类型项是 file，则表明该缺页尚未运行过，其副本在可执行文件中，于是核心就从可执行文件中将该页调入内存。

其调入过程：根据该文件所对应的系统区表项中的索引结点指针，找到该文件的索引结点，即把从磁盘块描述表项中得到的该页的逻辑块号作为偏移量，查找索引结点中的磁盘块号表，就可找到该页的磁盘块号，再将该页调入内存。

2. 缺页在对换设备上。如果要访问虚页对应的磁盘块描述表项中的类型项是 Disk，表示该缺页的副本在对换设备上，核心从对换设备上将该页调入内存。

其调入过程：核心先为该缺页分配一个内存页（物理块），修改该页页表，使之指向内存页，并将页框数据表项放入相应的散列队列中，然后把该页从对换设备上调入内存。当 I/O 操作完成时，核心把请求调入该页的进程唤醒。

3. 缺页在内存页面缓冲区中。在进程执行过程中，当一个页被调出后又被要求访问时，需要重新将其调入内存，但并非每次都从对换设备上将其调入。因为被换出的页可能又被其他进程（如共享页面）调入另一物理页上，这时就可在内存页面缓冲区中找到该页。此时，只需适当修改页面表项等数据结构中的信息即可。

8.6　Linux 操作系统简述

由于 UNIX 与 Linux 操作系统的兼容性等因素所致，一般用户会使用 Lniux 操作系统来搭建自己的多用户、多任务的分时操作系统环境。为此，下面将对 Linux 操作系统进行简单介绍。

8.6.1　Linux 内核

Linux 的内核是最受欢迎的计算机操作系统内核。它是一个用 C 语言写成，符合 POSIX 标准的类 UNIX 操作系统。Linux 最早是由芬兰黑客 Linus Torvalds 为尝试在英特尔 x86 架构上提供自由免费的类 UNIX 操作系统而开发的。该计划开始于 1991 年，在计划的早期有一些 Minix 黑客提供了协助，而今天全球无数程序员正在为该计划无偿提供帮助。技术上说 Linux 是一个内核。"内核"指的是一个提供硬件抽象层、磁盘及文件系统控制、多任务等功能的系统软件。一个内核不是一套完整的操作系统，一套基于 Linux 内核的完整操作系统叫作 Linux 操作系统，或是 GNU/Linux。

Linux 是一个一体化内核（monolithic kernel）系统。设备驱动程序可以完全访问硬件。Linux 内的设备驱动程序可以方便地以模块化（modularize）的形式设置，并在系统运行期间可直接装载或卸载。

Linux 系统具有很好的移植性。尽管 Linus Torvalds 的初衷不是使 Linux 成为一个可移植的操作系统，今天的 Linux 却是全球被最广泛移植的操作系统内核。从掌上电脑 iPad 到巨型电脑 IBM S/390，甚至于微软出品的游戏机 Xbox 都可以看到 Linux 内核的踪迹。Linux 也是 IBM 超级计算机 Blue Gene 的操作系统。

Linux 目前可以在以下结构上运行：

Acorn：Archimedes，A5000 和 RiscPC 系列

康柏：Alpha

惠普：PA-RISC

IA64：英特尔 Itanium 个人计算机

IBM：S/390 和 AS/400

英特尔：80386 及之后的兼容产品，如 80386，80486 和整个奔腾系列；AMD Athlon，Duron，Thunderbird；Cyrix 系列

Mips

摩托罗拉：68020 及以上

PowerPC：所有较新的苹果电脑

SPARC 和 UltraSPARC：太阳微系统的工作站

Hitachi SuperH：：SEGA Dreamcast

索尼公司：PlayStation 2

微软公司：Xbox

ARM 系列。

从图 8.22 中可以看到，Linux 系统由三部分构成。

第一部分：用户层（User Space），它包含用户应用子层、GNU C 库。

第二部分：内核层（Kernel Space），由系统调用接口、内核和内核代码组成。

Linux 内核中，最上面是系统调用接口，实现了一些基本的功能，例如 read 和 write。系统调用接口之下是内核代码，可以更精确地定义为独立于体系结构的内核代码。这些代码是 Linux 支持的所有处理器体系结构所通用的。在这些代码之下是依赖于体系结构的代码，构成了通常称为 BSP（Board Support Package）的部分。这些代码用作给定体系结构的处理器和特定平台的代码。

第三部分：硬件平台。

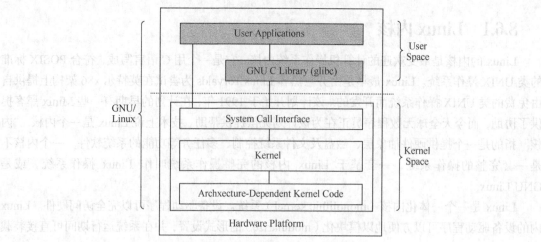

图 8.22　Linux 操作系统的组成示意图

课外思考题：什么是 GNU，什么是 GNU/Linux?

1. 构成内核的模块

Linux 内核实现了很多重要的体系结构属性。在或高或低的层次上，内核被划分为多个子系统。Linux 也可以看作是一个整体，因为它会将所有基本服务都集成到内核中。这与微内核的体系结构不同，后者会提供一些基本的服务，例如通信、I/O、内存和进程管理，更具体的服务都是插入到微内核层中进行的。

Linux 内核在内存和 CPU 使用方面具有较高的效率，非常稳定，而且具有良好的可移植性。Linux 编译后可在大量处理器和具有不同体系结构约束和需求的平台上运行。例如 Linux 可以在一个具有内存管理单元（MMU）的处理器上运行，也可以在不提供 MMU 的处理器上运行。Linux 内核的 uClinux 移植提供了对非 MMU 的支持。

2. Linux 内核的主要子系统

Linux 内核的主要组件如图 8.23 所示。

Linux 系统内核的主要的子系统有：定时器、中断管理、内存管理、模块管理、虚拟文件系统接口（VFS Layer）、文件系统、设备驱动程序、进程间通信、网络管理和系统启动。

系统调用接口：SCI 层提供了某些机制执行从用户空间到内核的函数调用。这个接口依赖于体系结构，甚至在相同的处理器家族内也是如此。SCI 实际上是一个非常有用的函数调用多路复用和多路分解服务。读者在 ./linux/kernel 中可以找到 SCI 的实现，在 ./linux/arch 中可以找到依赖于体系结构的部分。

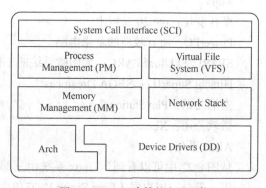

图 8.23　Linux 内核的主要组件

进程管理：进程管理的重点是进程的执行。在内核中，这些进程称为线程，代表了单独的处理器虚拟化（包括线程代码、数据、堆栈和 CPU 寄存器）。在用户空间，通常使用进程这个术语，不过 Linux 实现并没有区分这两个概念（进程和线程）。内核通过 SCI 提供了一个应用程序编程接口（API）来创建一个新进程（fork、exec 或 Portable Operating System Interface [POSIX]函数），停止进程（kill、exit），并在它们之间进行通信和同步（signal 或者 POSIX 机制）。

进程管理还包括处理活动进程之间共享 CPU 的需求。内核实现了一种新型的调度算法，不管有多少个线程在竞争 CPU，这种算法都可以在固定时间内进行操作。这种算法称为 O（1）调度程序，名字表示它调度多个线程所使用的时间和调度一个线程所使用的时间是相同的。O（1）调度程序也可以支持多处理器（称为对称多处理器或 SMP），读者可以在 ./linux/kernel 中找到进程管理的源代码，在 ./linux/arch 中可以找到依赖于体系结构的源代码。

内存管理：内核所管理的另外一个重要资源是内存。为了提高效率，可由硬 VFS 在用户和文件系统之间提供一个交换层来管理虚拟内存。内存是按照所谓的内存页方式进行管理的（对于大部分体系结构来说都是 4KB）。Linux 包括了管理可用内存的方式，以及物理和虚拟映射所使用的硬件机制。

不过内存管理要管理的可不止 4KB 的缓冲区。Linux 提供了对 4KB 缓冲区的抽象管理，例如 slab 分配器。这种内存管理模式使用 4KB 缓冲区为基数，然后从中分配结构，并跟踪内存页使用情况，比如哪些内存页是满的，哪些页面没有完全使用，哪些页面为空。这样就允许该模式根据系统需要来动态调整内存的使用。

因为支持多个用户使用内存，有时会出现可用内存被耗尽的情况。为解决这一问题，使得页面可以移出内存并放入磁盘中，这个过程称为交换，页面可以从内存交换到硬盘上。内存管理的源代码可以在 ./linux/mm 中找到。VFS 在用户和文件系统之间提供了一个交换层。

虚拟文件系统：虚拟文件系统（VFS）是 Linux 内核中非常有用的一个方面，因为它为文件系统提供了一个通用的接口抽象。VFS 在 SCI 和内核所支持的文件系统之间提供了一个交换层。VFS 在用户和文件系统之间提供了一个在 VFS 上面的交换层，是对诸如 open、close、read 和 write 之类的函数的一个通用 API 抽象。在 VFS 下面是文件系统抽象，它定义了上层函数的实现方式。VFS 是给定文件系统(超过 50 个)的插件。文件系统的源代码可以在 ./linux/fs 中找到。

文件系统层之下是缓冲区缓存，它为文件系统层提供了一个通用函数集（与具体文件系统无关）。这个缓存层通过将数据保留一段时间（或者随机预先读取数据以便在需要时使用）优化了对物理设备的访问。缓冲区缓存之下是设备驱动程序，它实现了对特定物理设备的接口，如图 8.24 所示。

网络堆栈：网络堆栈在设计上遵循模拟协议本身的分层体系结构。我们知道，Internet Protocol（IP）是传输协议（通常称为传输控制协议或 TCP）下面的核心网络层协议。TCP 上面是 socket 层，它是通过 SCI 进行调用的。socket 层是网络子系统的标准 API，为各种网络协议提供了一个用户接口。从原始帧访问到 IP 协议数据单元（PDU），再到 TCP 和 User Datagram Protocol（UDP），socket 层提供了一种标准化的方法来管理连接，并在各个终点之间移动数据。内核中网络源代码可以在 ./linux/net 中找到。

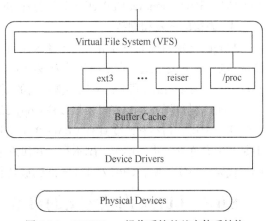

图 8.24　GNU/Linux 操作系统的基本体系结构

设备驱动程序：Linux 内核的大量代码都在设备驱动程序中，它们能够运转特定的硬件设备。

Linux 源码树提供了一个驱动程序子目录，这个目录又进一步划分为各种支持设备，例如 Bluetooth、I2C、serial 等。设备驱动程序的代码可以在 ./linux/drivers 中找到。

依赖体系结构的代码：尽管 Linux 很大程度上独立于所运行的体系结构，但是有些元素则必须考虑体系结构才能正常操作并实现更高效率。./linux/arch 子目录定义了内核源代码中依赖于体系结构的部分，其中包含了各种特定于体系结构的子目录（共同组成了 BSP）。一个典型的桌面系统，使用的是 i386 目录。每个体系结构子目录都包含了很多其他子目录，每个子目录都关注内核中的一个特定方面，例如引导内核、管理内存等。这些依赖体系结构的代码可以在 ./linux/arch 中找到。

3. Linux 内核的一些有用特性

作为一个生产操作系统和开源软件，Linux 是测试新协议及增强其性能的良好平台。Linux 支持大量网络协议，包括典型的 TCP/IP 以及高速网络扩展协议（大于 1 Gigabit Ethernet [GbE] 和 10 GbE）。Linux 也可以支持流控制传输协议（SCTP），它提供了很多比 TCP 更高级的特性（是传输层协议的接替者）。

Linux 还是一个动态内核，支持动态添加或删除软件组件，因此被称为动态可加载内核模块，它们可以在引导时根据需要或在任何时候由用户插入。

Linux 最新的一个增强是可以用作其他操作系统的操作系统（称为系统管理程序）。最近，Linux 对内核进行了修改，称为基于内核的虚拟机（KVM）。这个修改为用户空间启用了一个新的接口，可以允许其他操作系统在启用了 KVM 的内核之上运行。除了运行 Linux 的其他实例之外，Microsoft&reg Windows&reg 也可以进行虚拟化。唯一的限制是底层处理器必须支持新的虚拟化指令。

Linux 内核是一个庞大而复杂的操作系统的核心，不过尽管庞大，但是却采用子系统和分层概念很好地进行了组织。

对于 Linux 来说，最为重要的决策之一是采用 GPL（GNU General Public License）。在 GPL 的保护之下，Linux 内核可以防止商业使用，并且它还从 GNU 项目（Richard Stallman 开发，其源代码要比 Linux 内核大得多）的用户空间开发受益。这允许使用一些非常有用的应用程序，例如 GCC（GNU Compiler Collection）和各种 Shell。

4. 内核的开发和规范

核心的开发和规范一直由 Linux 社区控制，版本也是唯一的。实际上，操作系统的内核版本指的是 Linux 开发小组开发出的系统内核的版本号。自 1994 年 3 月 14 日发布第一个正式版本 Linux 1.0 以来，每隔一段时间 Linux 核心就有新的版本或其修订版公布。

Linux 将标准的 GNU 许可协议改称 Copyleft，以便与 Copyright 相对照。通用的公共许可（GPL）允许用户销售、副本和改变具有 Copyleft 的应用程序。当然，这些程序也可以是 Copyright 的，但是必须允许进一步的销售、副本和对其代码进行改变，同时也必须使他人可以免费得到修改后的源代码。事实证明，GPL 对于 Linux 的成功起到了极大的作用。

8.6.2 Linux 内核定义的常量

1. 初始定义

__virt_to_phys( ) 宏用于把虚拟地址转换为一个物理地址。定义了机器上的地址转换。通常情况下的形式为：

```
phys = virt - PAGE_OFFSET PHYS_OFFSET
```

2. 解压缩符号

I ZTEXTADDR

解压缩器的地址。由于调用解压缩器代码时，通常会关闭 MMU，因此这里并不讨论虚拟地址和物理地址的问题。通常在这个地址处调用内核，开始引导内核。它不需要在 RAM 中，只需要位于 FLASH 或其他只读或读/写的可寻址的存储设备中。

I ZBSSADDR

解压缩器的初始化为 0 的工作区的起始地址。该地址必须位于 RAM 中，解压缩器会把它初始化为 0，此外，需要关闭 MMU。

I ZRELADDR

解压缩内核将被写入的地址和最终的执行地址。必须满足：

__virt_to_phys(TEXTADDR) == ZRELADDR

内核的开始部分被编码为与位置无关的代码。

I INITRD_PHYS

放置初始 RAM 盘的物理地址。当且仅当使用 bootpImage 时相关（这是一种非常老的 param_struct 结构）。

I INITRD_VIRT

初始 RAM 盘的虚拟地址。必须满足：

__virt_to_phys(INITRD_VIRT) == INITRD_PHYS

I PARAMS_PHYS

param_struct 结构体或 tag lis 的物理地址，是用于给定内核执行环境下的不同参数。

3. 内核符号

I PHYS_OFFSET

RAM 中第一个 BANK 的物理地址。

I PAGE_OFFSET

RAM 第一个 BANK 的虚拟地址。在内核引导阶段，虚拟地址 PAGE_OFFSE 将被映射为物理地址 PHYS_OFFSET，它应该与 TASK_SIZE 具有相同的值。

I TASK_SIZE

一个用户进程的最大值，单位为 byte。用户空间的堆栈从这个地址处向下增长。

任何一个低于 TASK_SIZE 的虚拟地址对用户进程来说都是不可见的，因此，内核通过进程偏移对每个进程进行动态的管理，称之为用户段。任何高于 TASK_SIZE 的虚拟地址对所有进程都是相同的，称之为内核段。换句话说，不能把 IO 映射放在低于 TASK_SIZE 和 PAGE_OFFSET 的位置处。

I TEXTADDR

内核的虚拟起始地址，通常为 PAGE_OFFSET 0x8000。内核映射必须在此结束。

I DATAADDR

内核数据段的虚拟地址，不能在使用解压缩器的情况下定义。

I VMALLOC_START

I VMALLOC_END

用于限制 vmalloc( )区域的虚拟地址。此地址必须位于内核段。通常，vmalloc( )区域在最后的虚拟 RAM 地址以上开始 VMALLOC_OFFSET 字节。

I VMALLOC_OFFSET

Offset normally incorporated into VMALLOC_START to provide a hole between virtual RAM and the vmalloc area. We do this to allow out of bounds memory accesses (eg, something writing off the end of the mapped memory map) to be caught. Normally set to 8MB.

4. 构架相关的宏

I BOOT_MEM(pram,pio,vio)

pram——指定了 RAM 起始的物理地址，必须始终存在，并应等于 PHYS_OFFSET。

pio——供 arch/arm/kernel/debug-armv.S 中的调试宏使用，包含 I/O 的 8 MB 区域的物理地址。

vio——是 8MB 调试区域的虚拟地址。

这个调试区域将被位于代码中（通过 MAPIO 函数）的随后的构架相关代码再次进行初始化。

I BOOT_PARAMS

参见 PARAMS_PHYS。

I FIXUP(func)

机器相关的修正，在存储子系统被初始化前运行。

I MAPIO(func)

机器相关的函数，用于 I/O 区域的映射（包括上面的调试区）。

I INITIRQ(func)

用于初始化中断的机器相关的函数。

8.6.3　Linux 编程

1. Linux 线程

线程（thread）技术早在 20 世纪 60 年代就被提出，但真正应用多线程到操作系统中去，是在 20 世纪 80 年代中期，solaris 是这方面的佼佼者。传统的 UNIX 也支持线程的概念，但是在一个进程（process）中只允许有一个线程，这样多线程就意味着多进程。现在，多线程技术已经被许多操作系统所支持，包括 Windows　NT，当然，也包括 Linux。

为什么有了进程的概念后，还要再引入线程呢？使用多线程到底有哪些好处？什么系统应该选用多线程？

使用多线程的理由之一是，和进程相比，它是一种非常"节俭"的多任务操作方式。众所周知，在 Linux 系统下，启动一个新的进程必须分配给它独立的地址空间，建立众多的数据表来维护它的代码段、堆栈段和数据段，这是一种"昂贵"的多任务工作方式。而运行于一个进程中的多个线程，它们彼此之间使用相同的地址空间，共享大部分数据，启动一个线程所花费的空间远远小于启动一个进程所花费的空间，而且，线程间彼此切换所需的时间也远远小于进程间切换所需要的时间。

使用多线程的理由之二是，线程间方便的通信机制。对不同进程来说，它们具有独立的数据空间，要进行数据的传递只能通过通信的方式进行，这种方式不仅费时，而且很不方便。线程则不然，由于同一进程下的线程之间共享数据空间，所以一个线程的数据可以直接为其他线程所用，这样不仅快捷，而且方便。当然，数据的共享也带来其他一些问题，有的变量不能同时被两个线程所修改，有的子程序中声明为 static 的数据更有可能给多线程程序带来灾难性的打击，这些正是编写多线程程序时最需要注意的地方。

除了以上所说的优点外，多线程程序作为一种多任务、并发的工作方式，还有以下的优点。

（1）提高应用程序响应。这对图形界面的程序尤其意义重大，当一个操作耗时很长时，整个系统都会等待这个操作，此时程序不会响应键盘、鼠标、菜单的操作。而使用多线程技术，将耗时长的操作（time consuming）置于一个新的线程，可以避免这种尴尬的情况。

（2）使多 CPU 系统更加有效。操作系统会保证当线程数不大于 CPU 数目时，不同的线程运行于不同的 CPU 上。

（3）改善程序结构。可以将一个既长又复杂的进程分为多个线程，成为几个独立或半独立的运行部分，这样的程序更利于理解和修改。

下面先来尝试编写一个简单的多线程程序。

2. 简单的多线程编程

Linux 系统下的多线程遵循 POSIX 线程接口，称为 pthread。编写 Linux 下的多线程程序，需要使用头文件 pthread.h，连接时需要使用库 libpthread.a。顺便说一下，Linux 下 pthread 的实现是通过系统调用 clone（　）来实现的。clone（　）是 Linux 所特有的系统调用，它的使用方式类似 fork。下面我们展示一个最简单的多线程程序 example1.c。

```
/* example.c*/
#include <stdio.h>
#include <pthread.h>
void thread(void)
{
  int i;
  for(i= 0;i<3;i )
    printf("This is a pthread.n");
}

int main(void)
{
  pthread_t id;
  int i,ret;
  ret = pthread_create(&id,NULL,(void *) thread,NULL);
  if(ret! = 0){
    printf ("Create pthread error!n");
    exit (1);
  }
  for(i = 0;i<3;i )
    printf("This is the main process.n");
  pthread_join(id,NULL);
  return (0);
}
```

我们编译此程序：

```
gcc example1.c -lpthread -o example1
```

运行 example1，我们得到如下结果：

```
This is the main process.
This is a pthread.
This is the main process.
This is the main process.
This is a pthread.
This is a pthread.
```

再次运行，我们可能得到如下结果：

```
This is a pthread.
This is the main process.
This is a pthread.
This is the main process.
```

```
This is a pthread.
This is the main process.
```

前后两次结果不一样，这是两个线程争夺 CPU 资源的结果。上面的示例中，我们使用到了两个函数，pthread_create 和 pthread_join，并声明了一个 pthread_t 型的变量。

pthread_t 在头文件/usr/include/bits/pthreadtypes.h 中定义：

```
typedef unsigned long int pthread_t;
```

它是一个线程的标识符。函数 pthread_create 用来创建一个线程，它的原型为：

```
extern int pthread_create __P ((pthread_t *__thread, __const pthread_attr_t *__attr,void
*(*__start_routine) (void *), void *__arg));
```

第一个参数为指向线程标识符的指针，第二个参数用来设置线程属性，第三个参数是线程运行函数的起始地址，最后一个参数是运行函数的参数。这里，函数 thread 不需要参数，所以最后一个参数设为空指针。第二个参数我们也设为空指针，这样将生成默认属性的线程。对线程属性的设定和修改我们将在下一节阐述。当创建线程成功时，函数返回 0，若不为 0 则说明创建线程失败，常见的错误返回代码为 EAGAIN 和 EINVAL。前者表示系统限制创建新的线程，例如线程数目过多了；后者表示第二个参数代表的线程属性值非法。创建线程成功后，新创建的线程则运行参数三和参数四确定的函数，原来的线程则继续运行下一行代码。

函数 pthread_join 用来等待一个线程的结束。函数原型为：

```
extern int pthread_join __P ((pthread_t __th, void **__thread_return));
```

第一个参数为被等待的线程标识符，第二个参数为一个用户定义的指针，它可以用来存储被等待线程的返回值。这个函数是一个线程阻塞的函数，调用它的函数将一直等待到被等待的线程结束为止，当函数返回时，被等待线程的资源被收回。一个线程的结束有两种途径，一种是像我们上面的例子一样，函数结束了，调用它的线程也就结束了；另一种方式是通过函数 pthread_exit 来实现。它的函数原型为：

```
extern void pthread_exit __P ((void *__retval)) __attribute__ ((__noreturn__));
```

唯一的参数是函数的返回代码，只要 pthread_join 中的第二个参数 thread_return 不是 NULL，这个值将被传递给 thread_return。最后要说明的是，一个线程不能被多个线程等待，否则第一个接收到信号的线程成功返回，其余调用 pthread_join 的线程则返回错误代码 ESRCH。

在这一节里，我们编写了一个最简单的线程，并掌握了最常用的三个函数 pthread_create，pthread_join 和 pthread_exit。

下面，我们来了解线程的一些常用属性以及如何设置这些属性。

3. 修改线程的属性

在上一节的例子里，我们用 pthread_create 函数创建了一个线程，在这个线程中，我们使用了默认参数，即将该函数的第二个参数设为 NULL。的确，对大多数程序来说，使用默认属性就够了，但我们还是有必要来了解一下线程的有关属性。

属性结构为 pthread_attr_t，它同样在头文件/usr/include/pthread.h 中定义，喜欢追根问底的人可以自己去查看。属性值不能直接设置，须使用相关函数进行操作，初始化的函数为 pthread_attr_init，这个函数必须在 pthread_create 函数之前调用。属性对象主要包括是否绑定、是否分离、堆栈地址、堆栈大小、优先级。默认的属性为非绑定、非分离、缺省 1M 的堆栈、与父进程同样级别的优先级。

关于线程的绑定，牵涉到另外一个概念：轻进程（LWP：Light Weight Process）。轻进程可以理解为内核线程，它位于用户层和系统层之间。系统对线程资源的分配、对线程的控制是通过轻进程来实现的，一个轻进程可以控制一个或多个线程。默认状况下，启动多少轻进程、哪些轻进程来控制哪些线程是由系统来控制的，这种状况即称为非绑定的。绑定状况下，则顾名思义，即某个线程固定的"绑"在一个轻进程之上。被绑定的线程具有较高的响应速度，这是因为 CPU 时间片的调度是面向轻进程的，绑定的线程可以保证在需要的时候它总有一个轻进程可用。通过设置被绑定的轻进程的优先级和调度级可以使得绑定的线程满足诸如实时反应之类的要求。

设置线程绑定状态的函数为 pthread_attr_setscope，它有两个参数，第一个是指向属性结构的指针，第二个是绑定类型，它有两个取值：PTHREAD_SCOPE_SYSTEM（绑定的）和 PTHREAD_SCOPE_PROCESS（非绑定的）。下面的代码即创建了一个绑定的线程。

```
#include <pthread.h>
pthread_attr_t attr;
pthread_t tid;

/*初始化属性值，均设为默认值*/
pthread_attr_init(&attr);
pthread_attr_setscope(&attr, PTHREAD_SCOPE_SYSTEM);

pthread_create(&tid, &attr, (void *) my_function, NULL);
```

线程的分离状态决定一个线程以什么样的方式来终止自己。在上面的例子中，我们采用了线程的默认属性，即为非分离状态，这种情况下，原有的线程等待创建的线程结束。只有当 pthread_join() 函数返回时，创建的线程才算终止，才能释放自己占用的系统资源。而分离线程不是这样子的，它没有被其他的线程所等待，自己运行结束了，线程也就终止了，马上释放系统资源。程序员应该根据自己的需要，选择适当的分离状态。设置线程分离状态的函数为 pthread_attr_setdetachstate（pthread_attr_t *attr, int detachstate）。第二个参数可选为 PTHREAD_CREATE_DETACHED（分离线程）和 PTHREAD _CREATE_JOINABLE（非分离线程）。这里要注意的一点是，如果设置一个线程为分离线程，而这个线程运行又非常快，它很可能在 pthread_create 函数返回之前就终止了，它终止以后就可能将线程号和系统资源移交给其他的线程使用，这样调用 pthread_create 的线程就得到了错误的线程号。要避免这种情况可以采取一定的同步措施，最简单的方法之一是可以在被创建的线程里调用 pthread_cond_timewait 函数，让这个线程等待一会儿，留出足够的时间让函数 pthread_create 返回。设置一段等待时间，是在多线程编程里常用的方法。但是注意不要使用诸如 wait( ) 之类的函数，它们是使整个进程睡眠，并不能解决线程同步的问题。

另外一个可能常用的属性是线程的优先级，它存放在结构 sched_param 中。用函数 pthread_attr_getschedparam 和函数 pthread_attr_setschedparam 进行存放，一般来说，我们总是先取优先级，对取得的值修改后再存放回去。下面即是一段简单的例子。

```
#include <pthread.h>
#include <sched.h>
pthread_attr_t attr;
pthread_t tid;
sched_param param;
int newprio=20;

pthread_attr_init(&attr);
```

```
pthread_attr_getschedparam(&attr, &param);
param.sched_priority=newprio;
pthread_attr_setschedparam(&attr, &param);
pthread_create(&tid, &attr, (void *)myfunction, myarg);
```

4. 线程的数据处理

和进程相比，线程的最大优点之一是数据的共享性，各个进程共享父进程处沿袭的数据段，可以方便的获得、修改数据。但这也给多线程编程带来了许多问题。我们必须当心有多个不同的进程访问相同的变量。许多函数是不可重入的，即同时不能运行一个函数的多个拷贝（除非使用不同的数据段）。在函数中声明的静态变量常常带来问题，函数的返回值也会有问题。因为如果返回的是函数内部静态声明的空间的地址，则在一个线程调用该函数得到地址后使用该地址指向的数据时，别的线程可能调用此函数并修改了这一段数据。在进程中共享的变量必须用关键字volatile 来定义，这是为了防止编译器在优化时（如 gcc 中使用-OX 参数）改变它们的使用方式。为了保护变量，我们必须使用信号量、互斥等方法来保证我们对变量的正确使用。下面介绍处理线程数据时的有关知识。

（1）线程数据

在单线程的程序里，有两种基本的数据：全局变量和局部变量。但在多线程程序里，还有第三种数据类型：线程数据（TSD：Thread-Specific Data）。它和全局变量很像，在线程内部，各个函数可以像使用全局变量一样调用它，但它对线程外部的其他线程是不可见的。这种数据的必要性是显而易见的。例如我们常见的变量 errno，它返回标准的出错信息。它显然不能是一个局部变量，几乎每个函数都应该可以调用它；但它又不能是一个全局变量，否则在 A线程里输出的很可能是 B 线程的出错信息。要实现诸如此类的变量，我们就必须使用线程数据。我们为每个线程数据创建一个键，它和这个键相关联，在各个线程里，都使用这个键来指代线程数据，但在不同的线程里，这个键代表的数据是不同的，在同一个线程里，它代表同样的数据内容。

和线程数据相关的函数主要有 4 个：创建一个键；为一个键指定线程数据；从一个键读取线程数据；删除键。

创建键的函数原型为：

```
extern int pthread_key_create __P ((pthread_key_t *__key,void (*__destr_function) (void *)));
```

第一个参数为指向一个键值的指针，第二个参数指明了一个 destructor 函数，如果这个参数不为空，那么当每个线程结束时，系统将调用这个函数来释放绑定在这个键上的内存块。这个函数常和函数 pthread_once（（pthread_once_t*once_control，void（*initroutine）(void)））一起使用，为了让这个键只被创建一次。函数 pthread_once 声明一个初始化函数，第一次调用 pthread_once时它执行这个函数，以后的调用将被它忽略。

在下面的例子中，我们创建一个键，并将它和某个数据相关联。我们要定义一个函数createWindow，这个函数定义一个图形窗口（数据类型为 Fl_Window *，这是图形界面开发工具FLTK 中的数据类型）。由于各个线程都会调用这个函数，所以我们使用线程数据。

```
/* 声明一个键*/
pthread_key_t myWinKey;
/* 函数 createWindow */
void createWindow ( void ) {
  Fl_Window * win;
  static pthread_once_t once= PTHREAD_ONCE_INIT;
```

```
   /* 调用函数 createMyKey，创建键*/
   pthread_once ( & once, createMyKey) ;
   /*win 指向一个新建立的窗口*/
   win=new Fl_Window( 0, 0, 100, 100, "MyWindow");
   /* 对此窗口作一些可能的设置工作，如大小、位置、名称等*/
   setWindow(win);
   /* 将窗口指针值绑定在键 myWinKey 上*/
   pthread_setpecific ( myWinKey, win);
}

/* 函数 createMyKey，创建一个键，并指定了 destructor */
void createMyKey ( void ) {
   pthread_keycreate(&myWinKey, freeWinKey);
}

/* 函数 freeWinKey，释放空间*/
void freeWinKey ( Fl_Window * win){
   delete win;
}
```

这样，在不同的线程中调用函数 createMyWin，都可以得到在线程内部均可见的窗口变量，这个变量通过函数 pthread_getspecific 得到。在上面的例子中，我们已经使用了函数 pthread_setspecific 来将线程数据和一个键绑定在一起。这两个函数的原型如下：

```
       extern int pthread_setspecific __P ((pthread_key_t __key,__const void *__pointer));
       extern void *pthread_getspecific __P ((pthread_key_t __key));
```

这两个函数的参数意义和使用方法是显而易见的。要注意的是，用 pthread_setspecific 为一个键指定新的线程数据时，必须自己释放原有的线程数据以回收空间。这个过程函数 pthread_key_delete 用来删除一个键，这个键占用的内存将被释放，但同样要注意的是，它只释放键占用的内存，并不释放该键关联的线程数据所占用的内存资源，而且它也不会触发函数 pthread_key_create 中定义的 destructor 函数。线程数据的释放必须在释放键之前完成。

（2）互斥锁

互斥锁用来保证一段时间内只有一个线程在执行一段代码。必要性显而易见：假设各个线程向同一个文件顺序写入数据，最后得到的结果一定是灾难性的。

我们先看下面一段代码。这是一个读/写程序，它们公用一个缓冲区，并且我们假定一个缓冲区只能保存一条信息。即缓冲区只有两个状态：有信息或没有信息。

```
void reader_function ( void );
void writer_function ( void );

char buffer;
int buffer_has_item=0;
pthread_mutex_t mutex;
struct timespec delay;
void main ( void ){
   pthread_t reader;
   /* 定义延迟时间*/
   delay.tv_sec = 2;
   delay.tv_nec = 0;
   /* 用默认属性初始化一个互斥锁对象*/
```

```
    pthread_mutex_init (&mutex,NULL);
    pthread_create(&reader, pthread_attr_default, (void *)&reader_function), NULL);
    writer_function ( );
}

void writer_function (void){
  while(1){
    /* 锁定互斥锁*/
    pthread_mutex_lock (&mutex);
    if (buffer_has_item==0){
      buffer=make_new_item( );
      buffer_has_item=1;
    }
    /* 打开互斥锁*/
    pthread_mutex_unlock(&mutex);
    pthread_delay_np(&delay);
  }
}

void reader_function(void){
  while(1){
    pthread_mutex_lock(&mutex);
    if(buffer_has_item==1){
      consume_item(buffer);
      buffer_has_item=0;
    }
    pthread_mutex_unlock(&mutex);
    pthread_delay_np(&delay);
  }
}
```

这里声明了互斥锁变量 mutex，结构 pthread_mutex_t 为不公开的数据类型，其中包含一个系统分配的属性对象。函数 pthread_mutex_init 用来生成一个互斥锁。NULL 参数表明使用默认属性。如果需要声明特定属性的互斥锁，须调用函数 pthread_mutexattr_init。函数 pthread_mutexattr_setpshared 和函数 pthread_mutexattr_settype 用来设置互斥锁属性。前一个函数设置属性 pshared，它有两个取值，PTHREAD_PROCESS_PRIVATE 和 PTHREAD_PROCESS_SHARED。前者用来不同进程中的线程同步，后者用于同步本进程的不同线程。在上面的例子中，我们使用的是默认属性 PTHREAD_PROCESS_ PRIVATE。后者用来设置互斥锁类型，可选的类型有 PTHREAD_MUTEX_NORMAL、PTHREAD_MUTEX_ERRORCHECK、PTHREAD_MUTEX_RECURSIVE 和 PTHREAD _MUTEX_DEFAULT。它们分别定义了不同的上所、解锁机制，一般情况下，选用最后一个默认属性。

pthread_mutex_lock 声明开始用互斥锁上锁，此后的代码直至调用 pthread_mutex_unlock 为止，均被上锁，即同一时间只能被一个线程调用执行。当一个线程执行到 pthread_mutex_lock 处时，如果该锁此时被另一个线程使用，那此线程被阻塞，即程序将等待到另一个线程释放此互斥锁。在上面的例子中，我们使用了 pthread_delay_np 函数，让线程睡眠一段时间，就是为了防止一个线程始终占据此函数。

上面的例子非常简单，就不再介绍了，需要提出的是在使用互斥锁的过程中很有可能会出现死锁：两个线程试图同时占用两个资源，并按不同的次序锁定相应的互斥锁，例如两个线程都需要锁定互斥锁 1 和互斥锁 2，a 线程先锁定互斥锁 1，b 线程先锁定互斥锁 2，这时就出现了死锁。此时我们可以使用函数 pthread_mutex_trylock，它是函数 pthread_mutex_lock 的非阻塞版本，当它发现死锁不可避免时，它会返回相应的信息，程序员可以针对死锁做出相应的处理。另外不同的互斥锁类型对死锁的处理不一样，但最主要的还是要程序员自己在程序设计注意这一点。

（3）条件变量

前一节中我们讲述了如何使用互斥锁来实现线程间数据的共享和通信，互斥锁一个明显的缺点是它只有两种状态：锁定和非锁定。而条件变量通过允许线程阻塞和等待另一个线程发送信号的方法弥补了互斥锁的不足，它常和互斥锁一起使用。使用时，条件变量被用来阻塞一个线程，当条件不满足时，线程往往解开相应的互斥锁并等待条件发生变化。一旦其他的某个线程改变了条件变量，它将通知相应的条件变量唤醒一个或多个正被此条件变量阻塞的线程。这些线程将重新锁定互斥锁并重新测试条件是否满足。一般来说，条件变量被用来进行线承间的同步。

条件变量的结构为 pthread_cond_t，函数 pthread_cond_init() 被用来初始化一个条件变量。它的原型为：

```
extern int pthread_cond_init __P ((pthread_cond_t *__cond,__const pthread_condattr_t
*__cond_attr));
```

其中 cond 是一个指向结构 pthread_cond_t 的指针，cond_attr 是一个指向结构 pthread_condattr_t 的指针。结构 pthread_condattr_t 是条件变量的属性结构，和互斥锁一样我们可以用它来设置条件变量是进程内可用还是进程间可用，默认值是 PTHREAD_PROCESS_PRIVATE，即此条件变量被同一进程内的各个线程使用。注意初始化条件变量只有未被使用时才能重新初始化或被释放。释放一个条件变量的函数为 pthread_cond_destroy（pthread_cond_t cond）。

函数 pthread_cond_wait() 使线程阻塞在一个条件变量上。它的函数原型为：

```
extern int pthread_cond_wait __P ((pthread_cond_t *__cond, pthread_mutex_t *__mutex ));
```

线程解开 mutex 指向的锁并被条件变量 cond 阻塞。线程可以被函数 pthread_cond_signal 和函数 pthread_cond_broadcast 唤醒，但是要注意的是，条件变量只是起阻塞和唤醒线程的作用，具体的判断条件还需用户给出，例如一个变量是否为 0 等，这一点我们从后面的例子中可以看到。线程被唤醒后，它将重新检查判断条件是否满足，如果还不满足，一般说来线程应该仍阻塞在这里，被等待被下一次唤醒。这个过程一般用 while 语句实现。

另一个用来阻塞线程的函数是 pthread_cond_timedwait()，它的原型为：

```
extern int pthread_cond_timedwait __P ((pthread_cond_t *__cond,pthread_mutex_t *__mutex,
__const struct timespec *__abstime));
```

它比函数 pthread_cond_wait() 多了一个时间参数，经历 abstime 段时间后，即使条件变量不满足，阻塞也被解除。

函数 pthread_cond_signal() 的原型为：

```
extern int pthread_cond_signal __P (( pthread_cond_t *__cond ));
```

它用来释放被阻塞在条件变量 cond 上的一个线程。多个线程阻塞在此条件变量上时，哪一个线程被唤醒是由线程的调度策略所决定的。要注意的是，必须用保护条件变量的互斥锁来保护这个函数，否则条件满足信号又可能在测试条件和调用 pthread_cond_wait 函数之间被发出，从而造成无限制的等待。下面是使用函数 pthread_cond_wait() 和函数 pthread_cond_signal() 的一个简单的例子。

```
pthread_mutex_t count_lock;
```

```
pthread_cond_t count_nonzero;
unsigned count;
decrement_count () {
  pthread_mutex_lock (&count_lock);
  while(count==0)
    pthread_cond_wait( &count_nonzero, &count_lock);
    count = count -1;
  pthread_mutex_unlock (&count_lock);
}

increment_count(){
  pthread_mutex_lock(&count_lock);
  if(count ==0)
  pthread_cond_signal(&count_nonzero);
    count = count 1;
  pthread_mutex_unlock(&count_lock);
}
```

count 值为 0 时，decrement 函数在 pthread_cond_wait 处被阻塞，并打开互斥锁 count_lock。此时，当调用到函数 increment_count 时，pthread_cond_signal()函数改变条件变量，告知 decrement_count()停止阻塞。读者可以试着让两个线程分别运行这两个函数，看看会出现什么样的结果。

函数 pthread_cond_broadcast（pthread_cond_t *cond）用来唤醒所有被阻塞在条件变量 cond 上的线程。这些线程被唤醒后将再次竞争相应的互斥锁，所以必须小心使用这个函数。

（4）信号量

信号量本质上是一个非负的整数计数器，它被用来控制对公共资源的访问。当公共资源增加时，调用函数 sem_post()增加信号量。只有当信号量值大于 0 时，才能使用公共资源，使用后，函数 sem_wait()减少信号量。函数 sem_trywait()和函数 pthread_mutex_trylock()起同样的作用，它是函数 sem_wait()的非阻塞版本。下面我们逐个介绍和信号量有关的一些函数，它们都在头文件 /usr/include/semaphore.h 中定义。

信号量的数据类型为结构 sem_t，它本质上是一个长整型的数。函数 sem_init()用来初始化一个信号量。它的原型为：

```
extern int sem_init __P ((sem_t *__sem, int __pshared, unsigned int __value));
```

sem 为指向信号量结构的一个指针；pshared 不为 0 时此信号量在进程间共享，否则只能为当前进程的所有线程共享；value 给出了信号量的初始值。

函数 sem_post（sem_t *sem）用来增加信号量的值。当有线程阻塞在这个信号量上时，调用这个函数会使其中的一个线程不在阻塞，选择机制同样是由线程的调度策略决定的。

函数 sem_wait（sem_t *sem）被用来阻塞当前线程直到信号量 sem 的值大于 0，解除阻塞后将 sem 的值减一，表明公共资源经使用后减少。函数 sem_trywait（sem_t *sem）是函数 sem_wait()的非阻塞版本，它直接将信号量 sem 的值减一。

函数 sem_destroy（sem_t *sem）用来释放信号量 sem。

下面我们来看一个使用信号量的例子。在这个例子中，一共有 4 个线程，其中两个线程负责从文件读取数据到公共的缓冲区，另两个线程从缓冲区读取数据作不同的处理（加和乘运算）。

```
/* File sem.c */
#include <stdio.h>
```

```
#include <pthread.h>
#include <semaphore.h>
#define MAXSTACK 100
int stack[MAXSTACK][2];
int size = 0;
sem_t sem;
/* 从文件 1.dat 读取数据，每读一次，信号量加一*/
void ReadData1(void){
  FILE *fp = fopen("1.dat","r");
  while(!feof(fp)){
    fscanf(fp,"%d %d",&stack[size][0],&stack[size][1]);
    sem_post(&sem);
    size;
  }
  fclose(fp);
}
/*从文件 2.dat 读取数据*/
void ReadData2(void){
  FILE *fp = fopen("2.dat","r");
  while(!feof(fp)){
    fscanf(fp,"%d %d",&stack[size][0],&stack[size][1]);
    sem_post(&sem);
    size;
  }
  fclose(fp);
}
/*阻塞等待缓冲区有数据，读取数据后，释放空间，继续等待*/
void HandleData1(void){
  while(1){
    sem_wait(&sem);
    printf("Plus:%d %d = %dn",stack[size][0],stack[size][1],
    stack[size][0] stack[size][1]);
    --size;
  }
}

void HandleData2(void){
  while(1){
    sem_wait(&sem);
    printf("Multiply:%d*%d = %dn",stack[size][0],stack[size][1],
    stack[size][0]*stack[size][1]);
    --size;
  }
}
int main(void){
  pthread_t t1,t2,t3,t4;
  sem_init(&sem,0,0);
  pthread_create(&t1,NULL,(void *)HandleData1,NULL);
  pthread_create(&t2,NULL,(void *)HandleData2,NULL);
  pthread_create(&t3,NULL,(void *)ReadData1,NULL);
  pthread_create(&t4,NULL,(void *)ReadData2,NULL);
  /* 防止程序过早退出，让它在此无限期等待*/
  pthread_join(t1,NULL);
}
```

在 Linux 下，用命令 gcc -lpthread sem.c -o sem 生成可执行文件 sem。我们事先编辑好数据文件 1.dat 和 2.dat，假设它们的内容分别为 1 2 3 4 5 6 7 8 9 10 和 -1 -2 -3 -4 -5 -6 -7 -8 -9 -10，我们运行 sem，得到如下的结果：

Multiply：$-1*-2 = 2$

Plus：$-1-2 = -3$

Multiply：$9*10 = 90$

Plus：$-9-10 = -19$

Multiply：$-7*-8 = 56$

Plus：$-5-6 = -11$

Multiply：$-3*-4 = 12$

Plus：$9 \quad 10 = 19$

Plus：$7 \quad 8 = 15$

Plus：$5 \quad 6 = 11$

从中可以看出各个线程间的竞争关系。而数值并未按我们原先的顺序显示出来，这是由于 Size 这个数值被各个线程任意修改的缘故。这也是多线程编程要注意的问题。

习　题

1. UNIX 操作系统的特征是什么？
2. 熟悉 UNIX 操作系统的结构图。
3. 熟悉 UNIX 操作系统的核心框图。
4. 用图说明 UNIX 操作系统的启动过程。
5. UNIX 操作系统中怎样划分用户类型？其职责是什么？
6. 什么是 UNIX 操作系统的文件系统？
7. UNIX 操作系统中把文件分为几类？
8. 熟悉文件系统的结构和各部分的功能。
9. 什么是 i 节点号和 i 节点表？
10. 举例说明复位向输入、输出和管道命令的作用。
11. UNIX 操作系统的 PCB 中有哪些主要内容？
12. UNIX 操作系统中进程有几种状态，各状态间怎样转换？
13. UNIX 操作系统中有哪些主要的系统调度，其功能是什么？
14. UNIX 操作系统采用了哪种调度算法来实现对进程的调度？
15. UNIX 操作系统怎样计算进程的优先数？

第9章 计算机系统安全

在计算机技术、通信技术和网络技术综合为一体而广泛深入应用 IT 技术的今天,如何保证信息的安全是人们最为关心的大事。要确保信息的安全,就必须知道影响安全的因素有哪些方面。本章将阐述有关计算机系统安全的内容。

9.1 计算机系统安全的基本概念

计算机系统所涉及的安全问题,包括狭义安全概念和广义安全概念。

1. 狭义安全——主要是指对外部攻击的防范。

2. 广义安全——主要是指保障系统中数据的保密性、完整性和可用性。

当前主要使用广义概念。

计算机系统安全,是把 Internet 和 Intranet 作为研究对象,找出存在的不安全因素,开发出可用于保障 Intranet 安全和在 Internet 上开展电子商务活动的安全协议和软件。

9.2 计算机系统安全的内容和性质

1. 计算机系统安全的内容

通常,计算机系统的安全包含三方面的内容:物理安全、逻辑安全和安全管理。

(1)物理安全——是指系统设备及相关设施所采取的物理保护,使之免受破坏或丢失;

(2)安全管理——包括各种安全管理的政策和制度;

(3)逻辑安全——是指系统中的信息资源的安全,它包括 6 方面。

● 保密性; ● 完整性; ● 可用性;

● 真实性; ● 实用性; ● 占有性。

逻辑安全指将机密信息置于保密状态,仅供有访问权限的用户使用。

2. 计算机系统安全的性质

计算机系统安全涉及多方面,既有硬件问题、又有软件方面的原因,同时又有人为因素、自然因素等。所以在考虑计算机系统安全时,应该从诸多方面去考虑。

其安全性质也涉及多方面和多层次的内容,如多面性、动态性、层次性、适度性。

3. 系统安全的威胁类型

为破坏计算机系统的安全，攻击者通常会通过多种手段来获取所需要的信息，主要手段有假冒、数据截取、拒绝服务、修改、伪造、否认、中断和通信量分析等以实现对计算机系统的安全威胁。其中"通信量分析"，就是攻击者通过窃听手段来窃取通信信道中的信息，分析所传输信息的流量、类型，了解通信者的身份、地址和工作性质等，以达到获取通信者私人信息的目的。

4. 对各类资源的威胁

（1）对硬件的威胁

通常有电源掉电、设备故障和丢失等。

（2）对软件的威胁

通常会通过对计算机系统中的删除软件、复制软件和恶意修改等构成对系统和用户软件的威胁。

（3）对数据的威胁

在现代计算机系统中信息（数据）的安全是人们最为关切的。通常，攻击者会通过窃取机密信息、破坏数据的可用性及完整性来造成对数据的破坏。

（4）对远程通信的威胁

对远程通信的威胁，一是采取被动攻击方式：对于有线信道，攻击者在通信线路上搭接，截获在线路上传输的信息，了解其中的内容或数据的性质；二是主动攻击方式：此方式危害更大，攻击者不仅可以截获在线路上传输的信息，还可以冒充合法用户，对网络中的数据进行修改、删除或者伪造。攻击者主要通过对网络中各类结点中的软件和数据加以修改来实现对系统的破坏，这些结点包括主机、路由器或各种交换器。

9.3　系统安全的评价准则

怎样来衡量或评价系统安全与否？为了能有效地以工业化方式构造可信任的安全产品，国际标准化组织采纳了美、英提出的"信息技术安全评价公共准则（CC）"作为国际标准。CC 为相互独立的机构对相应信息技术安全产品进行评价提供了可比性。

1. CC 的由来

对一个安全产品（系统）进行评估，是件十分复杂的事，它对公正性和一致性要求很严，需要一个能被广泛接受的评估标准。为此，美国国防部在 20 世纪 80 年代中期制订了一组计算机系统安全需求标准，共包括 20 多个文件，每个文件都使用不同颜色的封面，因此统称"彩虹系列"。其中，最核心的是具有橙色封皮的"可信任计算机系统评价标准（TCSEC），简称为"橙色书"。

该标准中将计算机系统的安全程度划分为 8 个等级，分别有 D1、C1、C2、B1、B2、B3、A1、A2。

D1 级安全度最低，称为安全保护欠缺级（无密码的个人计算机系统）。

C1 级称为自由安全保护级（有密码的多用户工作站）。

C2 级称为受控存取控制级，当前主要使用这一安全标准的软件有 UNIX 操作系统、ORACLE 数据库系统。

从 B 级开始，安全标准要求具有强制存取控制和形式化模型技术的应用。

B3、A1 级进一步要求对系统中的内核进行形式化的最高级描述和验证。

一个网络所能达到的最高安全等级，不超过网络上其安全性能最低的设备（系统）的安全等级。这就是人们所说的"水桶效应"。

在 20 世纪 80 年代后期，计算机技术、网络的飞速发展和广泛应用，使得系统的不安全因素已经突显，德国、英国、美国等都颁布了各自的"信息技术安全评价"准则。准则的不统一（不兼容），给信息的传输和使用带来了不便，所以需要一个公认的"信息技术安全评价"准则的出现。

2. CC 的组成

CC 分为两部分，其一是信息技术产品的安全功能需求定义。这是面向用户的，用户可按照安全需求来定义"产品的保护框架（PP）"，CC 要求对 PP 进行评价以检查它是否能满足对安全的要求；

其二是安全保证需求定义。这是面向厂商的，厂商应根据 PP 文件制定产品的"安全目标文件（ST）"，CC 同样要求对 ST 进行评价，然后厂商根据产品规格和 ST 去开发产品。

安全功能需求包括一系列的安全功能定义，它们是按层次式结构组织起来的，其最高层为类（class）。CC 将整个产品（系统）的安全问题分为 11 类，每一类侧重于一个安全主题。中间层为帧（Family），最低层为组件（Component）。

保障计算机系统的安全性，涉及许多方面，有工程问题、经济问题、技术问题、管理问题，有时甚至涉及国家的立法问题。这里所讲的仅包括保障计算机系统安全的基本技术，如认证技术、访问控制技术、密码技术、数字签名技术、防火墙技术等。

9.4　现代数据加密技术

现代的计算机应用中所涉及的数据加密技术主要集中在两方面：

1. 以密码学为基础来研究的各种加密措施（保密密钥算法、公开密钥算法）；

2. 以计算机网络（Internet、Intranet）为对象的通信安全研究。

数据加密技术是对系统中所有存储和传输的数据进行加密。加密技术包括：数据加密、数据解密、数字签名、签名识别和数字证明。

1. 数据加密技术的发展

密码学是一门既古老又年轻的学科。几千年前人类就有通信保密的思想，先后出现了易位法和置换法等加密方法。1949 年，信息论的创始人香农论证了由传统的加密方法所获得的密文，几乎都可以破译的，人们就开始了不断的探索。到了 20 世纪 60 年代，由于电子技术和计算机技术的发展，以及结构代数可计算性理论学科研究成果的出现，使密码学得到了新的发展，美国的数据加密标准 DES 和公开密钥密码体制的推出，又为密码学的广泛应用奠定了坚实的基础。

进入 20 世纪 90 年代后，计算机网络的发展和 Internet 广泛深入的应用，尤其是在金融行业中的应用，推动了数据加密技术的迅速发展，出现了广泛应用于 Internet/Intranet 服务器和客户机中的安全电子交易规程 SET 和安全套接层 SSL 规程，近几年数据加密技术更成为人们研究的热门。

2. 数据加密过程

可以通过图 9.1 了解信息的加密、解密过程。

一个数据加密模型，通常有四部分组成：

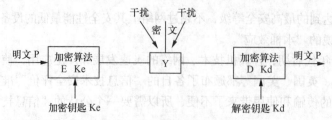

图 9.1 加/解密过程示意图

（1）明文——被加密的文本 P；

（2）密文——加密后的文本 Y；

（3）加密（解密）算法 E（D）——通常是公式、规则或程序；

（4）密钥——是加密和解密算法中的关键参数。

加密过程是：在发送端利用加密算法 E 和加密密钥 Ke 对明文 P 进行加密，得到密文 Y＝E（Ke）（P），密文 Y 被传到接收端后进行解密。

解密过程是：接收端利用解密算法 D 和解密密钥 Kd 对密文 Y 进行解密，将密文还原为明文 P＝DKd（Y）。

在密码学中，把设计密码的技术称为密码编码，把破译密码的技术称为密码分析，它们统称为密码学。

在加密系统中，算法是较稳定的。为了加密数据的安全，应经常更换密钥。

3. 加密算法的类型

（1）对称加密算法/非对称加密算法

对称算法，是数据加密的标准，速度较快，适用于加密大量数据的场合。对称式加密就是加密和解密使用同一个密钥，通常称为"Session Key"，这种加密技术目前被广泛采用，如美国政府所采用的 DES（Data Encryption Standard）加密标准就是一种典型的"对称式"加密法，它的 Session Key 长度为 56Bits。

非对称式加密就是加密和解密使用的不是同一个密钥，通常有两个密钥，称为"公钥"和"私钥"，它们必需配对使用，否则不能打开加密文件。这里的"公钥"是指可以对外公布的，"私钥"则不能，只能由持有人一个人知道。它的优越性就在这里，如果在网络上传输加密文件，对称式的加密方法就很难把密钥告诉对方，不管用什么方法都有可能被别人窃听到；而非对称式的加密方法有两个密钥，且其中的"公钥"是可以公开的，也就不怕别人知道，收件人解密时只要用自己的私钥就可以，这样就很好地避免了密钥传输的安全性问题。

（2）序列加密算法/分组加密算法

序列加密算法针对地图的存储特性，提出了一个混沌序列加密算法。该算法首先用单向 Hash 函数把密钥散列为混沌映射的迭代初值，混沌序列经过数次迭代后才开始取用；然后将迭代生成的混沌序列值映射为 ASCII 码后与地图数据逐字节进行异或运算。考虑到实际计算中的有限精度效应，混沌序列随步长改变混沌映射参数，采用实际的地图数据。经与 DES 及 A5 算法的比较表明，该算法效率高、保密性好、使用简单。

分组密码是一种加密解密算法，将输入明文分组当做一个整体处理，输出一个等长的密文分组。分组加密算法有多种，DES 是应用最为广泛的分组密码。

4. 基本加密方法

（1）易位法：按一定的规则，重新安排明文的顺序，而字符本身保持不变。

例如：把"易位法按照一定的规则"几个字用易位法进行两次单、双位置排队后，该句内容就变成"易原按法一位则照是定"。

（2）置换法：是按一定的规则，用一个字符去替代另一个字符以形成密文。

例如：发信者将"YES"这句英文单词发给他的朋友，在发送前，用 ASCII 码对"YES"进行编码。首先在 ASCII 码中找出"YES"各自表示的值：89、69、83，即"YES"用 ASCII 码表示为"896983"，如果再在这三个 ASCII 码数中各加上 ASCII 码中"A（65）"的值，"YES"就变成了"154134148"。对方收到该内容后再减去 ASCII 码"A"的值 65 就得到所需要的信息。在较复杂的商业活动中，多进行几次置换，就可以在一定程度内对所传输信息进行保密了。

（3）对称加密算法。现代加密技术所用的基本手段仍然是易位法和置换法，只是有所改变，古典法中是密钥较长，而现代加密技术则采用十分复杂的算法，将易位法和置换法交替使用多次而形成乘积密码。最有代表性的对称加密算法是数据加密标准 DES。该算法是 IBM 公司于 1971 年研制的，后被美国国家标准局将其选为数据加密标准，于 1977 年颁布使用。ISO 现也将 DES 作为数据加密标准。随着 VLSI 的发展，现在可利用 VLSI 芯片来实现 DES 算法，并用它做成数据加密处理器 EDP。

在 DES 中使用的密钥长度为 64 位，其中实际密钥 56 位、奇偶校验码 8 位。DES 采用分组加密算法，将明文按 64 位一组分成若干个明文组，每次利用 56 位密钥对 64 位的二进制明文数据进行加密，产生 64 位密文数据。

（4）非对称加密算法：DES 属于对称加密算法。就是加密和解密所使用的密钥相同。DES 的保密性主要取决于对密钥的保密程度。加密者可以通过信使或网络传递密钥，如果通过网络传递，则需对密钥本身加密。通常把此法称为对称保密密钥算法。

1976 年美国的 Diffie 和 Hallman 提出了一个新的非对称密码体制，其最主要的特点是在对数据加密和解密时，使用不同的密钥。每个用户都保存一对密钥，每个人的公开密钥都对外公开。假如某用户要与另一用户通信，他可用公开密钥对数据加密，而收信者则用自己的私用密钥解密以此保证信息不外泄。

公开密钥算法的特点如下。

（1）设加密算法为 E、加密密钥为 Ke，用其对明文 P 加密，得到密文 EKe（P）。设解密算法为 D、解密密钥为 Kd，用其对密文解密而得到明文，即

$$DKd(EKe(P))=P$$

（2）要保证从 Ke 推出 Kd 是极困难的；

（3）在计算机上很容易产生成对的 Ke 和 Kd；

（4）加密和解密可以对调，即可用 DKd 对明文加密，用 EKe 对密文解密。

$$EKd(DKe(P))=P$$

由于对称加密算法和非对称加密算法各有优缺点，在许多新的安全协议中，同时应用这两种加密技术。

9.5　信息的认证技术

认证又称为验证或鉴别，用于检测被认证的对象（人和事）是否符合要求。认证用来确定对象的真实性，以防止入侵者进行假冒、篡改等。通常，认证技术是网络安全保障的第一防线。

通常把认证技术分为如下几种。

1. 基于口令（密码）的身份认证技术

口令是当今人们应用最多的一种身份识别技术。在使用口令的系统中，对口令的设置都有一定的要求，例如：口令最好是多于六位以上的 ASCII 码字符；最好不用本人生日、电话号码等作为口令。

2. 基于物理标志的认证技术

指磁卡、IC 卡和指纹识别技术。通常把 IC 卡分为存储卡、微处理卡和密码卡三种。

3. 基于生物标志的认证技术

随着计算机技术的发展，人们利用指纹、视网膜组织和声音等生物标志来识别身份。

4. 基于公开密钥的认证技术

随着 Internet 和 Intranet（企业内部网）的发展和应用，信息传播和电子商务的普及，人们对如何保护自己的利益进行了诸多的技术研究，开发出多种用于身份认证的协议。例如申请数据证书、SSL 握手协议（通信前，必须先运行 SSL 握手协议，以完成身份认证、协商密码算法和加密密钥）和 SET 安全电子交易协议来保障 Internet 上信息的安全。SSL 协议已经成为利用公开密钥进行身份认证的工业标准。

通常，基于公开密钥的认证技术有两个方面：一是申请数字证书，二是 SSL 握手协议。

由于 SSL 提供的安全服务是基于公开密钥证明书的身份认证，因此，凡是利用 SSL 的用户和服务器，都必须先向认证机构（CA）申请公开密钥证明书。

客户在和服务器通信前，必须先运行 SSL 握手协议，完成双方的身份检查（认证）、协商密钥算法和加解密钥等，然后才能通信。

9.6 信息的访问技术

访问控制技术是当前应用最为广泛的一种安全保护技术。

当一个用户通过身份验证而进入系统后要访问系统中的资源时，还必须先经过相应的"访问控制检查机构"验证其对资源的合法性，以保证对系统资源进行访问的用户是被授权用户。

9.7 防　火　墙

为了防止计算机病毒（计算机病毒实际上是一段优先级很高的执行程序）对计算机系统的侵入，人们采取了多种保护系统安全的措施，例如防火墙技术、代理技术等。

防火墙（Firewall）是伴随着 Internet 和 Intranet 的发展而产生的，它是专门用于保护 Internet 安全的软件。

用于防火墙功能的技术可分为：

1. 包过滤技术；

2. 代理服务技术。

9.7.1 包过滤防火墙

1. 包过滤防火墙的基本原理

将一个包过滤防火墙软件置于 Intranet 的适当位置（通常放在路由器或服务器中），对进出

Intranet 的所有数据包按照指定的过滤规则进行检查，仅符合指定规则的数据包才准予通行，否则将其抛弃。

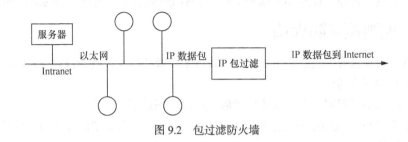

图 9.2　包过滤防火墙

包过滤防火墙的特点：只要特定的数据包能符合过滤规则，则在防火墙内、外的计算机系统之间便能建立直接链路，使外部网或 Internet 上的用户能够获得内部网络的结构和运行情况。

2. 包过滤防火墙的优缺点

包过滤防火墙具有如下的优点：

（1）有效灵活；

（2）简单易行。

包过滤防火墙具有如下的缺点：

（1）不能防止假冒；

（2）只在网络层和传输层实现；

（3）缺乏可审核性；

（4）不能防止来自内部人员造成的威胁。

9.7.2　代理服务器

代理服务器技术是针对防火墙的缺陷而引入的。

1. 基本原理

为了防止 Internet 上的其他用户直接获得 Intranet 中的信息，在 Intranet 中设置了一个代理服务器，并将外网（Internet）与内部网之间的连接分为两段。一段从 Internet 上的主机引到代理服务器；另一段由代理服务器连到内部网中的某一个主机（服务器）。每当有 Internet 的主机请求访问 Intranet 的某个应用服务器时，该请求总是被送到代理服务器，并在此通过安全检查，再由代理服务器与内部网中的应用服务器建立连接。以后，所有的 Internet 上的主机对内部网中应用服务器的访问，都被送到代理服务器，由后者去代替在 Internet 上的相应主机对 Intranet 的应用服务器的访问。这样，把 Internet 主机对 Intranet 应用服务器的访问置于代理服务器的安全控制之下，从而使访问者无法了解到 Intranet 的结构和运行情况。

2. 代理服务技术的优缺点

代理服务技术具有如下的优点：

（1）屏蔽被保护网；

（2）可以监控数据流。

代理服务技术同时也具有如下的缺点：

（1）实现复杂；

（2）需要特定的硬件支持；

（3）增加了服务延迟。

代理服务技术的特点：只要特定的数据包能符合过滤规则，则在防火墙内、外的计算机系统之间，便能建立直接链路，使外部网或 Internet 上的用户能够获得内部网络的结构和运行情况。

9.7.3 规则检查防火墙

规则检查防火墙综合了包过滤和代理服务器技术两者的优点，既能过滤掉非法的数据包，又能防止非法用户对网络的访问。

当应用系统采用了规则检查防火墙技术后，可以实现如下的功能。

1. 认证：对访问系统的用户进行身份、合法性等检查，只有系统的合法用户并具有访问权限者才可以进入系统。

2. 安全检查：对用户所访问的内容进行安全检查，如查看其访问内容的有效性、完整性等。

3. 加密：对用户所发送的数据进行加密。

4. 均衡负载：对用户所传送的信息进行负载均衡，使链路和系统的利用率更为有效。

9.8 Windows 操作系统的安全隐患

由于 Windows 系统被众多企业及政府使用，其稳定性（如蓝屏现象）及安全性成为人们关注的议题，微软时常为系统打升级补丁。很多人认为这一问题是由于 Windows 系统九成以上的市场占有率而造成的"树大招风"现象，以及微软的市场策略让黑客感到反感，而后一点则让所有的微软产品受到波及。其实任何软件都会或多或少地带有漏洞问题，包括的 Mac、Linux 等系统也不例外。

当然也有人认为，造成这一问题的实际原因是由于 Windows 操作系统没有开放源代码，更新补丁不及时等。他们以 Windows Mobile 为例，试图证明 Windows 的系统漏洞问题源自于微软的无能；而 Linux 在手机市场占有与 Windows Mobile 相仿的市场，却不会受到攻击。Windows 2000、Windows XP 和 Windows Server 2003 都曾因为在 RDP（远程桌面协议）中的一个漏洞而受到拒绝服务攻击。

计算机系统的安全涉及的方面和内容都非常广泛，如硬件、软件（包括系统软件、应用软件）、网络（网络本身及通过网络所传输的信息）等。

9.9 DES 简介

DES（Data Encryption Standard），即数据加密标准，它是 IBM 公司于 1975 年研究成功并公开发表的。DES 算法的入口参数有三个：Key、Data、Mode。其中 Key 为 8 个字节共 64 位，是DES 算法的工作密钥；Data 也为 8 个字节 64 位，是要被加密或被解密的数据；Mode 为 DES 的工作方式，有两种：加密或解密。

数据加密算法（Data Encryption Algorithm，DEA）的数据加密标准（Data Encryption Standard，DES）是规范的描述，它出自 IBM 的研究工作，并在 1977 年被美国政府正式采纳。该算法很可能是使用最广泛的密钥系统，特别是在保护金融数据的安全中。最初开发的 DES 是嵌入硬件中的。

通常，自动取款机（Automated Teller Machine，ATM）都使用 DES。

　　DES 使用一个 56 位的密钥以及附加的 8 位奇偶校验位，产生最大 64 位的分组。这是一个迭代的分组密码，使用称为 Feistel 的技术，将其中加密的文本块分成两半。使用子密钥对其中一半应用循环功能，然后将输出与另一半进行"异或"运算；接着交换这两部分，这一过程会继续下去，但最后一个循环不进行交换。DES 使用 16 个循环，使用异或、置换、代换、移位操作四种基本运算。

1. DES 的主要形式

　　攻击 DES 的主要形式被称为蛮力或彻底密钥搜索，即重复尝试各种密钥直到有一个符合为止。如果 DES 使用 56 位的密钥，则密钥数量可达 2^{56} 个。随着计算机系统能力的不断发展，DES 的安全性比它刚出现时弱得多，然而从非关键性质的实际出发，仍可以认为它是足够安全的。不过，DES 现在仅用于旧系统的鉴定，新系统则更多地选择新的加密标准——高级加密标准（Advanced Encryption Standard，AES）。

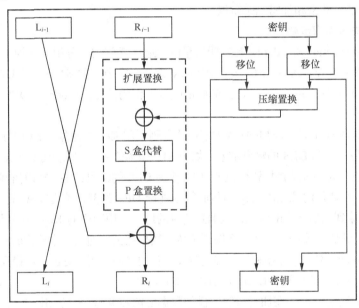

图 9.3　DES 的主要形式

　　DES 的常见变体是三重 DES，是使用 168 位的密钥对资料进行三次加密的一种机制；它通常（但非始终）提供极其强大的安全性。如果三个 56 位的子元素都相同，则三重 DES 向后兼容 DES。IBM 曾对 DES 拥有几年的专利权，但是在 1983 年已到期，目前 DES 处于公有范围中，在特定条件下可以免除专利使用费。

　　由于 DES 是加（解）密 64 位明（密）文，即 DES 为 8 个字节（8×8=64），可以据此初步判断这是分组加密。加密过程中有 16 次循环与密钥置换过程，据此可以判断有可能使用了 DES 密码算法，要更精确判断，还必须得懂得一点 DES 加密过程的知识。

2. DES 主要步骤

（1）初始置换

　　其功能是把输入的 64 位数据块按位重新组合，并把输出分为 L0、R0 两部分，每部分各长 32 位。其置换规则为：将输入的第 58 位换到第一位，第 50 位换到第 2 位……依此类推，最后一位是原来的第 7 位。L0、R0 则是换位输出后的两部分，L0 是输出的左 32 位，R0 是输出的右 32

位。例：设置换前的输入值为：D1D2D3……D64，则经过初始置换后的结果为：L0=D58D50……D8；R0=D57D49……D7。

（2）逆置换

经过 16 次迭代运算后，得到 L16、R16，将此作为输入，进行逆置换，逆置换正好是初始置换的逆运算，由此即得到密文输出。

3. DES 的安全性

（1）DES 是安全性比较高的一种算法，目前只有一种方法可以破解该算法，那就是穷举法。

（2）DES 采用 64 位密钥技术，实际只有 56 位有效，8 位用来校验。譬如，一台个人计算机能每秒计算一百万次，那么 256 位空间它要穷举的时间为 2285 年，所以这种算法还是比较安全的一种算法。

TripleDES 算法被用来解决使用 DES 技术的 56 位时密钥强度日益减弱的问题，其方法是：使用两个独立密钥对明文运行三次 DES 算法，从而得到 112 位有效密钥强度。TripleDES 有时称为 DESede（表示加密、解密和加密三个阶段）。

4. DES 算法的加密步骤

DES（Data Encryption Standard）是发明最早的、最广泛使用的分组对称加密算法。DES 算法的入口参数有三个：Key、Data、Mode。其中 Key 为 8 个字节，共 64 位，是 DES 算法的工作密钥；Data 也为 8 个字节，共 64 位，是要被加密或被解密的数据；Mode 为 DES 的工作方式，有两种：加密或解密。

DES 算法工作流程如下：若 Mode 为加密模式，则利用 Key 对数据 Data 进行加密，生成 Data 的密码形式（64 位）作为 DES 的输出结果；如 Mode 为解密模式，则利用 Key 对密码形式的数据 Data 进行解密，还原为 Data 的明码形式（64 位）作为 DES 的输出结果。在通信网络的两端，双方约定一致的 Key，在通信的源点用 Key 对核心数据进行 DES 加密，然后以密码形式在公共通信网（如电话网）中传输到通信网络的终点，数据到达目的地后，用同样的 Key 对密码数据进行解密，便再现了明码形式的核心数据。这样，便保证了核心数据在公共通信网中传输的安全性和可靠性。也可以通过定期在通信网络的源端和目的端同时改用新的 Key，便能更进一步提高数据的保密性。

利用 DES 算法加密的步骤（以 Java 为例）如下。

（1）生成一个安全密钥。在加密或解密任何数据之前需要有一个密钥。密钥是随同被加密的应用程序一起发布的一段数据，密钥代码如下所示。

```
// 生成一个可信任的随机数源
Secure Random sr = new SecureRandom();
// 为选择的 DES 算法生成一个 KeyGenerator 对象
KeyGenerator kg = KeyGenerator.getInstance ("DES");
Kg.init (sr);
// 生成密钥
Secret Key key = kg.generateKey();
// 将密钥数据保存为文件供以后使用，其中 key Filename 为保存的文件名
Util.writeFile (key Filename, key.getEncoded ());
```

（2）加密数据。得到密钥之后，接下来就可以用它来加密数据，代码如下所示。

```
// 产生一个可信任的随机数源
SecureRandom sr = new SecureRandom();
//从密钥文件 key Filename 中得到密钥数据
Byte rawKeyData [] = Util.readFile (key Filename);
// 用原始密钥数据创建 DESKeySpec 对象
```

```
DESKeySpec dks = new DESKeySpec (rawKeyData);
// 创建一个密钥工厂，然后用它把 DESKeySpec 转换成 Secret Key 对象
SecretKeyFactory key Factory = SecretKeyFactory.getInstance("DES" );
Secret Key key = keyFactory.generateSecret( dks );
// Cipher 对象实际完成加密操作
Cipher cipher = Cipher.getInstance( "DES" );
// 用密钥初始化 Cipher 对象
cipher.init( Cipher.ENCRYPT_MODE, key, sr );
// 通过读类文件获取需要加密的数据
Byte data [] = Util.readFile (filename);
// 执行加密操作
Byte encryptedClassData [] = cipher.doFinal(data );
// 保存加密后的文件，覆盖原有的类文件。
Util.writeFile( filename, encryptedClassData );
```

（3）解密数据。运行经过加密的程序时，用 ClassLoader 分析并解密类文件，代码如下所示。

```
// 生成一个可信任的随机数源
SecureRandom sr = new SecureRandom();
// 从密钥文件中获取原始密钥数据
Byte rawKeyData[] = Util.readFile( keyFilename );
// 创建一个 DESKeySpec 对象
DESKeySpec dks = new DESKeySpec (rawKeyData);
// 创建一个密钥工厂，然后用它把 DESKeySpec 对象转换成 Secret Key 对象
SecretKeyFactory key Factory = SecretKeyFactory.getInstance( "DES" );
SecretKey key = keyFactory.generateSecret( dks );
// Cipher 对象实际完成解密操作
Cipher cipher = Cipher.getInstance( "DES" );
// 用密钥初始化 Cipher 对象
Cipher.init( Cipher.DECRYPT_MODE, key, sr );
// 获得经过加密的数据
Byte encrypted Data [] = Util.readFile (Filename);
//执行解密操作
Byte decryptedData [] = cipher.doFinal( encryptedData );
// 将解密后的数据转化成原来的类文件。
```

将上述代码与自定义的类装载器结合就可以做到边解密边运行，从而起到保护源代码的作用。

习　题

1. 系统安全的内容和性质有哪些?
2. 软件和数据的威胁来自于哪几方面?
3. 什么是易位法和置换法，举例说明置换法加密算法。
4. 计算机系统安全评价准则将计算机系统安全分为哪几个等级?
5. 数据证明书的作用是什么? 请叙述申请数据证明书的过程。
6. 什么是物理标志的认证技术，它分为几种?
7. 什么是代理服务器技术? 请叙述其工作过程。
8. 怎样用 "CC" 来定义系统和产品的安全?

第10章
云计算

今天，计算资源在人们的日常生活中逐渐变得不可或缺，如何以更好地方式给公众提供计算资源，受到很多研究人员和实践者的关注。

随着多核处理器、虚拟化、分布式存储、宽带互联网和自动化管理等技术的发展，产生了一种新型的计算模式——云计算，它能够按需部署计算资源，用户只需要为所使用的资源付费即可。云计算是新一代 IT 模式，在后端规模庞大、自动化程度和可靠性都非常高的云计算中心支持下，用户可以非常方便地访问云中心提供的各种信息和应用。从本质上来讲，云计算是指用户终端通过远程连接，获取、存储、计算数据库等计算资源。云计算在资源分布上包括"云"和"云终端"。"云"是互联网或大型服务器集群的一种比喻，由分布的互联网基础设施（网络设备、服务器、存储设备、安全设备等）构成，几乎所有的数据和应用软件，都可存储在"云"里。"云终端"，只需要拥有一个功能完备的浏览器，并安装一个简单的操作系统，通过网络接入"云"，就可以轻松地使用云中的计算资源，例如计算机、手机、车载电子设备等都是"云终端"。

10.1 云计算的概念

1. 产生背景

21 世纪初期，崛起的 Web2.0 让网络迎来了新的发展高峰。网站或者业务系统需要处理的业务量快速增长，例如视频在线、照片共享网站需要为用户储存和处理大量的数据。这类系统所面临的重要问题是如何在用户数量快速增长的情况下快速扩展原有系统。随着移动终端的智能化、移动宽带网络的普及，将有越来越多的移动设备进入互联网，这就意味着与移动终端相关的 IT 系统会承受更多的负载，而对于提供数据服务的企业来讲，IT 系统需要处理更多的业务量。由于资源的有限性，电力成本、空间成本、各种设施的维护成本快速上升，直接导致数据中心的成本上升，这就被迫面临怎样有效地利用这些资源，以及如何利用更少的资源创造更多效益的问题。同时，随着高速网络连接的衍生，芯片和磁盘驱动器产品在功能增强的同时，价格也在变得低廉，拥有成百上千台计算机的数据中心也具备了快速为大量用户处理复杂问题的能力。分布式计算的日益成熟和应用，网格计算的发展，通过 Internet 把分散在各处的硬件、软件、信息资源连接成为一个巨大的整体，从而使得人们能够利用地理上分散于各处的资源，完成大规模的、复杂的计算和数据处理的任务。

由于需求和技术的发展，使得数据存储快速增长而产生了以 GFS（Google File System）、SAN（Storage Area Network）为代表的高性能存储技术。服务器整合需求的不断升温推动了 Xen 等虚拟化技术的进步，还有 Web2 0 的实现，SaaS（Software as a Service）观念方兴未艾，多核技术的普及等，所有这些条件为产生更强大的计算能力和服务提供了可能。

总之，计算能力和资源利用效率的迫切需求，资源的集中化和技术的进步，推动云计算应运而生。

2. 云计算的定义

为了更好地理解云计算，先来看一个生活中的例子。就好比是从古老的单台发电机模式转向电厂集中供电模式，计算能力也可以作为一种商品进行流通，就像煤气、水电一样，取用方便，费用低廉，最大的不同在于，它是通过互联网进行传输的。让用户通过高速互联网租用计算资源，而不再需要自己进行大量的软硬件投资。

由于云计算是在分布式处理（Distributcd Computing）、并行处理（Parallel Comptuing）和网格计算（Grid Comptuing）的基础上发展起来的，它可以按照需求部署计算资源，用户通过终端远程连接来获取存储、计算、数据库等计算资源，而只需按使用的资源付费即可。

实现学校的云计算就是把学校的计算机教学实验服务器接入相应的服务器资源池（如图 10.1 所示），这个服务器资源池也称为"服务器集群"或"云"，各实验室用户终端通过网线借助浏览器就可以很方便地访问某一物理服务器"云"。

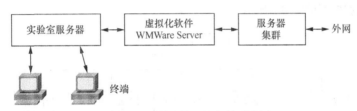

图 10.1　云计算实验室的架构示意图

云计算在资源分布上包括"云"和"云终端"。"云"包括互联网或大型服务器集群，它由分布的互联网设施（网络设备、服务器、存储设备、安全设备和通信设备等）和无所不有的应用软件、数据等构成；"云终端"则是用户的个人计算机、手机、车载电子设备等，只需一个功能完备的浏览器并安装一个简单的操作系统，通过网络接入"云"，就可以随心地使用"云"的计算资源。

云计算是一种新兴的共享基础架构的方法。它统一管理大量的物理资源，并将这些资源虚拟化，形成一个巨大的虚拟化资源池。云是一类并行和分布式的系统，这些系统由一系列互联的虚拟计算机组成。这些虚拟计算机是基于服务级别协议（生产者和消费者之间协商确定）被动态部署的，并且作为一个或多个统一的计算资源而存在。

云计算可以按照用户对资源和计算能力的需求动态部署虚拟资源，而不受物理资源的限制。用户所有基于云的计算和应用工作在虚拟化的资源上，不需要关心这些资源部署在哪些物理资源上，用户可以方便地变更对计算资源的需求。

3. 云计算的特点

从现有的云计算平台来看，它与传统的单机和网络应用模式相比，具有如下特点。

（1）超大规模。绝大多数的云计算中心都具有相当的规模，例如 Google、IBM、Yahoo、Microsoft 的云计算中心目前已经拥有上百万台服务器的规模。通过云计算中心能整合、管理连接于云计算中心的巨大计算机集群。

（2）虚拟化技术。这是云计算最强调的特点，包括资源虚拟化和应用虚拟化。每一个应用部署的环境和物理平台都是没有关系的。通过虚拟平台进行管理完成对应用的扩展、迁移、备份等操作。

（3）动态可扩展。通过动态扩展虚拟化的层次达到对应用进行扩展的目的：可以实时将服务器加入到现有的服务器机群中，增加"云"的计算能力。

（4）按需部署。用户运行不同的应用需要不同的资源和计算能力。云计算平台可以按照用户的需求部署资源和计算能力。

（5）高灵活性。现在大部分的软件和硬件都对虚拟化有一定支持，各种 IT 资源，如软件、硬件、操作系统、存储网络等要素都可以通过虚拟化放在云计算虚拟资源池中进行统一管理。同时，"云"能够兼容不同硬件厂商的产品，兼容低配置机器和外设而获得高性能计算。

（6）高可靠性。虚拟化技术使得用户的应用和计算分布在不同的物理服务器上面，即使单点服务器崩溃，仍然可以通过动态扩展功能部署新的服务器作为资源和计算能力添加进来，保证应用和计算的正常运转。

（7）高性价比。云计算采用虚拟资源池的方法管理所有资源，对物理资源的要求较低，可以使用廉价的计算机组成云，成本低而计算性能却可超过大型主机。

4. 云计算的技术支撑

众所周知，IT 技术是指计算机技术、通信技术和网络技术的融合。云计算在现有的 IT 基础上又整合了传统的技术如图 10.2 所示。

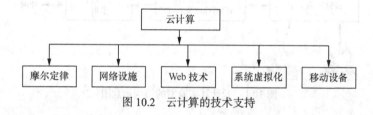

图 10.2 云计算的技术支持

（1）摩尔定律[11]。随着摩尔定律持续推动整个硬件产业的发展，CPU 芯片、内存、硬盘等 I/O 设备在性能和容量都有非常大的提升。摩尔定律也为云计算提供了充足的"动力"。

（2）网络设施。由于网络带宽的不断提高，人们已经从应用传统的通信手段转到了依靠计算机网络的访问和服务。这样也为云计算的发展和应用提供了广泛的市场。

（3）Web 技术。Web 是一种典型的分布式应用结构。Web 应用中的每一次信息交换都要涉及客户端和服务端。因此，Web 开发技术大体上也可以被分为客户端技术和服务端技术两大类。

① Web 客户端技术。Web 客户端的主要任务是展现信息内容。Web 客户端设计技术主要包括：HTML 语言、Java Applets、脚本程序、CSS、DHTML、插件技术以及 VRML 技术。

② Web 服务端技术。与 Web 客户端技术从静态向动态的演进过程类似，Web 服务端的开发技术也是由静态向动态逐渐发展、完善起来的。Web 服务器技术主要包括服务器、CGI、PHP、

---

[11] 摩尔定律是由英特尔（Intel）创始人之一戈登·摩尔（Gordon Moore）提出来的。被称为"计算机第一定律"，其内容为：IC（集成电路）上可容纳的晶体管数目约每隔 18 个月（1975 年修正）便会增加一倍，性能也将提升一倍，微处理器的性能每隔 18 个月提高一倍，而价格下降一半。也就是说：当价格不变时，集成电路上可容纳的晶体管数目，约每隔 18 个月便会增加一倍，性能也将提升一倍。换言之，每一美元所能买到的计算机性能，将每隔 18 个月翻两倍以上。这一定律揭示了信息技术进步的速度。摩尔定律在被发现后的 40 多年里产生了巨大影响，但随着 3D 芯片等技术的耗尽，美物理学家加来道雄称该定律将在 10 年内崩溃。

ASP、ASP.NET、Servlet 和 JSP 技术。

（4）系统虚拟化。其核心思想是使用虚拟化软件在一台物理机上虚拟出一台或多台虚拟机。虚拟机是指使用系统虚拟化技术，运行在一个隔离环境中、具有完整硬件功能的逻辑计算机系统，包括客户操作系统和其中的应用程序。

（5）移动设备。

5. 云计算基础架构

这类云计算提供底层的技术平台以及核心的云服务，是最为全面的云计算服务。Amazon、Google 等推出的云计算服务可以归于这类。这种云计算服务形态将支撑起整个互联网的虚拟中心，使其能够将内存、I/O 设备、存储和计算能力集中起来成为一个虚拟的资源池为整个网络提供服务。

根据云计算提供的服务不同，通常把云计算架构分为云计算基础架构、云计算平台服务架构、云计算软件服务架构和云计算 API 架构。

通常，云计算实验平台应该具有如图 10.3 所示的结构。

（1）云计算平台服务。这种形式的云计算也被称为平台即服务 PaaS（Platform as a Service），它将开发环境作为服务来提供。这种形式的云计算可以使用供应商的基础架构来开发自己的程序，然后通过网络从供应商的服务器上传递给用户。典型的实例如 Salesforce com 的 Force tom 开发平台。

（2）云计算软件服务。这种类型的云计算称之为软件即服务 SaaS，它通过浏览器把程序传给用户。从用户的角度来看，这样会省去在服务器和软件上受干预的开支；从供应商的角度看，这样只需要维持一个程序就够了，减少了维护成本。Salesforce com 是迄今为止这类服务最为有名的公司。SaaS 在 CRM、ERP 中比较常用，Google Apps 和 Zoho Office 也提供类似的服务。

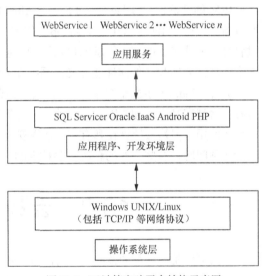

图 10.3 云计算实验平台结构示意图

（3）云计算 API。这类服务供应商提供 API（Application Programming Interface）让开发者能够开发更多基于互联网的应用，帮助开发商拓展功能和服务，而不是只提供成熟的应用软件，他们的服务范围提供从分散的商业服务到 Google Maps 等的全套 API 服务。这与软件即服务有着密切的关系。

（4）云计算互动平台。该类云计算为用户和提供商之间的互动提供了一个平台。例如，RightScale 利用 Amazon EC2 网络计算服务和 s3 网络存储服务的 API 提供一个操作面板和 AWS（Amazon's Web Services）前端托管服务。

6. 几个典型的云计算平台

Morgan Stanley 的研究表明云计算已经成为突出的技术趋势之一。随着计算技术行业不断出现的为个人和企业提供随时随地按需方向的 PaaS 和 SaaS，可利用的云计算平台将不断增加，很多研究单位和工业组织已经开始研究开发云计算的相关技术和基础架构。

亚马逊（Amazon tom）的云计算称之为亚马逊网络服务（AWS），它主要由四块核心服务组成：Simple Storage Service（简单存储服务）、ElasticCompute Cloud（弹性计算云，EC2）、Simple QueuingServices（简单排列服务）以及 Simple DB（简单数据库）。换句话说，目前亚马逊提供的是可以通过网络访问的存储、计算机处理、信息排队和数据库管理系统接入式服务。无论是个人还是大型企业，只要是使用 AWS 的研发人员都可以在亚马逊的基础架构上进行应用软件的研发和交付，而无需实现配置软件和服务器。

Google 开发了特有的 GFS（分布式文件系统）、MapReduce（分布式计算模型）和 BigTable（分布式存储系统），这正是 Google "云" 的基础架构。Google "云" 是几万甚至大约 100 万台廉价的服务器所组成的网络。Google 的 Google AppEngine 允许用户运行使用 Pythontn 语言编写的常用程序。同时，GoogleAppEngine 支持多种 API，并为用户提供基于 Web 的管理控制台，方便用户管理他们的 Web 应用程序。

Microsoft Live Mesh 的目的在于为用户提供应用和数据的网络存储，用户可以随时随地使用终端设备通过网络进行访问。这需要用户使用基于 Web 的 Live Desktop 或者在自己的设备上安装 Live Mesh 软件。Live Mesh 中所有数据的传输由 SSL（Secure Socket Layers）加以保护。

IBM 的 "蓝云"（Blue Cloud）基于 Almaden 研究中心的云基础架构而来，包括虚拟化 Linux 服务器、并行一组负载安排（Hadoop）和 Tivoli 管理软件。"蓝云" 由 IBM Tivoli 软件支持，通过管理服务器来确保基于需求的最佳性能，包括能够跨越多服务器实时分配资源的软件，为客户带来一种无缝体验，加速性能并确保系统在最苛刻环境下的稳定性。

此外，Sun 公司推出 "黑盒子" 计划，还有 Salesforce、Oracle、EMC 等公司加入进来。但是每种半台都有其优点和局限性。目前，云计算还没有一个统一的标准，虽然一些半台已经为很多用户所使用，但是云计算在私有权、数据安全、IT 业标准、厂商锁定和高性能应用软件方面也面临着各种问题，这些问题的解决需要技术的进一步发展。

10.2 云计算的关键技术

按需部署是云计算的核心。要解决好按需部署，必须解决好资源的动态重构、监控和自动化部署等，而这些又需要以虚拟化技术、高性能存储技术、处理器技术、高速互联网技术为基础。所以除了需要仔细研究云计算的体系结构外，还要特别注意研究资源的动态可重构、自动化部署、资源监控、虚拟化技术、高性能存储技术、处理器技术等。本节将探讨云计算的体系结构和部分关键技术。

1. 体系结构

为了有效支持云计算，平台的体系结构必须支持几个关键特征。首先，这些系统必须是自治的，也就是说，它们需要内嵌自动化技术，减轻或消除人工部署和管理任务负担，而允许平台自己智能地响应应用的要求。其次，云计算架构必须是敏捷的，能够对需求信号或变化的一组负载做出迅速反应。换句话说，内嵌的虚拟化技术和集群化技术，能应付增长或服务级要求的快速变化。

云计算平台的体系结构如图 10.4 所示。

- 用户界面："云"用户请求服务的交互界面。
- 服务目录：用户可选择的服务列表。
- 管理系统：用来管理可用计算资源和服务。

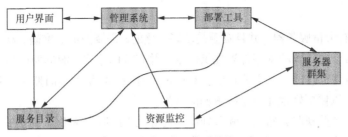

图 10.4 云计算平台的体系结构示意图

- 部署工具：根据用户请求智能地部署资源和应用，动态地部署、配置和回收资源。
- 监控：监控云系统资源的使用情况，以便做出迅速反应。
- 服务器集群：虚拟的或者物理的服务器，由管理系统管理。

2. 自动化部署

自动化部署是指通过自动安装和部署，将计算资源从原始状态变为可用状态。在云计算中体现为将虚拟资源池中的资源划分、安装和部署成可以为用户提供各种服务和应用的过程。这里的资源包括硬件资源（服务器）、软件资源（用户需要的软件和配置），还有网络资源和存储资源。

系统资源的部署需要多个步骤，自动化部署通过调用脚本，实现不同厂商设备管理工具的自动配置、应用软件的部署和配置，确保这些调用过程可以以静默的方式实现，免除了大量的人机交互，使得部署过程不再依赖于现场人工操作。整个部署过程基于工作流来实现，如图 10.5 所示。其中，工作流引擎和数据模型是在自动化部署管理工具中涉及的功能模块，通过将具体的软硬件甚至逻辑概念定义在数据模型中，管理工具可以标识并在工作流中调度这些资源，实现分类管理。工作流引擎用于调用和触发工作流，实现部署自动化的核心机制，自动将不同种类的脚本流程整合在一个集中、可重复使用的工作流数据库中。这些工作流可以自动完成原来需要手工完成的服务器、操作系统、中间件、应用程序、存储器和网络设备的供应和配置任务。

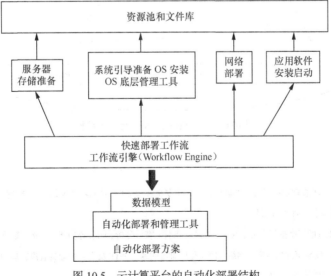

图 10.5 云计算平台的自动化部署结构

3. 资源监控

"云"通常具有大量服务器，并且资源是动态变化的，需要及时、准确、动态的资源信息。资源监控可以为"云"对资源的动态部署提供依据，并有效地监控资源的使用和负载情况。资源监控是实现"云"资源管理的一个重要环节。它可提供对系统资源的实时监控，并为其他子系统提供系统性能信息，以便更好地完成系统资源的分配。

云计算通过一个监视服务器监控和管理计算资源池中的所有资源。通过在云中的各个服务器上部署 Agent 代理程序，配置并监视各资源服务器，定期将资源使用信息数据传送至数据仓库。监视服务器类数据仓库中的"云"资源使用数据进行分析，跟踪资源的可用性和性能，并为问题故障的排除和资源的均衡提供信息。

10.3　云计算安全管理平台的主要功能

在云计算应用中，最受关注的是云计算的安全管理。那么，应该从哪些方面加强云计算的安全呢？下面以 H3C SecCenter[1] 为例，说明其安全管理平台的构成和主要功能。

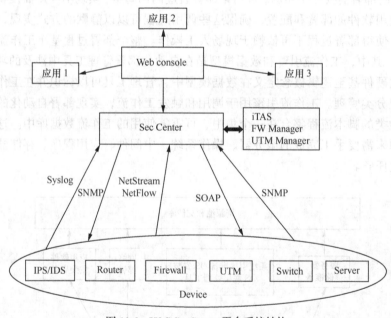

图 10.6　H3C SecCenter 平台系统结构

---

[1] H3C SecCenter 是业界管理功能最强大的软硬件一体化安全管理中心，能对各类网络、安全产品进行统一管理，提供超过 1000 种网络安全状况与政策符合性审计报告。

H3C SecCenter 基于先进的深度挖掘及分析技术，集安全事件收集、分析、响应等功能为一体，解决了网络与安全设备相互孤立、网络安全状况不直观、安全事件响应慢、网络故障定位困难等问题，使 IT 及安全管理员脱离繁琐的管理工作，极大地提高了工作效率，使管理员能够集中精力关注核心业务。

H3C SecCenter 是功能强大的安全管理中心，它采用先进的 SOA 开放架构，包括了 Firewall Manager、UTM Manager、IPS Manager、ACG Manager 和 FW Manager 等组合部件。各功能模块有机地融合在统一的 Web 操作门户下，实现对云计算网络中各类安全设备的集中管理。这就是智能、开放、统一的安全管理平台。

SecCenter 能够利用多种协议集中采集网络中安全设备的各种事件及流量信息，包括 Syslog、NetStream/NetFlow、SNMP 等，实时监控、分析设备状态和安全状况，还提供集中分析与审计平台。同时，SecCenter 能够直接对各安全设备进行集中的控制和策略部署，集中管理虚拟环境中的安全策略，提供集中策略部署平台。为适应云安全管理对开放的需求，SecCenter 还支持通过适配方式为第三方管理平台提供开放接口。

1. 统一的虚拟化资源管理

SecCenter 能够管理 H3C 防火墙、UTM、IPS、ACG 等在内的各种安全设备，实现网络资源的集中化管理。用户可以根据实际情况划分区域，并将虚拟设备划分为不同的虚拟设备组，同时提供灵活的权限管理，允许不同用户管理不同的虚拟化安全设备，满足对虚拟化资源的分级分权管理需求。

2. 集中的事件监控和分析

（1）实时监控与综合分析

SecCenter 基于虚拟化资源，不仅仅针对基于设备进行事件采集和统计分析，还能够以基于设备+虚拟 ID 的方式，提供对整网安全事件的实时监控，形成一个完整的事件快照，从而为用户提供当前网络安全事件的概览信息，帮助管理员直观地了解到最新安全状况。通过实时监控窗口，用户可监控正在发生的紧急安全事件，轻松了解突发事件，快速纠正危险，保障网络安全。

SecCenter 能够对全网范围内的安全事件进行集中统计分析，并提供各种直观、详细的报告。在全景式的分析报告中，客户可以轻松地看到整网过去的安全状况和未来的安全趋势。

综合分析和统计报告是评估网络安全状况的有力手段，SecCenter 能够满足用户的安全报告需求，提供完善的综合分析和丰富的统计报告，可即时搜寻出目前环境的攻击来源、目标等，提供基于天、周、月及特定时间段内的趋势分析，从而得知 TopN 的攻击状态和趋势等全面数据，有效帮助用户了解需要重点关注的网络攻击、病毒情况，发现各种安全风险，以便提早防范。

（2）细致的事件及内容审计

SecCenter 提供强有力的审计能力，能够从历史数据中快速查找到相关的安全事件信息。通过深入的数据查询，对具体的安全事件深入分析，能够一步一步追踪，剥茧抽丝，最终发现安全事件攻击来源及根本原因。通过这种深入查询能力，能够解决多种问题。

SecCenter 同时能够监测网络中的应用情况，对用户在网络中的各种应用行为（包括 Web 浏览、电子邮件收发、文件传输、通信、网络游戏）进行监测、分析和审计，从而有效控制和审计使用网络访问非法网站、进行非法操作、发送非法或泄密邮件、散布非法或泄密言论等行为。SecCenter 还能够统计每个用户的业务使用趋势和分布，详细记录用户的 URL、E-mail、FTP、NAT 使用记录，便于事后审计和追踪等。

通过对各种安全事件的深入分析和总结，用户能够最直接地了解攻击行为和活动，并有针对性地部署安全策略。

3. 集中的策略管理和安全策略自动迁移

如果管理员在面对众多的网络安全设备进行策略配置时，一次仅能维护一件设备，要维护全部设备将是非常耗费资源的一件事，同时也会因策略比较连贯而增加系统产生误差的可能性。SecCenter 可以通过单一的管理控制台对整个网络安全设备进行集中管理和配置，为分布在各地的多个虚拟设备部署安全策略，这样可以减少管理费用、减少误差，确保网络的持续安全。图 10.7 给出了安全策略迁移示意图。

当云计算环境内的虚拟机迁移时，SecCenter 能够即时感应到虚拟机迁移状况，从虚拟机管理系统中获取虚拟机迁移前后的各种信息（包括虚拟机迁移前所在物理主机以及迁移后物理主机位置以及 IP 地址等信息），SecCenter 通过自行维护的防火墙与物理主机对应关系表，获取迁移后物理主机所在的防火墙，然后自动匹配虚拟机原有安全策略，将原策略重新部署到新的防火墙中，实现安全策略的自动迁移，这样就可以确保云计算环境中多种安全设备的安全策略的一致性，收到了快速部署、保障网络安全的效果。

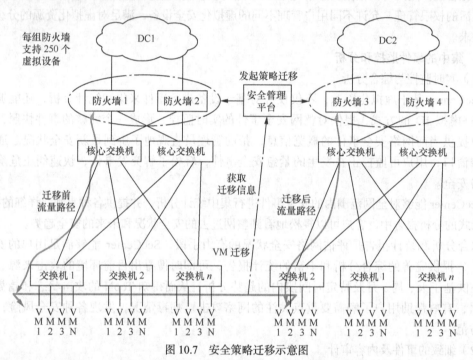

图 10.7　安全策略迁移示意图

从图 10.7 中可以看出，迁移前：Server 1 的 VM1 属于 VLAN 10；对应 DC1 的 FW1 上是 VFW ID=10。

迁移后：VLAN 10 属性不变；IP 地址/MAC 地址不变在仍为 DC2；FW1 上，配置 VLAN 10 也对应 VFW 10。

4. 开放的接口

在更大规模的复杂的网络中（包括更多厂商，更多类型设备），通常需要一个综合的安全管理平台来实现对多厂商设备的统一管理，如图 10.8 所示。在这种情况下，SecCenter 能够通过定制化手段，以 Agent 或适配层的方式，提供开放的 API 接口。通过这些 API 接口，SecCenter 支持按照上层管理平台的要求进行相应的日志格式转换并实时上报，以利于上层管理平台的分析处理，实现整网安全事件的统一分析；SecCenter 也支持上层的安全策略管理平台调用策略部署的接口，实现对全网安全设备的统一策略部署。

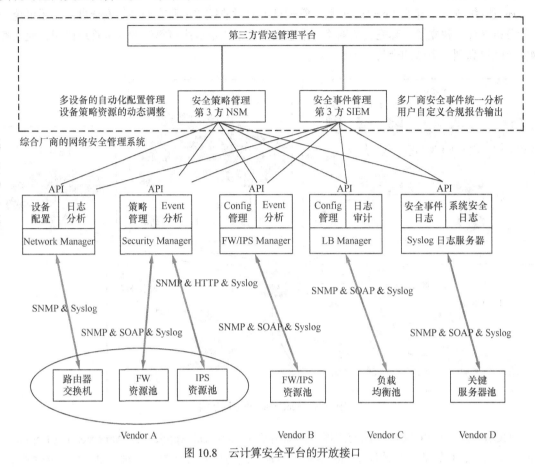

图 10.8　云计算安全平台的开放接口

10.4　云计算应用举例

云计算环境应用以 H3C SecCenter 架构的省政务网为例进行介绍。

1. 概述

下面是某省利用 H3C SecCenter 架构的政务网络。某省电子政务建设虽然取得了一定成效，但是从总体上看尚处于起步阶段，还不适应经济、社会发展的需求，与国家推行电子政务的要求和先进省市电子政务发展水平相比还有较大差距：信息资源的开发建设缺乏统一领导和总体规划；信息资源的管理缺乏统一的基础标准；网络与信息安全体系尚未形成；已建网络缺乏有效的安全管理机制，存在一定的安全隐患。

网络环境包含 H3C 的防火墙，天融信的 IDS 设备，华为的路由、交换设备，联想的服务器等。H3C SecCenter 能够兼容业界近百家主流设备，采取主动获取、被动收集日志等方式，进行智能关联分析，同时还具有可无限量管理网络设备等特点。针对政务网，通过部署网络数据中心区域，使用具有简洁图形化界面的 SecCenter 高效率地提取网络中的信息，对海量事件进行关联与分析，实时监控网络中的安全威胁、网络流量，提供一系列丰富的报告，并做出全面细致的安全审计。

2. 实施效果

通过网络改造与部署 SecCenter 后，管理员可实时监控整网所有网络与安全事件，还可统一进行分析审计，建立了一套完整的网络与信息安全体系，形成高可靠性的安全管理机制，使政务网安全性提高到一个新的台阶。

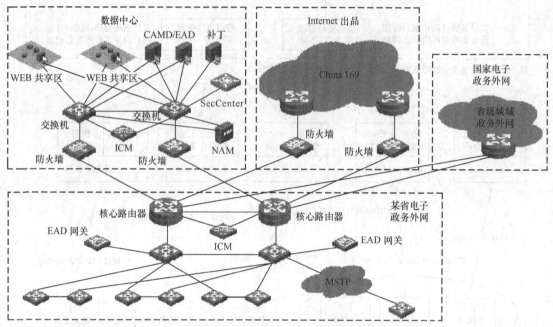

图 10.9　SecCenter 政务网架构

H3C 通过 SecPath ACG 产品使用通用感知引擎（Universal Application Apperceiving Engine，UAAE）技术，可智能、高效地识别网络中的各种应用协议及其行为。针对 P2P/IM、网络游戏、炒股、非法网站访问等行为，进行精细化识别和控制，解决因带宽滥用而影响正常业务的问题；同时，安全管理平台 SecCenter 对应用控制网关上报的网络事件进行深入分析并输出审计报告，帮助管理员全面了解网络应用模型和流量趋势，加强整网安全，提高用户的工作效率。

3. 典型组网

通常，应用单位可以参照图 10.10 构建自己所需的应用平台。

4. 主要特点

（1）最全面的 P2P/IM 应用控制。通过在 ACG 应用控制网关，可精确识别 BT、电驴、迅雷、MSN、QQ、Yahoo Messenger、PPLive 等近百种 P2P/IM 应用，可基于时间、用户、区域、应用协议，通过告警、限速、阻断等手段进行灵活控制，保证网速的正常和业务不被影响。

（2）用户非法行为管理。ACG 应用控制网关采用先进的分析技术，能对网络多媒体、网络游戏、炒股等应用进行识别与控制，通过 URL 过滤、关键字过滤、内容过滤等多种访问控制策略，控制非法应用，过滤非法网站，规范用户上网行为，提高网络出口的工作效率。

（3）用户行为审计。SecCenter 采集网络设备、安全设备和服务器的安全日志，结合 ACG 记录的用户应用访问信息，实时输出审计报告。当发生安全事故后，可以根据记录的信息对网络用户的既往行为进行分析和追根溯源，对潜在的破坏者可起到威慑作用。

（4）安全事件统一管理。SecCenter 可对 ACG 进行图形化策略配置，并可针对不同的用户定制不同的安全策略。同时，SecCenter 能对上百个厂商的各种产品进行安全事件管理，通过对海量信息的采集、分析、关联、汇聚和统一处理，协助管理员实时监控网络应用状况，及时发现安全隐患。

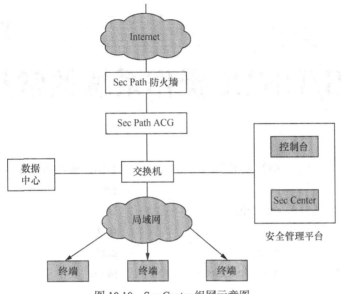

图 10.10　Sec Center 组网示意图

习　　题

1. 了解云计算的基本概念。
2. 掌握云计算的基本架构。
3. 掌握云计算的主要功能和应用。
4. 熟悉一种以上的架构体系。

DOS/UNIX 操作系统的常用命令

命令功能	DOS 操作系统命令	UNIX 操作系统命令
打印文件	print	lpr
显示文件列表	dir/w dir	ls
	dir	ls -l
显示文件内容	type	cat
显示文件与暂停	type filename | more	more
复制文件	copy	cp
在文件中查找字符串	find	grep
		fgrep
比较文件	comp	diff
重命名文件	rename OR ren	mv
删除文件	erase OR del	rm
删除目录	rmdir OR rd	rmdir
改变文档访问权限	attrib	chmod
创建目录	mkdir OR md	mkdir
改变工作目录	chdir OR cd	cd
获取帮助	help	man
		apropos
显示日期和时间	date，time	date
显示磁盘剩余空间	chkdsk	df

附录 2
计算机系统和网络中的常用标准

1. 标准化组织

由于网络用户终端的信息传输（也称为数据终端设备 DTE）需要与数据通信设备（DCE）通过传输介质发送数据。DTE 与 DCE 之间就应有"接口"，此接口应该是标准化的。在制定数据通信的标准方面，有如下众多的标准化组织：

IEEE——电子电气工程师学会　　EIA——电子工业学会

ANSI——美国全国标准协会　　　NBS——国家标准局

ISO——国际标准化组织　　　　CCITT——国际电话电报咨询委员会

（1）IEEE：是一个由电气工程师与电子工程师组成的专业学会，该组织在局域网方面做了很多工作，制定的标准为 802.X。

（2）EIA：是美国一个行业协会，该协会在电气和电子领域已制定了各种不同的 400 多项标准。EIA 制定的标准经常被 ANSI 采用。目前，EIA 最著名的标准是 RSXXX，包含 RS-232C、ES-449、RS-422 和 RS-423 等标准。RS-232 定义了 DTE 与 DCE 间发送串行二进制数据的标准。

（3）ANSI：是由美国 1000 多家公司和贸易机构组成的非官方标准化组织。它制定的标准是多种多样的，从鞋到计算机字符编码标准应有尽有。

（4）NBS：是美国商务部的一部分，它发布那些销售给美国联邦政府的设备的信息处理标准。NBS 是 ISO 和 CCITT 的代表。

（5）ISO：由各国的标准化组织组成，涉及很宽的领域。ISO 制定了一些非常重要的数据处理标准。例如，互连网的 OSI（开放系统互联参考模式，也有人称为七层协议）。此模式力图建立一个用以比较数据网络的公共起点，从而使这些网络能够相互进行通信。

（6）CCITT：这是一个联合国条约组织。该组织由各国的邮政、电报/电话管理机构组成。CCITT 在美国的代表是国务院。CCITT 采用的标准在公用数据网方面所做的工作与 RS-232 和 RS-449 标准在普通电话线路方面所做的工作基本相同。CCITT 的标准叫做"推荐"或"建议"。

综上所述，各标准的制定如下表所示。

RS 标准由 EIA 制定、X.标准由 CCITT 制定、V.标准由 CCITT 制定。

标准化组织	标准或推荐	说明
EIA	RS-232C	定义 DTE 与 DCE 间的接口规范
EIA	RS-449	定义 DTE 与 DCE 之间的接口规范，以获得比 RS-232 接口传输速度更快和距离更远的性能

标准化组织	标准或推荐	说明
CCITT	V.35	定义在模拟网络中进行数据传输的访问标准
CCITT	X.21	定义在模拟网络上进行数据传输的访问标准（公用分组交换网络）
IEEE	802.X	定义局域网标准

2. 标准化接口

在 DTE 与 DCE 间的界面有 RS-232C 和 CCITT 的 X.21 标准。

（1）CCITT 的 v 系列接口

数据传输主要是通过电话线或具有电话线标准的专用线（包括无线）来完成的。对于任何实现两个以上的终端用户的连接和通信，标准化组织公布了不少这方面的标准（协议）。在 OSI 七层结构中，用得最广泛的标准则是 CCITT 的 V 系列建议。

（2）RS-232C 界面

（RS-Recommended Standard 有"推荐"之意，232 是标识号，C 是修改版本号。RS-232 是由 EIA 制定的，其第一版本在 1960 年 5 月推出，此后通过三次修改。1963 年 10 月修改后的版本命名为 RS-232A，1965 年 10 月和 1968 年 8 月修改后分别命名为 RS-232B、RS-232C。平常把 RS-232C 称为 RS-232 或 EIA 界面。它是一个国际标准。以 CCITT 推荐的 V.24（功能特性）、V.28（电气特性）和 ISO 2110（机械特性）的形式出现。物理协议应包括以下 4 种。

① 电气特性——标准接口的电气特性决定了电压变化的定时关系。DTE 和 DCE 都必须用同样的电压电平表示相同的东西。例如，负电压代表"1"，正电压代表"0"，即比-3 伏更低的电压电平为二进制"1"（传号），高于+3 伏的电压电平为二进制"0"（空号）。

② 机械特性——涉及 DTE 和 DCE 的实际物理连接，即插头、信号线和控制引线的连接。RS-232C 连接器与 ISO 的 2110 标准兼容，是一个 25 脚连接器。ISO 建议它用于串行、并行传输的音频解调器、公共数据网络接口、电报接口及自动呼叫设备接口。

③ 功能特性——通过指定接口上的每个插脚的含义来规定每个插脚所要完成的功能，这些功能包括：数据、控制、定时、接地。

在 CCITT 提出的 V.24 建议中，定义了 DTE 和 DCE 间以及 DTE 和 ACE（自动呼叫设备）间的接口。对 DTE/DCE 交换电路而言，EIA RS-232 与 V.24 相容。

④ 规程特性——上述的交换电路需要按照某些规程进行二进制信息位的传输以便实现较高层的功能。V.24 定义了交换电路间相互关系的规程，RS-232 包括与此等效的规程。

EIA 在 1972 年认识到 RS-232C 在许多使用环境下有较大的局限性，在征得 CCITT 和 ISO 的同意后，于 1977 年公布了 RS-449 界面。

通常，个人计算机有两个串行口，一个是九针串口（COM1），另一个是 25 针串口（COM2）。

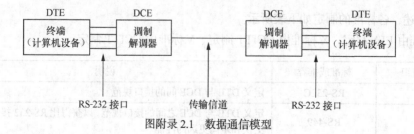

图附录 2.1　数据通信模型

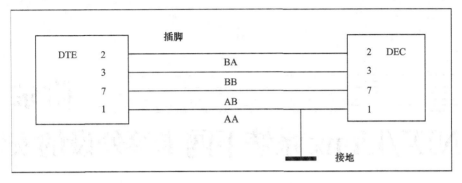

图附录 2.2　RS-232C 电路

RS-232C 接口中有 4 个常用电路。

- AA（插脚 1）保护地线，接到电源系统地线。
- AB（插脚 7）信号地线，DCE 与 DTE 之间的基本接地线。
- BB（插脚 3）接收数据线，由 DTE 接收传输的串行数据时使用。
- BA（插脚 2）发送数据线，由 DTE 发送串行数据时使用。

附录 3

UNIX/Linux 系统下网卡等外设的安装

由于 Linux 操作系统是多用户、多任务的分时系统而系统资源（硬件、软件）是有限的，只有当设备调度好后，才能执行实际的操作。

安装 Linux 或者 UNIX 操作系统时都会涉及网卡和声卡的配置。例如在 Red Hat Fedora Core 5 Linux 环境下安装网卡和声卡。

1. 网卡的安装

Red Hat Fedora Core 5 Linux 环境会列出本系统支持的网卡类型。

（1）配置网卡

① 如果计算机系统中安装了 Windows，就需要查看 Windows 中当前网卡使用的端口号和中断资源，以免执行安装步骤时产生硬件冲突。

② 如果安装的是 ISA 接口网卡，需要先通过 DOS 操作系统下的设置程序将其设置为无插拔模式，并且查看当前的系统资源，检查安装情况，然后在 CMOS 中将中断号分配给 ISA 插槽。

③ 启动 Red Hat Fedora Core 5 Linux 进行网卡的配置和安装。

（2）安装网卡

在 Linux 网络服务器配置中，网卡的安装是一个非常重要的环节。但是由于网卡的生产厂产、芯片、带宽、总线接口的不同，使得安装非常复杂，这些问题对于 Linux 初学者来讲更是突出。下面介绍安装网卡的一般方法与思路。

首先，必须确定自己的网卡是什么芯片：是 i8255x，D-Link，还是 DE220……是什么总线接口：是 ISA 还是 PCI？一般情况下，10/100M 自适应的网卡是 PCI 插口的，这类网卡在没有特殊的情况下，Linux 会自动识别，并且自动装载模块，然后就只剩下软件的配置。从国内个人计算机与 Linux 玩家的经济条件来看，大多没有条件也没有必要购买 100M 的网卡，因为这样的话还需要有 100M 的集线器配套。对于家庭或者中小型网吧来讲是没有什么必要的，除非是一些大的网络应用单位，有几百个节点的公司，需要使用 100M 的带宽。

然而 10M 网卡通常是 ISA 卡的多，那么对于 Linux 那可就麻烦了。

下面以 D-link DE220 作为例子介绍安装过程。

首先写下芯片型号，然后：

① 查看 Linux 的模块中有没有 ne.o 模块。如果没有的话就要从第②点开始。如果有，那么跳过②、③、④，直接从⑤开始。

② 确认 Linux 的内核源代码已经安装。这里需要指出的是，在内核安装完成后，还不一定可以编译，因为这时系统里的编译器你还不一定安装了，所以一定要在安装内核时看一看内核需要的编译环境，如果不够格的话，需要升级或者装一个新的系统，初学者朋友最好装最新的版本的

LINUX，并且完全安装，这样就不会漏掉编译器了，具体的安装方法请遵照内核代码的安装与编译方面的有关资料。

③重新定制内核：（具体的方法请遵照内核的定制与编译方面的有关资料。这里只给出一个简单的方法）。

到/usr/src/linux 目录下，输入 make menuconfig

在菜单定制中选择以下内容将它们标为"*"（注意，这是内核级的支持，对一些外设较多的机器来讲，不是外挂模块比较好，具体方法请查阅有关资料）。

```
.enable modules suport
.networking support
.TCP/IP networking
.network device support
.ethernet
.ne2000/ne1000 support
```

第一句 "让系统支持模块外挂"；

第二句 "让系统支持网络外挂"

第三句 "TCP/IP 网络协议的支持"

第四句 "网络设备支持"。因为网卡就属于网络设备。

第五句 "以太网支持"。这是现在大多数网络的拓扑结构。

第六句 "ne2000/ne1000 支持"。指的就是网卡兼容的模块名称，就是告诉 Linux，把网卡当成 ne2000 网卡来用。

注意，由于内核的版本不同、网卡的型号不同，以上的内容可能不尽相同，这里只是给出一个思路。

/usr/doc/HOWTO/Ethernet-HOWTO 文件列出了 Linux 所支持的各种类型的以太网卡的完整列表。

一些比较常见的网卡有如下几种。

3Com：支持 3c503 和 3c503/16 以及 3c507 和 3c509。尽管也支持 3c501，但是这种网卡速度太慢，不建议使用。

Novell：支持 NE1000 和 NE2000 以及各种兼容产品。同时也支持 NE1500 和 NE2100。（注：这类网卡是我国最常见的一种）

Western：支持 Digital/SMC、WD8003 和 WD8012 以及较新的 SMC Elite 16 Ultra。

Hewlett：支持 HP 27252、HP 27247B 和 HP J2405A。

D-link：支持 D-link 公司的 DE-600、DE100、DE200 和 DE-220-T。此外还支持属于 PCMCIA 卡的 DE-659-T。

DEC：支持 DE200（32KB/64KB）、DE202、DE100 和 DEPCA　rec　E。

Allied：Teliesis　AT1500 和 AT1700。

（3）在选择以上内容之后，保存并退出，然后运行

make dep; make clean; make zImage;

如果内核太大，除了将内核中有些东西改成模块支持外，也可以将 make zImage 改成 make bzimage

如果编译的时候没有错误发生，那么新的内核 zImage 将出现在 /usr/src/linux/arch/i386/boot/zImage 中将其复制至/boot 中。

定制 lilo.conf 文件，使其指向这个新的文件。

运行 lilo；

重新启动。

（4）检查网卡

当系统重新启动后，驱动程序将会被装入。程序将会检查{0x300, 0x280, 0x320, 0x340, 0x360}口上的网卡，可以运行"dmesg"来检查启动信息。需要注意的是有些 PNPISA 的网卡指定的网 I/O 端口没有在这个范围中。

如果安装不成功，拿出网卡驱动程序，在 DOS 下（注意最好是纯 DOS 状态）运行 setup。在设置中将 plug and play 设置成无效，改成 jumpless 方式。这样后面的设置 I/O 埠成为以上中的一个。

以上方式是许多 ISA 的 10M 网卡（包括 D-link DE220、联想的 leLegend LN-1018 ISA PnP Ethernet Card 等）安装的通用解法。

2. 声卡的安装

在 Red Hat Fedora Core 5 Linux 环境下，由于系统附带多种类型的声卡，因此只要声卡不是很特别，在安装系统时都能够检测到安装的声卡。如果在系统安装过程中没有配置声卡，则可以在 Red Hat Fedora Core 5 Linux 系统中运行"桌面→管理→声卡检测"命令，启动"音频设备"窗口，此时系统会自动检测声卡的类型，并自动安装声卡的驱动程序。

在"音频设备"窗口中，如果声卡配置正确并且连接好了音箱、耳机等声音输出设备，则可以单击"播放"按钮测试声音，听到测试声音后，用"y"回答系统的提示结束声音测试过程。

也可以按照下面的步骤来安装声卡。

如果是 Red Hat Linux 9.0，声卡是 ASUS P4PE-X 板载 AC'97。安装之前就得准备好声卡驱动程序包——ALSA，在 http://www.alsa-project.org 所属的 FTP 站点可以下载到最新的软件包，它可以在 Linux 下面驱动声卡设备，而且支持大多数流行的声卡，最重要的它是免费的。下载软件是 alsa-driver-1.0.7.tar.tar，alsa-lib-1.0.7.tar.tar，alsa-utils-1.0.7.tar.tar 三个软件包。

为了保证安装能够顺利进行，必须用 root 用户进行登录。安装步骤如下。

1. 确定系统中已经安装了内核源码以及 gcc 等开发工具。

2. 解压。首先把三个软件包放到/tmp 文件夹下，然后把三个软件包的扩展名改为.tar.bz2，单击右键，选择"解压缩到这里"，这样就生成了 alsa-driver-1.0.7，alsa-lib-1.0.7，alsa-utils-1.0.7 三个文件夹。

3. 安装。新建终端，执行如下命令。

```
#cd /tmp
#cd alsa-driver-1.0.7
#./configure
#make
#make install
#./snddevices
#cd ..
#cd alsa-lib-1.0.7
#./configure
#make
#make install
#cd ..
#cd alsa-utils-1.0.7
#./configure
#make
```

```
#make install
#alsaconf
#reboot
```

重启进入系统，选择："主菜单"——"声音和视频"——"音量控制器"命令，在里面设置相关信息，再打开音频播放器，就可以听到优美的音乐了。

可是这样还有一个缺陷：只要重新启动系统，音量就会变为最小，要听到声音必须重设音量控制器。如何才能设好音量之后就不用再去专门改动呢？还是有办法的。新建终端，输入命令：ls　/etc/rc.d/init.d，其中有"alsasound"这串文字，它就是与声卡有关系的也是我们需要的东西。继续执行命令：chkconfig　–level　2345　alsasound　on，确定后看不出什么变化，因此需要验证一下。执行命令：chkconfig　–list　alsasound，按下【Enter】键。至此一切都成功完成了，以后重启系统也可以直接听音乐，再不用改音量了。也可以利用 Webmin 管理工具来达到同样的目的，下载位址：http://prdownloads.sourceforge.net/webadmin。这是一个功能强大、接口友好的管理工具。安装完毕进入管理系统后，选择 System 目录页，单击 Bootup and Shutdown，找到 alsasound，把它的"Start at boot"改为 Yes，就可以达到同样目的了。

3. UNIX 操作系统环境下安装打印机

由于 UNIX 操作系统是多用户、多任务的分时系统。系统资源（硬件、软件）是有限的，而打印机又属于临界资源。要实现用户的 I/O 请求，需通过系统提供的打印机假脱机功能（Spoolling）完成。也就是当用户请求打印，系统就把这一请求记录在打印队列中，按此队列依次进行处理。如果要打印，就从假脱机中取出数据进行打印。即先将用户的打印请求放在打印队列中，当设备调度好后，再执行实际的打印操作。

UNIX 系统的打印假脱机系统负责接收用户的打印请求（任务），并将该任务保存到前面一个任务完成之后，再向打印机送出另一个打印任务。

（1）并行打印机的安装

在 UNIX 系统中，安装一台打印机需要进行先将打印机连接到适当的计算机端口上（即进行硬件连接），再设置 UNIX 系统环境下的假脱机打印软件。

① 并行端口的设置

端口的设置是安装打印机的第一步工作。因为打印机必须要与计算机的特定端口连接，同时也将相应的打印机驱动程序接入 UNIX 系统的内核（kernel）.

● 命令法

只有超级用户才能进行打印机并行端口的配置。操作步骤如下：

```
#mkdev parallel(按【Enter】键)
Parallel Port Intialization
There are no parallel ports configured:
Do you wish to:
      1. Add a parallel port
      2. Remove a parallel port
      3. Show configuration
      4. Help
Select an potion or enter q to quit: 1(按【Enter】键)

Please select the I/O address for the adapter:
1. parallel adapter at address: 378—37f
2. parallel adapter at address=3bc—3be
3. parallel adapter at address=278—27a
```

4. other configuration

Select an potion or enter q to quit: 1(按【Enter】键)
Should this port use interrupt (default [7]): (按【Enter】键)
The device node is /dev/lp0
You must create a new kernel to effect the driver change you specified.
Do you wash to create a new kernel now?(y/n) y(按【Enter】键)

上面的内容中，系统提示重新连接内核，这表明并行端口参数配置成功，所产生的端口设备名为/dev/lp0。接下来系统又显示：

    The UNIX operating system will now be rebuilt.
    This will take a few minntes, please wait.

    Root for this system build is /.
    The UNIX kernel has ben rebuilt.

Do you want this kernel to boot by default? (y/n) y(按【Enter】键)
Bbcking up Unix to Unix.old
Installing new Unix on the boot file system

The kernel environment includes device node files and /etc/inittab.
The new kernel may require change to /etc/inittab or device nodes.

Do you want this kernel environment rebuilt? (y/n) y(按【Enter】键)
The kernel has been successfully linked and installed
To activate it, reboot your system.
Setting up new kernel environment.
#_

上面是设置并行端口的操作过程，用户一定要按照系统的提示选择输入参数。

● scoadmin 程序法

用户也可以调用 scoadmin 程序来配置一个并行端口。其过程是：首先以超级用户身份登录系统，然后，在系统提示符下输入 scoadmin→Hardware/Kernel Manager→Parallel Port→其操作与命令法相同。

在配置操作完成后，用户可以利用硬件配置显示命令 hwconfig 查看系统的配置情况。下面显示了某计算机系统的硬件配置。

    #hwcofig（按【Enter】键）
    name=kernel vec=- dma=- rel=3.2v5.0.5 kid=98/07/02
    name=cpu vec=- dma=- unit=1 family=5 type=Pentium
  name=fpu vec=- dma=- unit=1 vend=GenuineIntel tfms=0: 5: 8: 2
    name=fpu vec=13 dma=- unit=1 type=80387-compatible
    name=pci base=0xcf8 offset=0x7 vec=- dma=- am=1 sc=0 buses=1
    name=pnp vec=- dma=- nodes=2
  name=serial base=0x3F8 offset=0x7 vec=4 dma=- unit=0 type=standard nports=1 fifo=yes
  name=console vec=- dma=- unit=vga type=0 12 screens=68k
  name=floppy base=0x3F2 offset=0x5 vec=6 dma=2 unit=0 type=135ds18
  name=kbmouse base=0x60 offset=0x4 vec=12 dma=- type=keyboard mouse
  name=parallel base=0x378 offset=0x2 vec=7 dma=- unit=0
  name=adapter base=0x170 offset=0x7 vec=15 dma=- type=IDE ctrl=secondary dvr=wd
  name=cd-rom vec=- dma=- type=IDE ctrl=sec cfg=mst dvr=srom->wd
  name=disk base=0x1F0 offset=0x7 vec=14 dma=- type=w0 unit=0 cyls=526 hds=255 secs=63

    #_

从上面所显示的内容中，可以看到第 11 行给出了打印机并行端口的配置信息。如果用户要验证打印机是否可以进行打印操作，可以通过命令：

#date > /dev/lp0（按【Enter】键）

该命令将把当前日期打印在打印机上。如果不能打印，很可能是所配置的并行端口地址与其他设备的地址（也称为中断向量）发生冲突。如果这样，就必须重新配置端口地址。

用户也可以通过命令 swconfig 了解系统的软件配置。

② 添加打印机

上面的操作只能说明打印机已经接入系统，并没有将打印机纳入系统的管理中。要把打印机加入系统的管理序列，操作如下：

#scoadmin（按【Enter】键）

用户可以按屏幕提示的菜单进行操作：

选择 printer→printer Manager→system→printer services→Local printer enable→Add Local Printer（用户在提示 name：输入打印机的型号时，如输入 epson，就选择有关 epson 的内容进行操作；Device：选择/dev/lp0，即为系统的第一台打印机）→set to default（将本打印机设置为系统默认打印机）。

在 UNIX 系统中，连接本地默认打印机的接口对应三种并行设备：/dev/lp0，/dev/lp1，/dev/lp2。检查配置的并行端口是否有效，用户可以观察在系统引导时是否显示类似如下的信息：

```
%paralle 0x378-0x37A  7 - unit=0
```

如果看到有这样的信息，再执行如下命令：

#date > /dev/lp0（按【Enter】键）

如果打印机能打印出所指定的信息，说明打印机配置正确。

如果系统在引导中没有上面的信息，而配置过程又正常，但在利用命令 date > /dev/lp0（按【Enter】键）时又无反应，屏幕显示 cannot creae，这说明硬件安装正确，而用户所配置的并行端口可能有冲突，需重新配置。可以将 I/O 地址值从 378—37F 改为 3BC—3BE。

用户可以调用命令"lp"来验证系统中所连接的打印机。例如：

#lp-d epson /tem/mv.text（按【Enter】键）

```
request id is epson-6 (1 file).
#_
```

命令"lp"的执行过程中，所显示的信息含义如下：

1. 指定的打印机名为 epson。

2. 该打印命令在打印队列中的顺序号为 6（即打印请求号）。用户可以调用打印请求号查看一个正在打印的作业或撤销一个正在打印的作业。

3. 显示用户要打印的文件数目。

如果用户在系统的默认打印机上打印作业，所输入的命令如下：

#lp /tem/cat.text（按【Enter】键）

```
request id is epson-8 (1 file).
#_
```

用户可以利用命令"lp"打印没有包含在文件中的数据。命令如下：

#find ./ -name"*.txt" | lp（按【Enter】键）

```
request id is epson-10 (standard input).
#_
```

　　用户可以利用命令"cancel"取消打印请求。例如，用户希望取消 mv.text 文件的打印，则输入命令如下：

#cancel epson-6（按【Enter】键）

request"epson-6"cancelled

/*表明 ID 号为 epson-6 的打印请求已经被取消*/

#_

（2）终端的安装

① 终端的数据传输参数

终端与主机之间的通信所涉及的参数有以下几种。

- 波特率：用于选择和主机通信时所用的传输速率。
- XOFF：用于选择终端是否支持 XOFF 协议及与主机通信中使用 XON/XOFF 协议时 XOFF 发送的控制点。
- 奇偶校验：用于选择终端和主机通信时所用的校验方式。
- 数据位：用于选择终端和主机通信时所用的数据长度。
- 停止位：用于选择终端和主机通信时所用的停止方式。
- 控制方式：用于选择终端和主机通信时所用的控制规程。
- XON/XOFF：用于选择终端和主机通信时所用的 XON/XOFF 协议。
- XON/XOFF-DTR：终端和主机通信时所用的 XON/XOFF 和 MODEM 共同控制。
- DTR：终端和主机通信时用 MODEM 共同控制。
- 全/半双工：用于选择终端和主机通信时所用的工作方式。

通常，终端所设置的参数为：波特率 9600b/s、八位元数据位、一位停止位、无校验位、全双工、XON/XOFF 握手协议。

② 安装过程

安装终端有三个步骤：

- 连接终端；
- 设置终端；
- 开启终端。

连接终端：就是用标准的 RS-232-C 电缆将终端与主机的串口连接起来。即终端连接口的第 2 脚连接到主机连接口的第 3 脚，终端连接口的第 3 脚连接到主机连接口的第 2 脚，终端连接口的第 7 脚连接到主机连接口的第 7 脚。

设置终端：就是设置波特率、数据位元、停止位、奇偶校验位。

开启终端：就是运行 Hardware/kernel Manager 程序，从该程序的 Driver 菜单中选择 Serial Port 项，或者执行命令：

#mkdev serial（按【Enter】键）

这样做的目的是：确保 root 用户在多用户模式下登录 UNIX 系统。接下来运行命令：

#enable /dev/tty2a（按【Enter】键）

这样做的目的是：启用终端。因为命令"enable"可以启动 getty 进程，该进程的执行结果是在终端屏幕上显示"login："提示符。

附录4
计算机术语的解释

1. 操作系统的层次结构

层次结构的最大特点是把整体问题局部化来优化系统，提高系统的正确性、高效性，使系统可维护、可移植。

主要优点是有利于系统设计和调试；主要困难在于层次的划分和安排。

2. 多道程序设计系统

多道程序设计系统简称多道系统，即多个作业可同时装入主存储器进行运行的系统。在多道系统中，系统必须能进行程序浮动。所谓程序浮动是指程序可以随机地从主存的一个区域移动到另一个区域，程序被移动后仍不影响它的执行。多道系统的好处在于提高了处理器的利用率；充分利用外围设备资源；发挥了处理器与外围设备、外围设备之间的并行工作能力，可以有效地提高系统中资源的利用率，增加单位时间内的算题量，从而提高了计算机系统的吞吐量。

3. 程序浮动

若作业执行时，被改变的有效区域依然能正确执行，则称程序是可浮动的。

4. 进程

进程是一个程序在一个数据集上的一次执行。进程实际上是一个进程实体，它是由程序、数据集和进程控制块（简称为PCB，其中存放了有关该进程的所有信息）组成的。

进程通过一个控制块来被系统调度，进程控制块是进程存在的唯一标志。进程是要执行的，把进程的状态分为等待（阻塞）、就绪和运行（执行）三种。

进程的基本队列分为就绪队列和阻塞队列，因为进程运行时不用排队，也就没有运行队列的概念了。

5. 重定位

重定位即把逻辑地址转换成绝对（物理）地址。

重定位的方式有静态重定位和动态重定位两种。

（1）静态重定位

在装入一个作业时，把作业中的指令地址和数据地址全部转换成绝对地址。这种转换工作是在作业开始前集中完成的，在作业执行过程中无需再进行地址转换。所以称为"静态重定位"。

（2）动态重定位

在装入一个作业时，无需进行地址转换，而是直接把作业装到分配的主存区域中。在作业执行过程中，每当执行一条指令时，地址由硬件的地址转换机构转换成绝对地址。这种方式的地址转换是在作业执行时动态完成的，所以称为动态重定位。

动态重定位由软件（操作系统）和硬件（地址转换机构）相互配合来实现。动态重定位的系统支持"程序浮动",而静态重定位则不能。

6. 单分区管理

除操作系统占用的一部分存储空间外,其余的用户区域作为一个连续的分区分配给用户使用。

（1）固定分区的管理

分区数目、大小固定,设置上、下限寄存器,逻辑地址与下限地址组合成绝对地址。

（2）可变分区的管理

可变分区管理方式不是把作业装入到已经划分好的分区中,而是在作业要求装入主存储器时,根据作业需要的主存量和当时的主存情况决定是否可以装入该作业。分区数目大小不变。

逻辑地址+基址寄存器的值→绝对地址。基址值≤绝对地址≤基址值+限长值。

（3）页式存储管理

主存储器分为大小相等的"块"。程序中的逻辑地址进行分"页",页的大小与块的大小一致。目前所使用的操作系统中,UNIX系统就是以"块"为单位计算文件大小的。

用页表登记块、页分配情况

逻辑地址的页号部分→页表中对应页号的起始地址→与逻辑地址的页内地址部分拼成绝对地址。

由页表中的标志位验证存储是否合法,根据页表长度判断存储是否越界。

（4）段式存储管理

每一段分配一个连续的主存区域,作业的各段可被装到不相连的几个区域中（即离散分配）。个人计算机中把内存分为四个段:代码段（CS）、数据段（DS）、栈段（SS）和附加段（ES）。

设置段表记录分配情况的过程

逻辑地址中的段号→查段表得到本段起始地址+段内地址→绝对地址。由段表中的标志位验证存取是否合法,根据段表长度判断存取是否越界。

（5）页式虚拟存储管理

类似页式管理将作业信息保存在磁盘上部分装入主存的做法。页式虚拟存储管理中:逻辑地址的页号部分→页表中对应页号的起始地址→与逻辑地址的页内地址部分拼成绝对地址。

若该页对应标志为0,则硬件形成"缺页中断",先将该页调入主存。类似页式管理。

（6）段式虚拟存储管理

类似段式管理,将作业信息保存在磁盘上的部分装入主存。

7. 存储介质

是指可用来记录信息的磁带、硬磁盘组、软磁盘片、卡片等。存储介质的物理单位定义为"卷"。目前,主要存储介质以硬盘为主。

存储设备与主存储器之间进行信息交换的物理单位是块。块定义为存储介质上存放的连续信息所组成的一块区域。

逻辑上具有完整意义的信息集合称为"文件"。

用户对文件内的信息按逻辑上独立的含义划分的单位是记录,每个单位为一个逻辑记录。文件是由若干记录组成,这种文件称为记录文件。还有一种文件是流式文件（也称为无结构文件）,即一个字符就是一个记录,UNIX操作系统把所有的文件作为流式文件进行管理。

8. 文件的分类

文件可以按各种方法进行分类。

按用途:可分为系统文件、库文件、用户文件。

按访问权限：可分为可执行文件、只读文件、读写文件。

按信息流向：可分为输入文件、输出文件、输入输出文件。

按存放时限：可分为临时文件、永久文件、档案文件。

按设备类型：可分为磁盘文件、磁带文件、卡片文件、打印文件。

按文件组织结构：可分为逻辑文件（有结构文件、无结构文件）、物理文件（顺序文件、链接文件、索引文件）。

9. 文件结构

文件结构分为逻辑结构和物理结构。

（1）逻辑结构

用户构造的文件称为文件的逻辑结构，如一篇文档、一个数据库记录文件等。逻辑文件有两种形式：流式文件和记录式文件。

流式文件是指用户对文件内信息不能再划分的可独立的单位，如 Word 文件、图片文件等。整个文件是由顺序的一串信息组成。

记录式文件：是指用户对文件内信息按逻辑上独立的含义再划分信息单位，每个单位为一个逻辑记录。记录式文件可以存取的最小单位是记录项。每个记录项可以独立存取。

（2）物理结构

文件系统在存储介质上的文件构造方式称为文件的物理结构。物理结构有 3 种。

① 顺序结构：在磁盘上就是一块接着一块地排列的文件。逻辑记录的顺序和磁盘顺序文件块的顺序一致。顺序文件的最大优点是存取速度快，可以连续访问。

② 链接结构：把磁盘分块，把文件任意存入其中，再用指针把各个块按顺序链接起来。这样所有空闲块都可以被利用，在顺序读取时效率较高但需要随机存取时效率低下（因为要从第一个记录开始读取查找）。

③ 索引结构：文件的逻辑记录任意存放在磁盘中，通过"索引表"指示每个逻辑记录存放位置。这样，访问时根据索引表中的项来查找磁盘中的记录，既适合顺序存取记录，也适合随机存取记录，并且容易实现记录的增删和插入，所以索引结构被广泛应用。

10. 作业和作业步

（1）作业

把用户要求计算机系统处理的一个问题称为一个"作业"

（2）作业步

完成作业的每一个步聚称为"作业步"。

11. 作业控制方式

作业控制方式，包括批处理控制方式和交互控制方式

批处理控制方式：也称脱机控制方式或自动控制方式。就是交待任务后，作业执行过程中不再干涉。

批处理作业：采用批处理控制方式的作业称为"批处理作业"。批处理作业进入系统时必须提交源程序、运行时的数据、用作业控制语言书写的作业控制说明书。

交互控制方式：也称联机控制方式。就是一步一步地交待任务。做好了一步，再做下一步。有的书把这种控制方式称为人机对话或人机响应。

（1）批处理作业的控制

① 按用户提交的作业控制说明书控制作业的执行。

② 一个作业步的工作往往由多个进程的合作来完成。

③一个作业步的工作完成后，继续下一个作业步的作业，直至作业执行结束。

（2）交互式作业的管理

① 交互式作业的特点：主要表现在交互性上，采用人机对话的方式工作。

② 交互式作业的控制：一种是操作使用接口，另一种是命令解释执行。

操作使用接口包括操作控制命令、菜单技术、窗口技术。

命令的解释执行分两类：一类由操作系统中的相应处理模块直接解释执行；另一类必须创建用户进程去解释执行。

12. 死锁

若系统中存在一组进程（两个或多个进程），它们中的每一个进程都占用了某种资源而又都在等待其中另一个进程释放占用的资源，这种等待永远不能结束，则说系统出现了"死锁"。或说这组进程处于"死锁"状态。

13. 相关临界区

（1）并发进程中与共享变量有关的程序段称为"临界区"。并发进程中涉及相同变量的程序段是相关临界区。

（2）对相关临界区的管理的基本要求是：如果有进程在相关临界区执行，则禁另一个进程进入。

14. 进程同步

进程的同步是指并发进程之间存在一种制约关系，一个进程的执行依赖另一个进程的消息，当一个进程没有得到另一个进程的消息时应等待，直到消息到达才被唤醒。

15. 中断

一个进程占有处理器运行时，由于自身或自界的原因使运行被打断，让操作系统处理出现的事件到适当的时候再让被打断的进程继续运行，这个过程称为"中断"。

引起中断发生的事件称为中断源。中断源向 CPU 发出的请求中断处理的信号称为中断请求。CPU 收到中断请求后转向相应事件处理程序的过程称为中断响应。

16. 中断机制

执行程序时，如果有另外的事件发生（比如用户又打开了一个程序），那么这时候就需要由计算机系统的中断机制来处理了。

中断机制包括硬件的中断装置和操作系统的中断处理服务程序。

17. 中断响应

处理器每执行一条指令后，硬件的中断位置立即检查有无中断事件发生，若有中断事件发生，则暂停现行进程的执行，而让操作系统的中断处理程序占用处理器，这一过程称为"中断响应"。计算机系统中，一般根据 PSW 的状态（即 0 或 1）来决定是否响应中断。中断响应过程中，中断装置要做以下三项工作：

（1）判断是否有中断事件发生；

（2）若有中断发生，保护断点信息；

（3）启动操作系统的中断处理程序工作。

中断装置通过"交换 PSW"过程完成此项任务。

18. 中断处理（软件即操作系统操作）

操作系统的中断处理程序对中断事件进行处理时，大致要做三方面的工作：

（1）保护被中断进程的现场信息；

（2）分析中断原因，根据旧 PSW 的中断码可知发生该中断的具体原因；

（3）处理发生的中断事件，请求系统创建相应的处理进程进入就绪队列。

19. 中断屏蔽

中断屏蔽是指在一个中断处理没有结束之前不响应其他中断事件，或者只响应比当前级别高的中断事件。

20. 文件的保护与保密

（1）文件的保护是防止文件被破坏。文件的保密是防止文件被窃取。

（2）文件的保护措施：可以采用树形目录结构、存取控制表和规定文件使用权限的方法。

（3）文件的常用保密措施：隐藏文件目录、设置口令和使用密码（加密）等。

21. UNIX 系统结构

（1）UNIX 的层次结构

UNIX 可以分为内核层和外壳层两部分。内核（Kernel）层是 UNIX 的核心。外壳层由 Shell 解释程序（即为用户提供的各种命令。）、支持程序设计的各种语言（如 C、PASCAL、JAVA 和数据库系统语言等）、编译程序和解释程序、实用程序和系统库等组成。

（2）UNIX 系统的主要特点

简洁有效、易移植、可扩充、具有开放性。

22. 线程的概念

线程是进程中可独立执行的子任务，一个进程中可以有一个或多个线程，每个线程都有一个唯一的标识符。

进程与线程有许多相似之处，所以线程又称为轻型进程。

支持线程管理的操作系统有 Mach，OS/2，WindowsNT，UNIX 等。

23. 通道命令

通道命令规定设备的操作，每一种通道命令规定了设备的一种操作，通道命令一般由命令码/数据、主存地址/传送字节个数及标志码等部分组成。

通道程序就是一组通道命令规定通道执行一次输入输出操作应做的工作，这一组命令就组成了一个通道程序。

24. 管道机制

把第一条命令的输出作为第二条命令的输入。在 UNIX 操作系统中，管道操作符为"|"。管道分为有名/无名管道，所形成的文件就称为"管道文件"（即 P 文件）。

25. 操作系统的移动技术

移动技术是把某个作业移到另一处主存空间去的技术。该技术的最大好处是可以合并一些空闲区。

对换技术就是把一个分区的存储管理技术用于系统时，可采用对换技术把不同时工作的段轮流装入主存储区执行。

26. UNIX 系统的存储管理

（1）对换（Swapping）技术：这就是虚拟存储器在 UNIX 中的应用。在磁盘上开辟一个足够大的区域，作为对换区。当内存中的进程要扩大内存空间，而当前的内存空间又不能满足时，则可把内存中的某些进程暂换出到对换区中，在适当的时候又可以把它们换进内存。因而，对换区可作为内存的逻辑扩充，用对换技术解决进程之间的内存竞争（即请求调页和页面置换来实现虚拟存储器管理）。

UNIX 对内存空间和对换区空间的管理都采用最先适应分配算法。

（2）虚拟页式存储管理技术：UNIX 把进程的地址空间划分成三个功能区段，即系统区段、进程控制区段、进程程序区段。系统区段占用系统空间，系统空间中的程序和数据常驻内存。其余两个区段占用进程空间，是进程中的非常驻内存部分。

通过页表和硬件的地址转换机构完成虚拟地址和物理地址之间的转换。

27. UNIX 系统的 I/O 系统

缓冲技术：这个技术就是虚拟设备（SPOOLing）在 UNIX 系统中的实际应用。UNIX 采用缓冲技术实现设备的读写操作。

28. 页式存储管理为何设置页表和快表

在页式存储管理中，主存被分成大小相等的若干块，同时程序逻辑地址也分成与块大小一致的若干页，这样就可以按页面为单位把作业的信息放入主存的若干块中，并且可以不连续存放。为了表示逻辑地址中的页号与主存中块号的对应关系，就需要为每个作业建立一张页表。

页表一般存放在主存中，当要按给定的逻辑地址访问主存时，要先访问页表，计算出绝对地址，这样两次访问主存延长了指令执行周期，降低了执行速度。而设置一个高速缓冲寄存器，将页表中的一部分存放进去（这部分页表就是快表），访问主存时二者同时进行，由于快表存放的是经常使用的页表内容，访问速度很快，这样就可以大大加快查找速度和指令执行速度。

29. 虚拟存储器

虚拟存储器是为"扩大"主存容量而采用的一种设计技巧，就是它只装入部分作业信息来执行，好处在于借助于大容量的辅助存储器实现小主存空间容纳大逻辑地址空间的作业。

虚拟存储器的容量由计算机的地址总线位数决定。如总线为 32 位的，则最大的虚拟存储容量为 $2^{32}=4294967296B=4GB$。

页式虚拟存储器的基本原理。

页式虚拟存储器是在页式存储的基础上实现虚拟存储器的，其工作原理是如下。

● 首先把作业信息作为副本存放在磁盘上，作业执行时，把作业信息的部分页面装入主存，并在页表中对相应的页面是否装入主存作出标志。

● 作业执行时若所访问的页面已经在主存中，则按页式存储管理方式进行地址转换，得到绝对地址；否则产生"缺页中断"，由操作系统把当前所需的页面装入主存。

若在装入页面时主存中无空闲块，则由操作系统根据某种"页面调度"算法，选择适当的页面调出主存，换入所需的页面（这就是请求调页/页面置换技术）。

30. 死锁的防止

（1）系统出现死锁必然出现以下情况：

① 互斥使用资源；

② 占有并等待资源；

③ 不可抢夺资源；

④ 循环等待资源。

（2）死锁的防止策略：破坏产生死锁的条件中的一个就可以了。

常用的方法有：静态分配、按序分配、抢夺式分配 3 种。

（3）死锁的避免：让系统处于安全状态。

（4）安全状态：如果操作系统能保证所有的进程在有限的时间内得到需要的全部资源，则称系统处于"安全状态"。

31. 银行家算法怎样避免死锁

计算机银行家算法是通过动态地检测系统中资源分配情况和进程对资源的需求情况,在保证至少有一个进程能得到所需要的全部资源,从而能确保系统处于安全状态(即系统中存在一个为进程分配资源的安全状态)的情况下,才把资源分配给申请者,从而避免了进程共享资源时系统发生死锁。

采用银行家算法时为进程分配资源的方式如下。

(1)对每一个首次申请资源的进程都要测试该进程对资源的最大需求量。如果系统现存资源可以满足其最大需求量,就按当前申请量为其分配资源。否则推迟分配。

(2)进程执行中继续申请资源时,先测试该进程已占用资源数和本次申请资源总数有没有超过最大需求量,超过就不分配。

(3)若没有超过,再测试系统现存资源是否满足进程尚需的最大资源量,满足则按当前申请量分配,否则也推迟分配。

总之,用银行家算法分配资源时,要保证系统现存资源必须能满足至少一个进程所需的全部资源。

32. 硬件的中断装置的作用

中断是计算机系统结构中一个重要的组成部分。中断机制中的硬件部分(中断装置)的作用就是在 CPU 每执行完一条指令后,判别是否有事件发生。如果没有事件发生,CPU 继续执行;若有事件发生,中断装置中断原先占用 CPU 的程序(进程)的执行,把被中断程序的断点保存起来,让操作系统的处理服务程序占用 CPU 对事件进行处理。处理完后,再让被中断的程序继续获得 CPU 执行下去。

所以,中断装置的作用总得来说就是使操作系统可以控制各个程序的执行。

33. 操作系统怎样能让多个程序同时执行

在单 CPU 的前提下,中央处理器在任何时刻最多只能被一个程序占用。通过中断装置,系统中若干程序可以交替地占用处理器,形成多个程序同时执行的状态。利用 CPU 与外围设备的并行工作能力,以及各外围设备之间的并行工作能力,操作系统能让多个程序同时执行。

34. 云计算

云计算能够按需部署计算资源,用户只需要为所使用的资源付费即可。从本质上来讲,云计算是指用户终端通过远程连接,获取、存储、计算数据库等计算资源。云计算在资源分布上包括"云"和"云终端"。"云"是对互联网或大型服务器集群的一种比喻,由分布的互联网基础设施(网络设备、服务器、存储设备、安全设备)等构成,几乎所有的数据和应用软件都可存储在"云"里。"云终端",例如计算机、手机、车载电子设备等,只需要拥有一个功能完备的浏览器,并安装一个简单的操作系统,通过网络接入"云",就可以轻松地使用云中的计算资源。

35. 云计算的关键技术

云计算是一种新兴的共享基础架构的方法。它统一管理大量的物理资源,并将这些资源虚拟化,形成一个巨大的虚拟化资源池。云是一类并行和分布式的系统,这些系统由一系列互联的虚拟计算机组成。这些虚拟计算机是基于服务级别协议(生产者和消费者之间协商确定)被动态部署的,并且作为一个或多个统一的计算资源而存在。

按需部署是云计算的核心。要解决好按需部署,必须解决好资源的动态可重构、监控和自动化部署,而这些又需要以虚拟化技术、高性能存储技术、处理器技术、高速互联网技术为基础。

所以除了需要仔细研究云计算的体系结构外，还要特别注意研究资源的动态可重构、自动化部署、资源监控、虚拟化技术、高性能存储技术、处理器技术等。

36. 云计算的特点

（1）虚拟化技术：这是云计算最强调的特点，包括资源虚拟化和应用虚拟化。每一个应用部署的环境和物理平台是没有关系的。通过虚拟平台进行管理达到对应用的扩展、迁移、备份和操作。

（2）动态可扩展：通过动态扩展虚拟化的层次达到对应用进行扩展的目的。可以实时将服务器加入到现有的服务器机群中，增加"云"的计算能力。

（3）按需部署：用户运行不同的应用需要不同的资源和计算能力。云计算平台可以按照用户的需求部署资源和计算能力。

（4）高灵活性：现在大部分的软件和硬件都对虚拟化有一定支持，各种 IT 资源，例如软件硬件、操作系统、存储网络等所有要素通过虚拟化，放在云计算虚拟资源池中进行统一管理。同时，能够兼容不同硬件厂商的产品，兼容低配置机器和外设都可以获得高性能计算。

（5）高可靠性：虚拟化技术使得用户的应用和计算分布在不同的物理服务器上面，即使单点服务器崩溃，仍然可以通过动态扩展功能部署新的服务器作为资源和计算能力添加进来，保证应用和计算的正常运转。

（6）高性价比：云计算采用虚拟资源池的方法管理所有资源，对物理资源的要求较低。可以使用廉价的个人计算机组成云，成本较低而计算性能却可超过大型主机。

37. 云计算基础架构

（1）云计算平台服务。这种形式的云计算也被称为平台即服务 PaaS（Platfbrm as a Service），它将开发环境作为服务来提供。这种形式的云计算可以使用供应商的基础架构来开发自己的程序，然后通过网络从供应商的服务器上传递给用户。典型的实例如 Salesforce com 的 Force tom 开发平台。

（2）云计算软件服务。这种类型的云计算称之为软件即服务 SaaS，它通过浏览器把程序传给用户。从用户的角度来看，这样会省去服务器和软件受干预的开支；从供应商的角度看，这样只需要维持一个程序就够了，减少了维护成本。Salesforce com 是迄今为止这类服务最为有名的公司。SaaS 在 CRM、ERP 中比较常用，Google Apps 和 Zoho Office 也提供类似的服务。

（3）云计算 API。这类服务供应商提供 API（Application Programming Interface）让开发者能够开发更多基于互联网的应用，帮助开发商拓展功能和服务，而不是只提供成熟的应用软件。他们的服务提供从分散的商业服务到 Google Maps 等的全套 API 服务。这与软件即服务有着密切的关系。

（4）云计算互动平台。该类云计算为用户和提供商之间的互动提供了一个平台。例如，RightScale 利用 Amazon EC2 网络计算服务和 s3 网络存储服务的 API 提供一个操作面板和 AWS（Amazon's Web Services）前端托管服务。

附录 5
操作系统实验指导书

一、实验

（一）进程管理

1. 实验项目的目的和任务

熟悉操作系统的特征和功能，了解进程的创建以及运行过程中进程状态变化等。

2. 上机实验内容

创建进程、查看运行进程的情况，换出某一进程、强制暂停运行的进程以及实现进程间的通信。

3. 学时数

上机实验 4 学时。

4. 实验环境

个人计算机上 Windows 和 DOS 操作系统环境以及 TC 程序设计语言。

（二）进程调度算法

1. 实验项目的目的和任务

通过计算机程序设计语言模拟处理机管理中的常用算法，更好地掌握处理机的调度和管理。

2. 上机实验内容

（1）时间片轮转调度算法。所有的就绪队列按 FCFS 的原则排队，每次调度时，把 CPU 分给其队首进程。当进程的时间片用完时则立即停止该进程的运行，并将该进程送到就绪队列的末尾等待下一次再运行一个时间片，然后再把 CPU 分给下一个队首进程执行一个时间片。

（2）FCFS 调度算法。从就绪队列中调出一个进程，把 CPU 分给该进程执行，该进程会是以下结果：正常结束、异常结束或是时间片用完。

3. 学时数

上机实验 4 学时。

4. 实验环境

个人计算机上 Windows 和 DOS 操作系统环境以及 TC 程序设计语言。

（三）存储管理

1. 目的和要求

本实验的目的是通过程序设计语言来模拟请求页式存储管理中几种页面置换算法。

2. 实验内容

OPTIMAL：最佳置换算法。其所选择的被淘汰页面，将是以后永不使用的，或是在未来最长时间内不再被访问的页面。

FIFO：先进先出置换算法。该算法总是淘汰最先进入内存的页面，即选择在内存中驻留时间最久的页面予以淘汰。

LRU：最近最久未使用置换算法。该算法赋予每个页面一个访问字段，用来记录一个页面自上次被访问以来所经历的时间 T，当须淘汰一个页面时，选择现有页面中 T 值最大的给予淘汰。

3. 学时数

本实验是一个课外上机实验，可以根据学生的情况进行安排。

4. 实验环境

个人计算机、Windows 和 DOS 操作系统环境以及 TC 程序设计语言。

二、与实验有关的参考程序

1. 进程管理实验

参考程序：

```c
 #include "stdio.h"
#include "stdlib.h"
#include "string.h"

struct process_type
{
    int pcbid;
    int priorityNum;
    int daxiao;
    char xiaoxi[100];
};
struct process_type zhucun[20];

int shumu=0, pcbid_l=-1;

void create( )   /* 创建一个进程的示例（不完整的程序）*/
{
    if(shumu>=20)
    {
    printf("\n内存已满，请先结束或换出进程");
    }
    else
    {
        printf("请输入新进程的pcbid : ");
        scanf("%d",&zhucun[shumu].pcbid);
        printf("请输入新进程的优先级 : ");
        scanf("%d",&zhucun[shumu].priorityNum);
        printf("请输入新进程的大小 : ");
        scanf("%d",&zhucun[shumu].daxiao);
        printf("请输入新进程的消息 : ");
        scanf("%s",&zhucun[shumu].xiaoxi);
        shumu++;

        if (shumu == 1)   //产生第一个进程
        {
            pcbid_l = 0;
        }
    }
}

void clrscr()
{
    system("cls");
}
```

```
void run()
{
    if (shumu == 0)
        printf("当前没有进程运行\n");
    else
    {
        printf("当前运行进程的情况为\n");
        printf("\tpcbid : %d\n", zhucun[pcbid_l].pcbid);
        printf("\t 优先级 : %d\n", zhucun[pcbid_l].priorityNum);
        printf("\t 大小 : %d\n", zhucun[pcbid_l].daxiao);
        printf("\t 消息 : %s\n", zhucun[pcbid_l].xiaoxi);
    }
}


void kill( )
{
    if (shumu == 0)
        printf("当前没有进程运行\n");
    else
    {
        for (int i = shumu - 1; i > pcbid_l; i--)
        {
            zhucun[i-1].pcbid = zhucun[i].pcbid;
            zhucun[i-1].priorityNum = zhucun[i].priorityNum;
            zhucun[i-1].daxiao = zhucun[i].daxiao;
            strcpy (zhucun[i-1].xiaoxi, zhucun[i].xiaoxi);
        }
        shumu--;
    }
}

int xunzhao(int pcbid)
{
    for (int i = 0; i < shumu; i++)
    {
        if (zhucun[i].pcbid == pcbid)
            return i;
    }
    return -1;
}

void tongxun()
{
    int fasong, jieshou;
    int i, j;
    printf("请输入发送信息的进程编号 : ");
    scanf("%d", &fasong);
    if ((i = xunzhao(fasong)) == -1)
    {
        printf("该进程编号不存在\n");
        return;
    }

    printf("请输入接收信息的进程编号 : ");
    scanf("%d", &jieshou);
    if ((j = xunzhao(jieshou)) == -1)
    {
        printf("该进程编号不存在\n");
        return;
    }

    strcpy (zhucun[j].xiaoxi, zhucun[i].xiaoxi);
```

```
    }

void chakan()
{
    if (shumu == 0)
        printf("当前没有进程运行\n");
    else
    {
        printf ("pcbid   优先级     大小       消息\n");
        for (int i = 0; i < shumu; i++)
        {
            printf ("%-8d", zhucun[i].pcbid);
            printf ("%-10d", zhucun[i].priorityNum);
            printf ("%-9d", zhucun[i].daxiao);
            printf ("%s", zhucun[i].xiaoxi);
            printf ("\n");
        }
    }
}

void ShowMenu()
{
    printf("\n                  进程演示系统\n");
    printf("     1.创建新的进程       2.查看运行进程\n");
    printf("     3.查看所有进程       4.杀死运行进程\n");
    printf("     5.进程之间通信       6.退出系统\n");
    printf("请选择（1~6）: ");
}

int main()
{
    char c;
    clrscr();
    while(1)
    {
        ShowMenu();
        fflush(stdin);   //清空缓存
        c = getchar();
        switch(c)
        {
        case '1':
            create( );
            break;
        case '2':
            run( );
            break;
        case '3':
            chakan();
            break;
        case '4':
            kill( );
            break;
        case '5':
            tongxun( );
            break;
        case '6':
            exit(0);
        }
    }
}
```

2. 进程调度算法实验

参考程序：

```
//时间片轮转调度算法
#include<iostream>
#include<cstdio>
#include<cmath>
#include<cstring>
using namespace std;

enum STATUS  {RUN,READY,WAIT,FINISH};

struct PCBNode
{
    int  processID;           //进程 ID
    STATUS  status;           //进程状态
    int  priorityNum;         //优先数
    int  reqTime;             //总的需要运行时间
    int  remainTime;          //剩下需要运行时间
    int  arriveTime;          //进入就绪队列时间
    int  startTime;           //开始运行时间
    int  finishTime;          //结束运行时间
    int  totalTime;           //周转时间
    float  weightTotalTime;   //带权周转时间
};

struct QueueNode
{
    int  ID;                  //进程 ID
    struct QueueNode * next;  //队列中下一个进程指针
};

struct LinkQueue
{
    QueueNode *head;//队首
};

    void Fcfs(LinkQueue& Q, int& totalTimeSum, int& weightTotalTimeSum,PCBNode * ProcessTable);
    bool  RR_Run(LinkQueue&  Q,QueueNode*  q,  QueueNode*  p,  const  int  Round,int&
currentTime,PCBNode * ProcessTable);
    //分配时间片给 q 所指进程,p 为刚退出的进程
    void  RoundRobin(LinkQueue&  Q,const  int  Round,  int&  totalTimeSum,  int&
weightTotalTimeSum,PCBNode * ProcessTable);
    //时间片轮转调度,调用 RR_Run(),时间片大小设为 Round
    void InitialQueue(LinkQueue& Q,PCBNode * ProcessTable,const int processnum);
    //初始化就绪队列
    void Input(PCBNode * ProcessTable, const int processnum);
    //从 input.txt 文件输入数据

int main()
{
    LinkQueue Q;//就绪队列
    Q.head = NULL;
    const int processnum = 16;      //进程数
    const int Round = 1;            //时间片大小
    int totalTimeSum = 0;           //周转时间
    int WeightTotalTimeSum = 0;     //带权周转时间
    PCBNode * ProcessTable=new PCBNode[processnum];        //进程表
    Input(ProcessTable, processnum);
    InitialQueue(Q, ProcessTable, processnum);
    RoundRobin(Q, Round, totalTimeSum,WeightTotalTimeSum,ProcessTable);        cout<<"
时间片轮调度的平均周转时间为:"<<totalTimeSum/processnum<<endl;
        cout<<"时间片轮调度的平均带权周转时间为:"
        <<WeightTotalTimeSum/processnum<<endl;
        Input(ProcessTable, processnum);
        InitialQueue(Q, ProcessTable, processnum);
        Fcfs(Q, totalTimeSum,WeightTotalTimeSum,ProcessTable);
        cout<<"先来先服务的平均周转时间为:"<<totalTimeSum/processnum<<endl;
```

```
            cout<<"先来先服务的平均带权周转时间为:"<<
            WeightTotalTimeSum/processnum<<endl;
            delete [] ProcessTable;
            return 0;
    }
    void RoundRobin(LinkQueue& Q,const int Round, int& totalTimeSum, int& weightTotalTimeSum,
PCBNode * ProcessTable)
    {
            totalTimeSum = 0;    //总的周转时间
            weightTotalTimeSum = 0;//平均周转时间
            int currentTime = 0;    //当前时间
            QueueNode* p;
            QueueNode* q;
            QueueNode* r;
            bool finish = false;//调用RR_Run()后,该进程是否已经做完退出
            p = Q.head;
            q = p->next;
            while (q != NULL)//从队首开始依次分配时间片
            {
                do
                {
                    cout<<"**********************"<<endl;
                    cout<<"在时间片"<<(currentTime+1)/Round<<"内,活动进程为: "<<q->ID<<endl;
                    cout<<"进程"<<q->ID
                    <<" 现在需要的时间片为: "<<ProcessTable[q->ID].remainTime<<endl;
                    finish = RR_Run(Q, q, p, Round, currentTime, ProcessTable);//分配时间片给q进程
                    cout<<endl;

                    if (!finish)//若是进程在本时间片内做完,则跳出 do...while 循环
                    {
                        if (q->next == NULL)
                        {
                            r = Q.head->next;
                        }
                        else
                        {
                            r = q->next;
                        }
                    }
                    else //否则计算周转时间和带权周转时间
                    {
                        totalTimeSum += ProcessTable[q->ID].totalTime;
                        weightTotalTimeSum += ProcessTable[q->ID].weightTotalTime;

                        delete q; //从队列中删除q进程
                        q = p;
                    }
                }while (!finish && (ProcessTable[r->ID].arriveTime > currentTime + Round));
                //下一个进程很晚才来,则继续给当前进程分配时间片

                p = q;
                q = q->next;

                if (q == NULL && Q.head->next!=NULL)
                {
                    p = Q.head;
                    q = p->next;
                }
            }
            delete Q.head;
            Q.head = NULL;
    }

    bool  RR_Run(LinkQueue& Q,QueueNode* q, QueueNode* p, const int Round,int&
currentTime,PCBNode * ProcessTable)
```

```
    {
        if (ProcessTable[q->ID].remainTime <= Round)//在此时间片内能够做完,之后退出进程调度
        {
            ProcessTable[q->ID].finishTime = currentTime + ProcessTable[q->ID]. remainTime;
            ProcessTable[q->ID].totalTime += ProcessTable[q->ID].remainTime;
            ProcessTable[q->ID].weightTotalTime                                      =
ProcessTable[q->ID].totalTime/ProcessTable[q->ID].reqTime;

            currentTime = ProcessTable[q->ID].finishTime;

            p->next = q->next;
            cout<<endl;
            cout<<"进程"<<q->ID<<"完成!"<<endl;

            return true;
        }
        else//此时间片内做不完
        {
            ProcessTable[q->ID].remainTime = ProcessTable[q->ID].remainTime - Round;
            ProcessTable[q->ID].totalTime += Round;
            currentTime += Round;
            return false;
        }
    }


    void Fcfs(LinkQueue& Q, int& totalTimeSum, int& weightTotalTimeSum,PCBNode * ProcessTable)
    {
        totalTimeSum = 0;
        weightTotalTimeSum = 0;//平均周转时间
        QueueNode* p;
        QueueNode* q;

        p = Q.head->next;
        if (p !=NULL )
        {
            ProcessTable[p->ID].startTime = ProcessTable[p->ID].arriveTime;
            ProcessTable[p->ID].finishTime   =   ProcessTable[p->ID].arriveTime   +
ProcessTable[p->ID].reqTime;
        }

        for(q=p->next; q!=NULL; q=q->next)
        {

            if (ProcessTable[q->ID].arriveTime < ProcessTable[p->ID].finishTime)
            {
                ProcessTable[q->ID].startTime = ProcessTable[p->ID].finishTime;
                ProcessTable[q->ID].finishTime   =   ProcessTable[p->ID].finishTime   +
ProcessTable[q->ID].reqTime;
            }
            else//下个进程到达时间较晚
            {
                ProcessTable[q->ID].startTime = ProcessTable[q->ID].arriveTime;
                ProcessTable[q->ID].finishTime   =   ProcessTable[q->ID].arriveTime   +
ProcessTable[q->ID].reqTime;
            }
            p = q;
        }

        for(q=Q.head->next; q!=NULL; q=q->next)
        {
            ProcessTable[q->ID].totalTime       =       ProcessTable[q->ID].finishTime       -
ProcessTable[q->ID].arriveTime;
            ProcessTable[q->ID].weightTotalTime                                      =
ProcessTable[q->ID].totalTime/ProcessTable[q->ID].reqTime;
```

```
                    totalTimeSum += ProcessTable[q->ID].totalTime;
                    weightTotalTimeSum += ProcessTable[q->ID].weightTotalTime;
        }

        int t = 0;
        for(q=Q.head->next; q!=NULL; q=q->next)
        {
            cout<<"********************"<<endl;
            while ( t<ProcessTable[q->ID].finishTime )
            {
                    cout<<"时刻"<<t<<":  进程"<<q->ID<<"活动"<<endl;
                    t++;
            }
            if (q->next != NULL)
            {
                    cout<<"时刻"<<t<<":  进程"<<q->ID<<"结束活动,开始下一个进程."<<endl;
                    cout<<"进程"<<q->ID<<"的周转时间为: "<<ProcessTable[q->ID]. totalTime<<endl;
                    cout<<" 进 程 "<<q->ID<<" 的 带 权 周 转 时 间 为 : "<<ProcessTable[q->ID].
weightTotalTime<<endl<<endl;
            }
            else
            {
                    cout<<"时刻"<<t<<":  进程"<<q->ID<<"结束活动."<<endl<<endl;
                    cout<<"进程"<<q->ID<<"的周转时间为: "<<ProcessTable[q->ID]. totalTime<<endl;
                    cout<<" 进 程 "<<q->ID<<" 的 带 权 周 转 时 间 为 : "<<ProcessTable[q->ID].
weightTotalTime<<endl<<endl;
            }
        }
        cout<<"所有进程结束活动."<<endl<<endl;

        p = Q.head;
        for(q=p->next; q!=NULL; q=q->next)
        {
            delete p;
            p = q;
        }
    }
    void InitialQueue(LinkQueue& Q, PCBNode * ProcessTable,const int processnum)
    {
        //初始化
        for (int i=0;i<processnum;i++)
        {
            ProcessTable[i].processID=i;
            ProcessTable[i].reqTime=ProcessTable[i].remainTime;
            ProcessTable[i].finishTime=0;
            ProcessTable[i].startTime=0;
            ProcessTable[i].status=WAIT;
            ProcessTable[i].totalTime=0;
            ProcessTable[i].weightTotalTime=0;
        }

        Q.head = new QueueNode;
        Q.head->next = NULL;
        QueueNode * p;
        QueueNode * q;
        for (int i=0;i<processnum;i++)
        {
            p = new QueueNode;
            p->ID = i;
            p->next = NULL;
            if (i == 0)
            {
                    Q.head->next = p;
            }
            else
```

```
            q->next = p;
            q = p;
        }
    }

    void Input(PCBNode * ProcessTable, const int processnum)
    {
        FILE *fp;           //读入线程的相关内容
        if((fp=fopen("c:\\input.txt","r"))==NULL)
        {
            cout<<"can not open file!"<<endl;
            exit(0);
        }
        for(int i=0;i<processnum;i++)
        {
            fscanf(fp,"%d%d %d",&ProcessTable[i].arriveTime,&ProcessTable[i].remainTime,
&ProcessTable[i].priorityNum);
        }
        fclose(fp);
    }
```

3. 存储器管理实验
参考程序：

```
#include <iostream>
using namespace std;
#define Bsize 3
#define Psize 20

struct pageInfor
{
    int content;//页面号
    int timer;//被访问标记
};

class PRA
{
    public:
    PRA(void);
    int findSpace(void);//查找是否有空闲内存
    int findExist(int curpage);//查找内存中是否有该页面
    int findReplace(void);//查找应予置换的页面
    void display(void);//显示
    void FIFO(void);//FIFO算法
    void LRU(void);//LRU算法
    void Optimal(void);//OPTIMAL算法
    void BlockClear(void);//BLOCK恢复
    pageInfor * block;//物理块
    pageInfor * page;//页面号串
};

PRA::PRA(void)
{
    int QString[20]={4,0,3,2,1,5,8,4,2,3,0,3,2,1,6,8,9,7,0,1};
    block = new pageInfor[Bsize];
    for(int i=0; i<Bsize; i++)
    {
        block->content = -1;
        block->timer = 0;
    }
    page = new pageInfor[Psize];
    for(int i=0; i<Psize; i++)
    {
        page[i].content = QString[i];
        page[i].timer = 0;
    }
}
```

```
        }

    int PRA::findSpace(void)
    {
        for(int i=0; i<Bsize; i++)
            if(block[i].content == -1)
                return i;//找到空闲内存, 返回 BLOCK 中位置
        return -1;
    }

    int PRA::findExist(int curpage)
    {
        for(int i=0; i<Bsize; i++)
            if(block[i].content == page[curpage].content)
                return i;//找到内存中有该页面, 返回 BLOCK 中位置
        return -1;
    }

    int PRA::findReplace(void)
    {
        int pos = 0;
        for(int i=0; i<Bsize; i++)
            if(block[i].timer >= block[pos].timer)
                pos = i;//找到应予置换页面, 返回 BLOCK 中位置
        return pos;
    }

    void PRA::display(void)
    {
        for(int i=0; i<Bsize; i++)
            if(block[i].content != -1)
                cout<<block[i].content<<" ";
        cout<<endl;
    }

    void PRA::Optimal(void)
    {
        int exist,space,position ;

        for(int i=0; i<Psize; i++)
        {
            exist = findExist(i);
            if(exist != -1)
            {
                cout<<"不缺页"<<endl;
            }
            else
            {
                space = findSpace();
                if(space != -1)
                {
                    block[space].content = page[i].content;
                    block[space].timer = page[i].timer;
                    display();
                }
                else
                {
                    for(int k=0; k<Bsize; k++)
                        for(int j=i; j<Psize; j++)
                        {
                            if(block[k].content != page[j].content)
                            {
                                block[k].timer = 1000;
                            }//将来不会用, 设置 TIMER 为一个很大数
                            else
```

```
                                {
                                    block[k].timer = j;
                                    break;
                                }
                            }
                        position = findReplace();
                        block[position].content = page[i].content;
                        block[position].timer = page[i].timer;
                        display();
                    }
                }
            }
    }

    void PRA::LRU(void)
    {
        int exist,space,position ;
        for(int i=0; i<Psize; i++)
        {
            exist = findExist(i);
            if(exist != -1)
            {
                cout<<"不缺页"<<endl;
                block[exist].timer = -1;//恢复存在的并刚访问过的 BLOCK 中页面 TIMER 为-1
            }
            else
            {
                space = findSpace();
                if(space != -1)
                {
                    block[space].content = page[i].content;
                    block[space].timer = page[i].timer;
                    display();
                }
                else
                {
                    position = findReplace();
                    block[position].content = page[i].content;
                    block[position].timer = page[i].timer;
                    display();
                }
            }
            for(int j=0; j<Bsize; j++)
                block[j].timer++;
        }
    }

    void PRA::FIFO(void)
    {
        int exist,space,position ;
        for(int i=0; i<Psize; i++)
        {
            exist = findExist(i);
            if(exist != -1)
            {
                cout<<"不缺页"<<endl;
            }
            else
            {
                space = findSpace();
                if(space != -1)
                {
                    block[space].content = page[i].content;
                    block[space].timer = page[i].timer;
                    display();
                }
```

```
            }
            else
            {
                position = findReplace();
                block[position].content = page[i].content;
                block[position].timer = page[i].timer;
                display();
            }
        }
        for(int j=0; j<Bsize; j++)
            block[j].timer++;//BLOCK 中所有页面 TIMER++
    }
}

void PRA::BlockClear(void)
{
    for(int i=0; i<Bsize; i++)
    {
        block->content = -1;
        block->timer = 0;
    }
}

int main(void)
{
    cout<<"|----------页 面 置 换 算 法----------|"<<endl;
    cout<<"页面号引用串: 4,0,3,2,1,5,8,4,2,3,0,3,2,1,6,8,9,7,0,1"<<endl;
    cout<<"选择<1>应用 Optimal 算法"<<endl;
    cout<<"选择<2>应用 FIFO 算法"<<endl;
    cout<<"选择<3>应用 LRU 算法"<<endl;
    cout<<"选择<0>退出"<<endl;
    int select;
    PRA test;
    while(1)
    {
        cin>>select;
        switch(select)
        {
        case 0:
            exit(0);
        case 1:
            cout<<"Optimal 算法结果如下:"<<endl;
            test.Optimal();
            test.BlockClear();
            cout<<"----------------------"<<endl;
            break;
        case 2:
            cout<<"FIFO 算法结果如下:"<<endl;
            test.FIFO();
            test.BlockClear();
            cout<<"----------------------"<<endl;
            break;
        case 3:
            cout<<"LRU 算法结果如下:"<<endl;
            test.LRU();
            test.BlockClear();
            cout<<"----------------------"<<endl;
            break;
        default:
            cout<<"请输入正确功能号"<<endl;
            break;
        }
    }
    return 0;
}
```